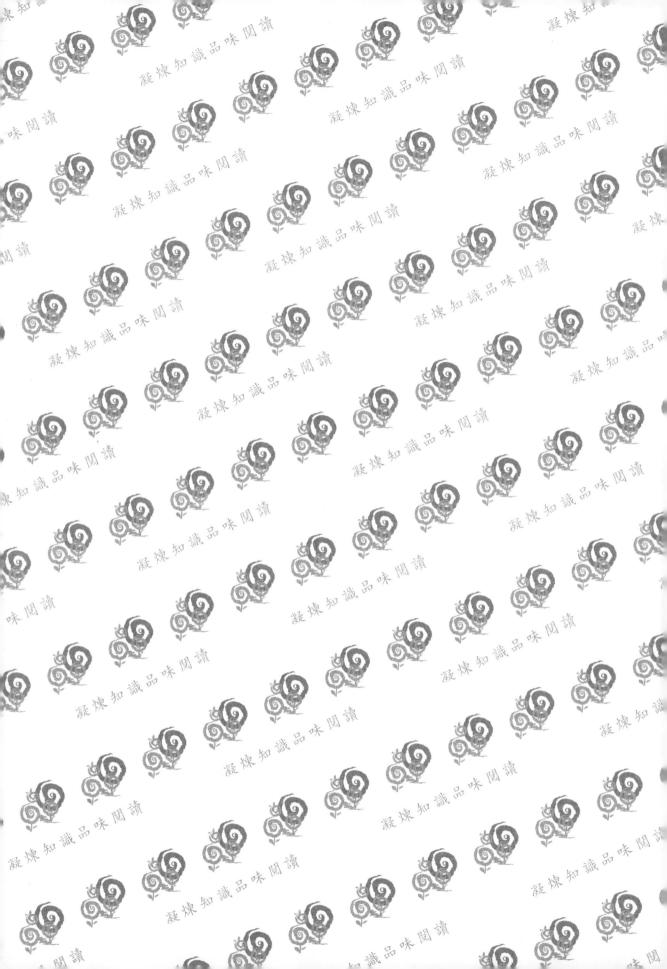

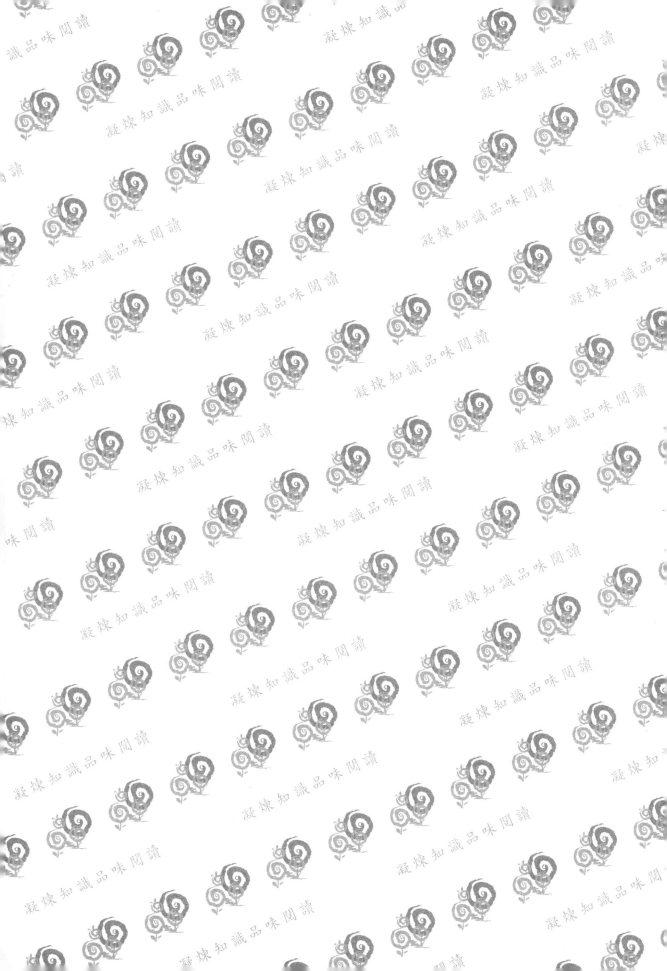

整合行銷傳播 第5版

全方位理論架構與本土實戰個案
Integrated Marketing Communication

● 行銷企劃大師 **戴國良** 博士 著 ●

五南圖書出版公司 印行

作者序

本書緣起

整合行銷傳播（Integrated Marketing Communication，簡稱 IMC）自 1990 年代以來，即被行銷傳播學界及實務業界所熱烈討論與執行。事實上，很多廣告公司及消費品公司的行銷活動，都紛紛強調「整合行銷」或「整合行銷傳播」的重要性及運用性。而就效益而言，它所帶來的成果，亦是顯而易見的，包括品牌形象的塑造及業績目標的達成。既然大家都知道整合行銷傳播的重要性，為什麼有些公司做得好，有些公司卻又做不好呢？顯然，IMC 並非只是行銷傳播理論面而已，而且還涉及到公司各種實際面運作與組織面的部分，這可能不是理論面所能全然理解與想像的。

另外，長久以來，「整合行銷傳播」教科書，大部分都是翻譯美國英文版教科書，有時候看起來有些生澀，而且也不易適用於國內企業界。因此，就實務應用能力培養而言，似乎也有一些障礙存在，令人惋惜。筆者本人過去十多年在企業界從事於行銷企劃與策略企劃領域的工作，後來從事教職後，亦以行銷傳播與策略經營的授課為主，長期以來，亦聽到了學生們對一本本土化與應用性的整合行銷傳播教科書強烈的需求，而這就是本書撰寫的根本緣起。筆者深深感受到「學生們需要一本更加實務取向（而非理論取向）的 IMC 教科書。」的心聲，而筆者也體會到撰寫一本不同風格與內容 IMC 教科書的使命及責任，於是，著手撰寫本書。

本書六大特色

本書在撰寫內容上，展現與傳統翻譯 IMC 教科書有六點的不同，此為本書的特色，說明如下：

一、堅守實務應用導向，非僅理論內容而已

本書在內容取材上，除了兼顧必要的理論內容外，事實上，理論內容

占的比例很少，筆者盡量以實務及應用為取材撰寫導向。換言之，希望培養學生們對於如何有效運用及發揮理論架構於未來實務工作上的一種專業能力的提升，而不是只懂得一些或背一些看不太懂的國外專屬 IMC 理論名詞而已。重要的是，如何應用及發揮這些靜態理論的思維價值、創新價值與企劃應用價值。

正因為基於這樣的價值信念，使筆者必須打破傳統教科書的撰寫框架，而發揮出新型態教科書的實用性、價值性與創新性。

二、力求本土導向，發揚本土應用價值

IMC 的領域，基本上還是以適用在本土市場的行銷活動與業界競爭的面向上居多。因此，本書內容的取材，在每一章節後面，都盡可能對相關的國內本土實際案例加以補充說明，有些比較短，有些則比較長。透過這為數不少的本土案例，可以更進一步使我們真正理解行銷與 IMC 在企業應用的價值。

三、重視完整性與周全性，納入與IMC效果發揮的「全部相關」構面內容

就企業實務面向而言，IMC 並非是獨立運作的，它必然是結合企業的所有相關部門組織、人力與功能的一種「大結合」與「同時間的結合」，才能真正對公司最終營運績效成果帶來正面與有效的助益。

因此，本書在撰寫架構思考上，特別納入了與 IMC 相關的理論與實務的章節內容。

四、納入最新的內容，並且要求與時俱進，日日新，又日新

本書在理論內容或實務案例方面，均力求納入最新的訊息內容，希望能做到好像發生在昨天及今天一樣的新。這樣的知識感覺就會更加強烈、貼近、深刻及有效。

五、本書可以視為「行銷管理」教科書的「升級版」及「整合版」

本書內容的完整性與周全性，可以把它視為是「行銷管理」必修基礎教科書的「升級版」與「整合版」內容，也是行銷管理教科書的下集。

六、本書第7章加入了5個品牌經營與整合行銷傳播模式實務個案研究，這些知名品牌的研究結果資料都是很珍貴的。

感謝、感恩與座右銘贈言

本書能夠順利出版，必須特別感謝筆者的家人、世新大學的長官、同事及同學們，以及所有渴望看到本書的所有授課的老師們、同學們或是企業界上班的朋友們。由於您們的鼓勵、指導與需求心聲，才使筆者有體力與精神上的支撐完成編著撰寫本書的持續性動機。

最後，願以筆者所最喜歡的幾句座右銘，贈送給各位讀者參考：

- 渡過逆境，就會柳暗花明。
- 終身學習，必須是有目標、有計畫與有紀律的。
- 信其可行，則移山填海之難，終有成功之日；信其不可行，則反掌折枝之易，亦無收效之期也。
- 成功的人生方程式＝觀念（想法）$\times$ 能力 $\times$ 熱忱。

最後，誠摯獻上筆者本人最衷心的祝福，希望所有的老師、學生及上班族朋友們，您們都會有一趟健康、平安、幸福、進步與豐收的美麗人生旅途，在您們人生的每一分鐘歲月中，深深祝福大家，並感謝大家。

作者

戴國良

敬上

taikuo@mail.shu.edu.tw

目 錄

Part 4　廣告概述、媒體企劃與媒體購買篇　249

Part 1

整合行銷傳播（IMC）
實務架構綜述篇

Chapter 1　360 度整合行銷傳播（IMC）實戰架構

Chapter 1

360度整合行銷傳播（IMC）實戰架構

第 1 節　從「經營管理」層面看 IMC 實務全方位架構

　　1990 年代以來，從美國引進的整合行銷傳播（IMC）概念，就受到國內行銷業界的重視，並付諸實踐。現在，國內外各大企業對商品與服務的業務推展，都已充分運用了整合行銷傳播的概念，強調行銷資源與經營資源的充分協調與整合，以產生更大的綜效。

　　不過，本文所強調的是，整合行銷傳播功能的發揮，絕對不能只從行銷一個角度來看待，而是應該從公司經營的多元角度，才能發揮它的功能。

一、成功整合行銷傳播四大架構要素

　　從實務面來看，一個成功的整合行銷機制與功能的發揮，必須建構在四個架構面上，讓此四大架構完整周全，並進齊發，這樣才能使商品行銷成功、業績提升及獲利增加。

　　此四大架構，如圖 1-1 所示。它包括了：(1) 整合行銷經營力；(2) 整合行銷傳播工具力；(3) 整合行銷組織協調力；(4) 整合行銷資訊科技力等。

●圖 1-1　成功整合行銷傳播四大架構要素
IMC: Integrated Marketing Communication

製圖：戴國良。

二、整合行銷「經營力」

一個成功的整合行銷經營能力發揮，必須同時經營好必備的 13 種競爭能力，讓這些競爭能力能優於競爭對手，或時效上稍快於競爭對手，這樣就能取得領先的市場地位。

而企業應重視做好的行銷經營能力，包括了如圖 1-2所示的 13 種能力，即：(1) 策略力；(2) 商品力；(3) 通路力；(4) 業務力；(5) 價格力；(6) 品牌力；(7) 促銷力；(8) 服務力；(9) 公關力；(10) 廣告力；(11) 情報力；(12) 現場布置力；(13) 活動舉辦力。

這 13 種經營力，才正是整合行銷傳播功能發揮的根基。如果，商品力不強，毫無特色與創新，不能滿足消費者的需求，那麼就會陷入價格戰。屆時，再怎麼花錢做廣告宣傳與品牌形象傳播，也無濟於事，只是浪費廣告預算而已。在這 13 種行銷經營力上，最好都能同時做到某個水準上，或是能突顯特定項目的經營力。例如：品牌力很強、商品力很強，或是業務銷售力很強。企業必須塑造出幾項領先主要競爭對手的真正核心行銷經營力，才會有贏的機會。

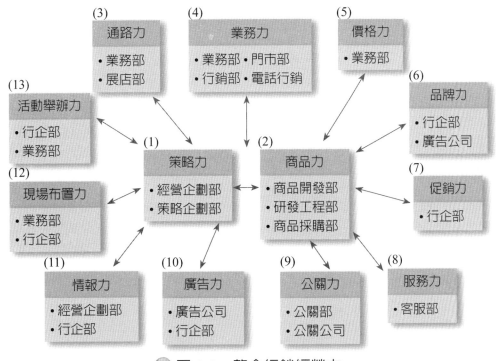

▶ 圖 1-2　整合行銷經營力

製圖：戴國良。

三、整合行銷「傳播工具力」

做好如前述所言的行銷經營力之後，接下來就是必須透過各種行銷傳播工具，予以適當及整合性運用，以塑造優質的企業形象、品牌形象及產品形象，然後才能刺激及誘導消費者進行本品牌產品的購買行動。

總的來說，目前普遍被使用到的傳播工具與媒介，可區分為如圖 1-3 所示的 11 種媒介管道，包括：(1) 電視；(2) 報紙；(3) 雜誌；(4) 廣播；(5) 行動電話；(6) 網路；(7) 戶外；(8) 電話行銷；(9) 代言人；(10)DM；(11) 業務人員等 11 種型態。而每一種商品或服務的行銷傳播，因為它們的銷售目標對象、品牌定位、市場區隔、產品生命週期及定價策略不同，因此，運用的傳播媒介工具，亦會有所不同與選擇。因此，必須精確的評估、選擇及整合，才會產生行銷效果。例如：最近很多美容、瘦身、健康食品、手機、豪宅等，均喜歡用名人證言的媒介工具，透過電視媒體的炒熱，確實也收到不錯的行銷傳達效果。有實證研究顯示，運用正確有效的名人證言，可以提升至少二成以上的銷售績效。

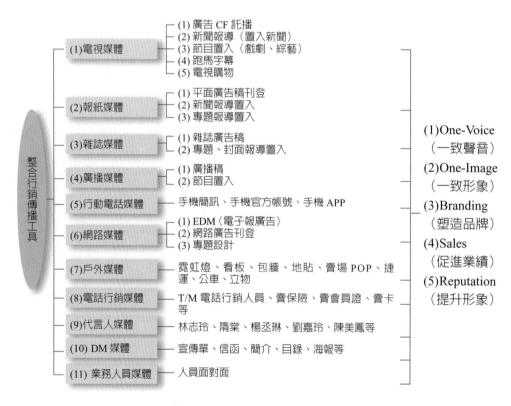

▶ 圖 1-3　整合行銷傳播工具

製圖：戴國良。

此外，在運用傳播媒介工具，如何傳達對產品與品牌的「一致性」訴求與「一致性」形象，亦是一件很重要的事情。其目的係在於讓目標族群更簡單地、更方便地形成記憶與口傳效果。因此，One-Voice 是在展開傳播內容時的一個根本原則。

四、整合行銷「組織協調力」

但是，整合行銷傳播的功效發揮，最後還是在於人員的有效執行。而人員的執行，就涉及到公司內部各個部門的充分溝通協調與團隊合作的機制、企業文化及領導指揮力。

如圖 1-4 所示，對於推動一項商品新上市成功或是保持既往的業績成果，必然要透過組織各部門的良好搭配（Fit），才可以完成。這些部門包括：商品開發部、行銷企劃部、展店部、客服部、資訊部、會員經營部、物流部、公關部、策略規劃部、法務部、品管部、採購部、財會部、生產部及管理部等。各部門都有它的功能與專長，都是不可或缺的。

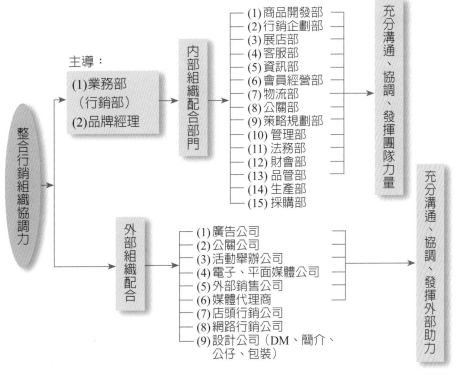

▶ 圖 1-4　整合行銷組織協調力

製圖：戴國良。

此外，在外部專業組織的配合方面，則包括了廣告公司、公關公司、活動舉辦公司、媒體公司及外部銷售公司等。如何有效借助外力（委外行銷），以強大整合行銷的競爭優勢與能力，是非常重要之事。

很多企業為了整合行銷組織的有效性，經常成立跨部門或跨公司的矩陣式專案小組或專案委員會，並由董事長或總經理親自領軍，授予此小組最大權力，才能指揮領導各部門人員全力支援投入此專案，如此，成功的機會才會大大提升。

五、整合行銷「資訊科技力」

最後，整合行銷傳播功能的達成與發揮，必然要仰賴資訊科技的工具才可以，如無資訊科技能力，就不可能使行銷活動有效率的加快與精準效能的提升。

如圖 1-5 所示，整合行銷實務上運用到的 IT 工具，包括了：(1)POS 系統；(2)CRM 系統；(3)GIS 系統；(4)DSIS 系統；(5) 廣告效果系統；(6) 市調系統；(7)顧客系統。

IT 的深層內涵，則代表了對情報分析與情報掌握的能力，是一種「情報力」的提升。它包括了對最終顧客、對上游供應商、對主要競爭對手、對下游通路與零售商，及對整個產業與市場之情報與競爭變化之掌握、評估以及如何因應等策略。

圖 1-5　整合行銷 IT 工具

製圖：戴國良。

六、結語：整合行銷傳播「不能單獨存在」

從以上分析來看，整合行銷傳播已不能單獨在，它亦不是行銷企劃部、廣告部或業務部等單一部門的事情而已，而是必須把 IMC 擴大與提升戰略視野，並放在公司的整體經營能力架構上來看待，然後透過全方位各部門的協同作戰，以及資訊科技情報力的數據化支援，整合行銷傳播（IMC）才會發揮它預計的功效，並且形成更大的「策略性行銷」效益，這樣才真正對公司營運及業績成長有正面貢獻及助益。

IMC＝整合行銷傳播面＋經營面

我們必須從更廣的經營面來看 IMC，而非僅從行銷傳播面。唯有同時從這二個層面看及同時操作，IMC 才會成功與有效果。

 第 2 節　360° 全方位整合行銷 & 媒體傳播策略圖示

一、整合行銷傳播的定義

(一) 整合行銷傳播的英文與簡寫

整合	行銷	傳播
Integrated	Marketing	Communication
I	M	C

(二) 整合行銷傳播的定義

廠商為行銷某一個新產品上市或某一個既有產品年度行銷活動所做的：「最有效的跨媒體及跨行銷活動操作，以達成營收及獲利目標，並提升品牌知名度與鞏固市占率目標。」

(三) 跨媒體 IMC 的意涵

過去（傳統） vs. 現在（未來）

- 將廣告預算下在「單一媒體」上，即能產生效果。
- EX：下在電視廣告上

- 將廣告預算下在「跨媒體」上，才能產生最大效果。
  EX：電視＋報紙
  電視＋網路
  電視＋DM
  電視＋報紙＋網路＋戶外

(四) 達成觸及更多的 TA

跨媒體 IMC

透過多元的跨媒體，可以接觸到更多的目標消費族群，達成更好的傳播效果！（註：Target Audience, TA）

(五) IMC：跨媒體組合操作

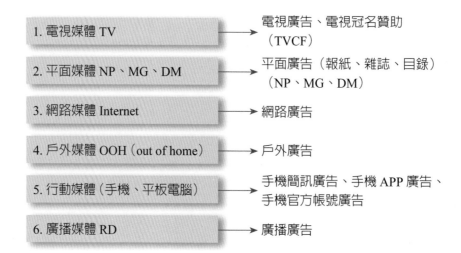

1. 電視媒體 TV → 電視廣告、電視冠名贊助（TVCF）

2. 平面媒體 NP、MG、DM → 平面廣告（報紙、雜誌、目錄）（NP、MG、DM）

3. 網路媒體 Internet → 網路廣告

4. 戶外媒體 OOH（out of home） → 戶外廣告

5. 行動媒體（手機、平板電腦） → 手機簡訊廣告、手機 APP 廣告、手機官方帳號廣告

6. 廣播媒體 RD → 廣播廣告

(六) 跨媒體的選擇

(七) 主要、次要、最後媒體

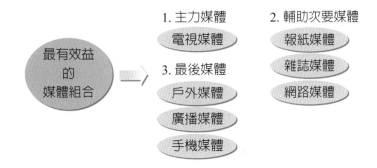

二、行銷致勝的「全方位整合行銷＆媒體傳播策略」圖示

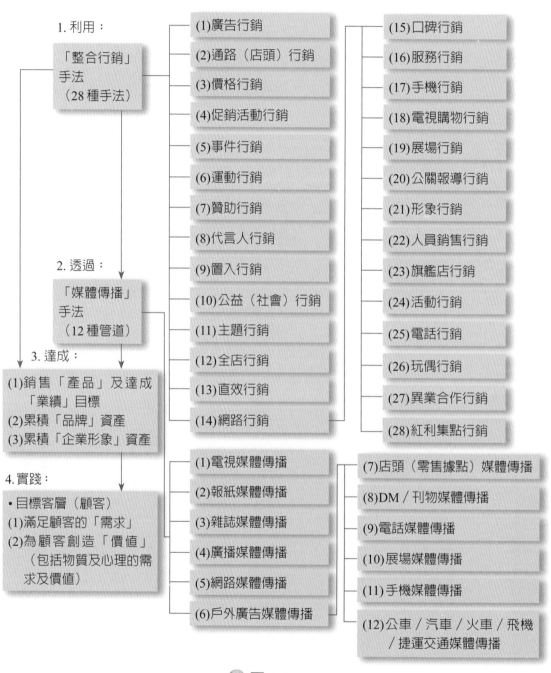

1. 利用：

「整合行銷」
手法
（28 種手法）

2. 透過：

「媒體傳播」
手法
（12 種管道）

3. 達成：

(1)銷售「產品」及達成
　「業績」目標
(2)累積「品牌」資產
(3)累積「企業形象」資產

4.實踐：

• 目標客層（顧客）
(1)滿足顧客的「需求」
(2)為顧客創造「價值」
　（包括物質及心理的需
　求及價值）

(1)廣告行銷
(2)通路（店頭）行銷
(3)價格行銷
(4)促銷活動行銷
(5)事件行銷
(6)運動行銷
(7)贊助行銷
(8)代言人行銷
(9)置入行銷
(10)公益（社會）行銷
(11)主題行銷
(12)全店行銷
(13)直效行銷
(14)網路行銷

(15)口碑行銷
(16)服務行銷
(17)手機行銷
(18)電視購物行銷
(19)展場行銷
(20)公關報導行銷
(21)形象行銷
(22)人員銷售行銷
(23)旗艦店行銷
(24)活動行銷
(25)電話行銷
(26)玩偶行銷
(27)異業合作行銷
(28)紅利集點行銷

(1)電視媒體傳播
(2)報紙媒體傳播
(3)雜誌媒體傳播
(4)廣播媒體傳播
(5)網路媒體傳播
(6)戶外廣告媒體傳播

(7)店頭（零售據點）媒體傳播
(8)DM／刊物媒體傳播
(9)電話媒體傳播
(10)展場媒體傳播
(11)手機媒體傳播
(12)公車／汽車／火車／飛機
　　／捷運交通媒體傳播

▶ 圖 1-6

三、行銷致勝的「360˚ 整合行銷&媒體傳播策略」圖示

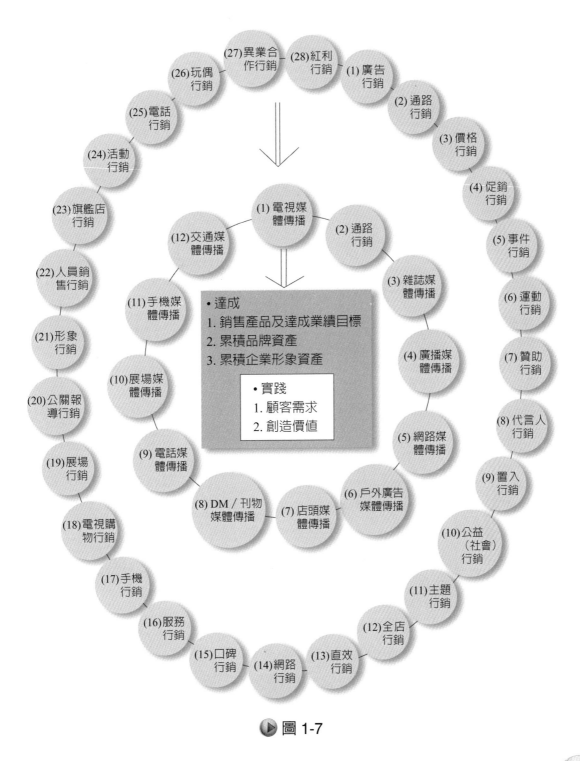

圖 1-7

四、整合行銷的28種方法

「整合行銷」28種手法

(1) 廣告行銷：
- 電視 CF 廣告片製作
- 報紙稿、廣播稿、雜誌稿與網路廣告文案設計及美編特輯

(2) 通路（店頭）行銷：
- 店頭／賣場 POP 廣告製作物
- 店招牌補助　• 招待旅遊
- 經銷商大會

(3) 價格行銷：
- 折扣戰（短期的）
- 降價戰（長期的）　• 價格差異化

(4) 促銷活動行銷：
- 滿千送百　　　• 大抽獎
- 免息分期付款　• 購滿贈
- 加價購　　　　• 買 2 送 1
- 紅利積點換商品

(5) 事件行銷：
- LV 中正紀念堂 2,000 人大型時尚派對
- SONY Bravia 液晶電視在 101 大樓跨年煙火秀

(6) 運動行銷：
- 國內職棒／高爾夫球賽
- 世界盃足球賽事冠名權
- 美國職籃、職棒賽事

(7) 贊助行銷：
- 藝文活動贊助　• 宗教活動贊助
- 教育活動贊助

(8) 代言人行銷：
- 為某產品或品牌代言，例如：林志玲、隋棠、大 S、小 S、楊丞琳、Rain 等

(9) 置入行銷：
- 將產品或品牌置入在新聞報導或節目或電影內

(10) 公益（社會）行銷：
- P&G 的 6 分鐘護一生
- 中國信託銀行勸募活動　• 各公司的捐助

(11) 主題行銷／預購行銷：
- 母親節預購蛋糕　• 過年預購年菜
- 北海道螃蟹季　　• 國民便當

(12) 全店行銷：
- 7-ELEVEN 的 Hello Kitty 活動

(13) 直效行銷：
- 郵寄 DM 或產品目錄
- VIP 活動　　• 會員招待會

(14) 網路行銷：
- 網路廣告呈現　　• 網路活動專題企劃
- EDM（電子報）　• 網路訂購／競標

(15) 口碑行銷：
- 會員介紹會員活動（MGM）
- 良好口碑散布

(16) 服務行銷：
- 各種優質、免費服務提供
- EX：五星級冷氣免費安裝，汽車回娘家免費健檢，小家電終身免費維修

(17) 手機行銷：
- 手機廣告訊息傳送
- 手機購票　　• 手機購物

(18) 電視購物行銷：
- 新產品上市宣傳
- 對全國經銷商教育訓練

(19) 展場行銷：
- 資訊電腦展　• 連鎖加盟展
- 美容醫學展　• 食品飲料展

(20) 公關報導行銷：
- 各大媒體正面的報導
- 各種發稿能見報

(21) 形象行銷：
- 各種比賽獲獎或專業雜誌正面報導（產品設計獎、品牌獎、服務獎、形象獎等）

(22) 人員銷售行銷：
- 直營店、門市店、營業所、旗艦店、分公司等人員銷售組織

(23) 旗艦店行銷：
- LV 旗艦店　　　　　• Apple 旗艦店
- 實務 Carnival 旗艦店　• 資生堂旗艦店

(24) 活動行銷：
- 除上述以外的各種活動舉辦

(25) 電話行銷（T/M）：
- 透過電話進行銷售行動
EX：壽險、信用卡借貸、禮券、基金等

(26) 玩偶行銷：
- 利用玩偶、卡通之肖像或商品，作為促銷贈品或包裝圖像設計

(27) 異業合作行銷

(28) 紅利集點行銷

五、案例：LV（路易威登）在臺北旗艦店擴大重新開幕之整合行銷手法

1. 廣告行銷（各大報紙／雜誌廣告）。
2. 事件行銷（耗資 5,000 萬，在中正紀念堂廣場舉行 2,000 人大規格時尚派對晚會）。
3. 公關報導行銷（各大新聞臺 SNG 現場報導，成為全國性消息）。
4. 旗艦店行銷（臺北中山北路店，靠近晶華大飯店）。
5. 直效行銷（對數萬名會員發出邀請函）。
6. 展場行銷（在店內舉辦模特兒時尚秀）。

六、整合行銷與媒體傳播五大意義

從一個完整且有效的整合行銷暨媒體傳播策略的角度來看，IMC 的意義具有以下五點：

第一：不仰賴單一的媒體（媒介）

隨著媒介科技的突破，以及分眾媒體的必然趨勢，閱聽眾已被切割。因此，公司的產品或服務，要快速觸及到目標市場、更快速提升產品知名度或更全面性提升業績，整合行銷傳播活動自然不能仰賴單一的媒體。

第二：組合搭配運用

組合（Mix）或套裝（Package）的行銷操作與媒體操作手法是滿重要的，因為唯有透過有系統、有順序、有步驟、有階段性及完整的行銷組合與媒體組合的操作推出，才會使公司的產品或服務，迅速有效的提高知名度、喜好度、選擇度、忠誠度及促購度。

第三：發揮綜效

整合性的各種行銷活動及媒體規劃活動的目的之一，當然是為了發揮更大的行銷綜效（Synergy）。如果沒有整合性而是單一性，就不太可能有綜效。如果能夠整合一致性、全套的廣告、公關事件活動、促銷、媒體、網路及直效行銷等，則必然可以對產品的行銷結果，產生更大、更正面的效益。

第四：品牌一致性訊息

整合行銷傳播的最初設計、執行過程，到最終的印象感受，當然是希望傳達公司品牌或產品品牌某種獨特特色的訊息，而且是一致性的強烈訊息，而不會有

多元、混淆不清或複雜的消費者視覺或心理感受的訊息。然後透過這種獨特性及一致性的訊息，進而認識、了解及認同我們的品牌形象及公司形象，IMC 是具有這種意識的。

第五：達成業績目標

在現在不景氣市場低迷的買氣中，以及同業激烈競爭中，IMC 的意義之一，最終還是要面對現實，那就是要達成今年度預計的業績目標。如果不能達成業績目標，只能守住市占率，不能守住或提升業績，那麼 IMC 亦就失去了它的意義。因為，「整合」就是希望創造出更好、更卓越、更挑戰性的業績目標。

為此，我們在規劃、分析、設想及推動執行任何 IMC 之前，我們都該意識到最終的目標是否可以達成？是否有幫助的推動力量？是否是最有效的整合工具及計畫？這是最根本的意義及信念。

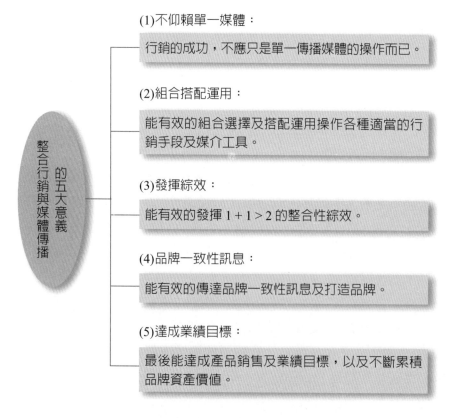

(1)不仰賴單一媒體：

行銷的成功，不應只是單一傳播媒體的操作而已。

(2)組合搭配運用：

能有效的組合選擇及搭配運用操作各種適當的行銷手段及媒介工具。

(3)發揮綜效：

能有效的發揮 $1 + 1 > 2$ 的整合性綜效。

(4)品牌一致性訊息：

能有效的傳達品牌一致性訊息及打造品牌。

(5)達成業績目標：

最後能達成產品銷售及業績目標，以及不斷累積品牌資產價值。

整合行銷與媒體傳播 的五大意義

▶ 圖 1-9　整合行銷與媒體傳播策略的五大意義

七、IMC：跨媒體跨行銷組合活動達成行銷績效

1. 營收額（Revenue）的達成。
2. 獲利額（Profit）的達成。
3. 品牌資產的累積。
4. 市占率（Market Share）的鞏固或提升。
5. 顧客滿意度（Customer Satisfaction）的提升。

八、各行各業整合行銷傳播操作項目的重點有所不同

(一) 日用品、消費品

1. 以超市、量販店、便利商店上架銷售。
2. 不須銷售人員，由消費者自行拿取。
   - 以主打電視廣播、報紙、公車廣告。
   - 找知名代言人。
   - 記者會、公關報導、媒體露出。
   - 零售賣場店頭行銷活動。
   - SP 促銷活動舉辦。

(二) 專櫃產品、門市店產品、汽車經銷店、資訊 3C 產品

1. 必須有店面、櫃內人員介紹銷售。
2. 例如：名牌精品、化妝品、保養品、手機、汽車、皮鞋、服飾、房屋仲介。
   - 人員銷售組織的教育訓練、人員素質提高、薪獎福利等都會影響業績。
   - 打電視廣告及報紙廣告，創造知名度。
   - 搭配百貨公司促銷活動或店內促銷活動。
   - 直營店面的店頭行銷廣告活動。

(三) 預售屋

1. 以主打報紙廣告為主軸，因預售屋必須詳細介紹，故最適合蘋果日報的報紙廣告。（註：蘋果日報已於 2021 年 5 月停刊）
2. 其次，以地區性夾報 DM、地區性十字路口發送 DM、僱人拿立牌。
3. 偶爾打電視廣告。

4. 少部分找藝人代言房屋。

(四) 金融、保險、信用卡服務產品

1. 主打電視廣告為主，打造知名度及產品介紹。
2. 壽險業找知名代言人。

(五) 百貨公司、購物中心、超市、量販店、藥妝店、3C 店、服務業

1. 以主打大型節慶促銷活動為主軸（例如：週年慶、年中慶、母親節、春節、會員招待會）。
2. 以目錄 DM 寄送、發送直效行銷為主軸。
3. 以報紙刊登廣告為主軸。
4. 搭配大量平面及電視的置入報導行銷宣傳告知為主軸。
5. 輔助打電視廣告支援。

九、小結

1. 電視廣告及網路廣告幾乎是各行各業都會投入的媒體廣宣工具，雖然 TVCF 比較貴，但仍阻止不了。
2. 只要是靠門市店、專門店、專櫃、經銷店銷售的產品，在人員銷售組織的行銷操作上則為重要之處。
3. 日用品、消費品廠商也有不少找知名當紅藝人當產品代言人，藉代言人快速打響品牌知名度及帶動銷售量。
   例如：林志玲、Jolin（蔡依林）、楊丞琳、王力宏、阿妹、趙又廷、桂綸鎂、張鈞甯、劉德華、劉嘉玲、白冰冰、謝震武等。
4. 記者會、公關正面報導、媒體露出與新聞置入報導等，也很重要，對打造企業形象與品牌知名度，都有直接助益。
5. 隨著消費者在「最後一哩」接觸到產品，因此店頭行銷活動及店頭促銷活動也很重要。
6. 最後，各行各業都必須要辦大型促銷活動，以刺激消費者購買，沒有促銷活動，業績至少少三成。

IMC 六大主要活動 **+** IMC 次要輔助活動

1. 廣告宣傳活動（TVCF、Internet）
2. 促銷活動
3. 記者會活動
4. 公關報導、媒體露出
5. 店頭行銷活動
6. 人員銷售活動（門市店、經銷店）

1. 戶外廣告（公車、捷運、牆面）
2. Event 活動
3. 直效行銷
4. 體驗行銷
5. 免費樣品
6. 異業合作行銷
7. 會員活動
8. 旗艦店行銷
9. 通路行銷
10. 廣播、雜誌廣告
11. 其他活動

十、IMC六大主要活動的目的

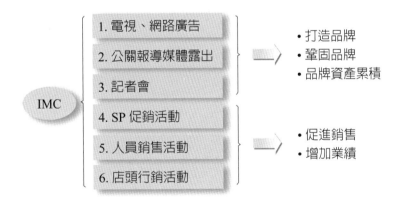

IMC

1. 電視、網路廣告
2. 公關報導媒體露出
3. 記者會

- 打造品牌
- 鞏固品牌
- 品牌資產累積

4. SP 促銷活動
5. 人員銷售活動
6. 店頭行銷活動

- 促進銷售
- 增加業績

十一、整合行銷傳播操作的時機狀況

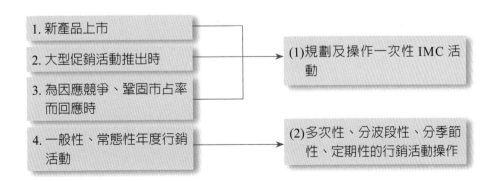

1. 新產品上市
2. 大型促銷活動推出時
3. 為因應競爭、鞏固市占率而回應時

(1)規劃及操作一次性 IMC 活動

4. 一般性、常態性年度行銷活動

(2)多次性、分波段性、分季節性、定期性的行銷活動操作

十二、案例

1. 美粒果新品上市計畫。
2. 中華電信 iPhone 13 上市計畫。
3. 台哥大 iPad 上市計畫。
4. 智冠魔獸世界遊戲上市計畫。
5. 可口可樂阿妹新代言人推出計畫。
6. 阿瘦皮鞋週年慶促銷計畫。
7. 新光三越百貨週年慶活動計畫。
8. 統一 City Café 慶祝 5,000 店促銷活動計畫。
9. HTC 宏達電 YOU 廣宣主題推出計畫。
10. 裕隆 Luxgen 自有品牌汽車上市計畫。
11. Uniqlo 日本服飾店來臺上市計畫。
12. 統一阪急（時代）新開幕計畫。
13. LV 來臺 20 週年慶祝計畫。
14. 統一企業 Lux presso 精品咖啡。
15. 原萃綠茶上市案。
16. TOYOTA CROSS 汽車上市案。

十三、行銷4P/1S與IMC的關係

十四、行銷4P/1S內涵大於IMC

十五、4P/1S＋IMC＝行銷致勝之道

1. 不能以為 IMC 成功，產品就會暢銷。必須結合 4P/1S，從整體面向來看待，行銷才會成功。
2. IMC 不可能獨立操作，必須搭配 4P/1S 策略，才會成功。

十六、整合行銷傳播十大關鍵成功要素

　　IMC 是每個行銷人員或品牌人員都知道的要件及原則方向，但是我們看到不同公司、不同的行銷操作人員，有著不同的行銷成果。有的市占率飛躍成長，有的市占率卻日漸衰退。如果我們從 IMC 這個角度來檢視為何發生此種現象時，就應該了解，我們從事 IMC 活動過程中，是否真的掌握了這十個關鍵成功要素（Key Success Factor）？包括：

　　第一：請問您是否認真的檢視了您公司的「產品力」本質？亦即，貴公司的產品是否具有競爭力？真的有嗎？為什麼會沒有？又該如何改善呢？

　　第二：請問您是否真的有效且正確選擇運用了您們的外部協力單位？例如：您們廣告公司的創意是否真的最強？您們的公關公司是否真的與媒體關係最好？您們的公司是否真的最會辦活動？

　　第三：請問您的行銷及廣宣活動，是否抓住了有效的切入點或訴求點，能夠引爆出媒體或消費者關切的話題？進而引起他們共同的焦點及注意？甚至是最終的購買行動？

　　第四：請問您的整合性媒體呈現是否具有創意性？能夠吸引消費者的目光及注視？一支強烈創意性的電視 CF，很可能就影響了這個新產品的知名度。

第五：請問您的行銷及媒體活動，是否能夠吸引各種主流媒體的興趣報導或連續性大幅報導？

第六：請問您的行銷及媒體活動是否有足夠的行銷預算投入？如果在不景氣環境中，您的廣宣預算縮得太小，長期下來可能累積不利的負面影響，反而被其他品牌追趕上來。

第七：請問您的行銷活動是否能夠有一波接一波的投入持續性及延續性，而不能中斷掉？例如：像統一 7-ELEVEN 的波浪或行銷活動理論，每一季都會有大型全店行銷的活動，每個月則有一些較小的主題活動或促銷活動，因此，業績全年都維持不墜。

第八：請問您是否注意到了您們公司內部各協力單位的良好分工合作及協調溝通？包括從產品開發創新、原物料採購、簽訂合約、製造品質的掌握、物流倉儲的時效性配合，到業務通路的安排妥當，以及 IMC 的完整規劃與推動等，都是影響 IMC 是否成功的內部組織因素之一。

第九：請問您是否有效的整合了各種行銷手法及媒體手法的組合搭配，而發揮出更好的綜效？例如：SONY 公司連續二年都爭取到在 101 大樓跨年晚會煙火秀的行銷活動，而同時又引起大量電視媒體及平面媒體的巨幅報導，可以說有數百萬人看到了這場行銷活動，而且記住了上面的品牌及產品宣傳（SONY BRA-VIA 液晶電視機品牌、筆記型電腦等）。每一年花費了 3,000 萬元行銷費用，但產生的行銷成果確是相當豐碩，值回票價。

第十：您是否能隨時對每一個月或每一個時間，展開對產品力、通路力、價格力、服務力，以及 IMC 的效益評估與競爭力的檢視？然後提出及時、快速的因應對策及改善行動？

全方位整合行銷與媒體傳播策略 ── 十大關鍵成功要素

(1)檢視產品力本質
- 必須能滿足顧客需求，創造顧客價值，具差異化特色，有一定品質水準，與競爭對手相較，有一定競爭力可言。

(2)充分利用外部協辦單位
- 包括廣告公司、媒體公司、整合行銷公司、公關公司、網路公司、製作公司之資源、專長與豐富經驗。

(3)抓住切入點及訴求點
- 行銷活動及廣宣活動，要抓住有力的切入點及訴求點，才會引爆話題。

(4)媒體呈現應具創意性
- 各種電視、報紙、網路、戶外、交通等媒體工具的呈現，應具創意性，能夠吸引人的目光及注視。

(5)吸引媒體報導的興趣
- 媒體不願或缺乏興趣報導，或因低收視率／低閱讀率而不報導，將會浪費行銷資源。

(6)足夠行銷預算資源的投入
- 巧婦難為無米之炊，沒有準備充分預算，行銷不易成功。

(7)一波接一波行銷活動投入的持續性及延續性，不能中斷掉。

(8)內部各協力單位良好分工合作及溝通協調
- 避免本位主義或分工權責不清。

(9)整合性的運用各種行銷手法及媒體手法的組合搭配，發揮綜效。

(10)評估效益與隨時調整因應改變
- 對每一個活動，事中及事後應充分評估及衡量其成本效益分析，缺乏效益的行銷活動應即刻改變或喊停。

▶ 圖 1-10

十七、整合行銷傳播作業，對選擇媒體組合與行銷活動之邏輯化模式

整合行銷活動及整合傳播媒體規劃選擇，絕不是大雜燴，什麼都做、什麼都介入一點、什麼都花預算，亦即行銷人員或品牌經理人員必須決定「什麼不要」及「什麼要」的正確抉擇。

圖 1-11 的邏輯化模式，即在顯示這些關係。

第一：首先，行銷人員必須先思考清楚，我們產品的類別、屬性及特性為何？與競爭者又有何不同？

第二：然後，再確定下列幾件事情：

1. 確定目標顧客群是哪群人？他們的利潤（Profit）輪廓為何？

2. 確定此產品的銷售市場規模有多大？是 1 億的小市場，或是至少 10 億、20 億、30 億、100 億以上較大規模市場總量。才能夠評估是否投入昂貴的電視廣告。

3. 確定消費者的生活習慣、消費習慣及媒體習慣。

4. 確定我們正處在目標顧客群對我們產品的哪一個購買心理階段，是認知期、考慮期、行動期或維繫期。我們的目的，究竟要投資哪一期或哪幾期。

5. 確定公司或老闆所給的行銷預算有多少？子彈多或少？各有不同方案。

第三：再者，就要依據上述的分析及評估，然後規劃出哪些整合行銷活動及整合媒體活動的組合體操作，並且進入執行力。

第四：最後，執行後，行銷費用預算也花了，其目標（目的）就是想達成二大目的：

1. IMC 一定要守住品牌的定位、品牌精神及品牌特性，使好品牌能夠持續下來。

2. 最終當然是要達成老闆所要求的業績目標及市占率目標，才算大功告成。

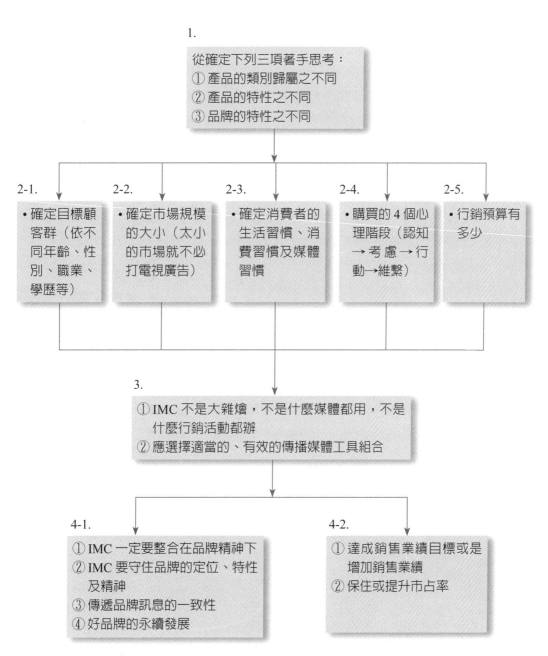

圖 1-11　整合行銷傳播對選擇媒體組合模式

行銷預算與媒體組合圖示如下：

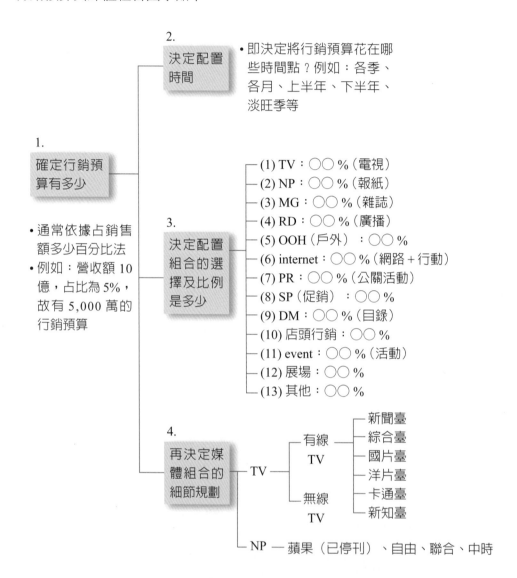

圖 1-12 是廠商行銷人員，應考慮在目標顧客群的不同階段，及我們想要的行銷目標下的各種適合操作媒體。

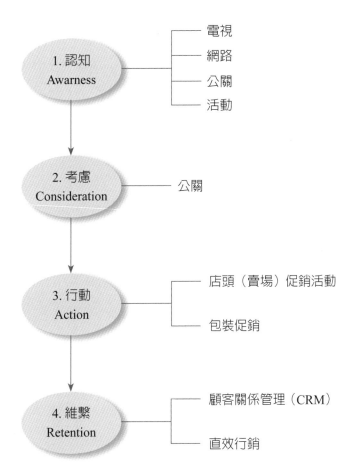

圖 1-12　購買的四個心理階段及較適宜之媒體工具與行銷活動

第 3 節　成功 IMC（整合行銷傳播）最完整架構內涵模式

　　作者結合 IMC 的學術架構模式，以及企業行銷實務上的操作內涵，形成了如圖 1-13 所示的成功 IMC 最完整架構內涵模式。

　　一個新產品、一個新品牌或一個改良式產品再推出或是思考到如何維繫既有品牌的領先地位，絕對不能只想到單純點狀式的 IMC 操作手法，一定要有從頭到尾、脈絡分明、邏輯有序、完整架構性的思維與考量，以及知道在這個完整架構內，我們的公司、產品、品牌、操作有哪些強項、弱項、優先重點、迫切性，以及知道如何才能做好、做成功。不能東想一點、西想一點、東做一些、西做一些，那是無法徹底成就一件事情。

在圖 1-13 中，說出了一個成功 IMC 最完整架構內涵模式，應該思考到九件事情：

第一：顧客分析

也就是 IMC 的對象及顧客資料庫的建置及運作。在這方面，我們要想到如何做好五個項目：

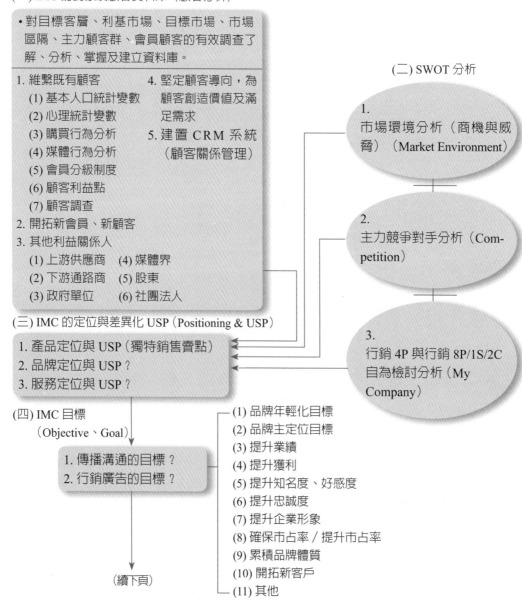

（一）IMC 的對象及顧客資料庫（顧客分析）

• 對目標客層、利基市場、目標市場、市場區隔、主力顧客群、會員顧客的有效調查了解、分析、掌握及建立資料庫。

1. 維繫既有顧客
   (1) 基本人口統計變數
   (2) 心理統計變數
   (3) 購買行為分析
   (4) 媒體行為分析
   (5) 會員分級制度
   (6) 顧客利益點
   (7) 顧客調查
2. 開拓新會員、新顧客
3. 其他利益關係人
   (1) 上游供應商　(4) 媒體界
   (2) 下游通路商　(5) 股東
   (3) 政府單位　　(6) 社團法人
4. 堅定顧客導向，為顧客創造價值及滿足需求
5. 建置 CRM 系統（顧客關係管理）

（二）SWOT 分析

1. 市場環境分析（商機與威脅）（Market Environment）

2. 主力競爭對手分析（Competition）

3. 行銷 4P 與行銷 8P/1S/2C 自為檢討分析（My Company）

（三）IMC 的定位與差異化 USP（Positioning & USP）

1. 產品定位與 USP（獨特銷售賣點）
2. 品牌定位與 USP？
3. 服務定位與 USP？

（四）IMC 目標（Objective、Goal）

1. 傳播溝通的目標？
2. 行銷廣告的目標？

(1) 品牌年輕化目標
(2) 品牌主定位目標
(3) 提升業績
(4) 提升獲利
(5) 提升知名度、好感度
(6) 提升忠誠度
(7) 提升企業形象
(8) 確保市占率／提升市占率
(9) 累積品牌體質
(10) 開拓新客戶
(11) 其他

（續下頁）

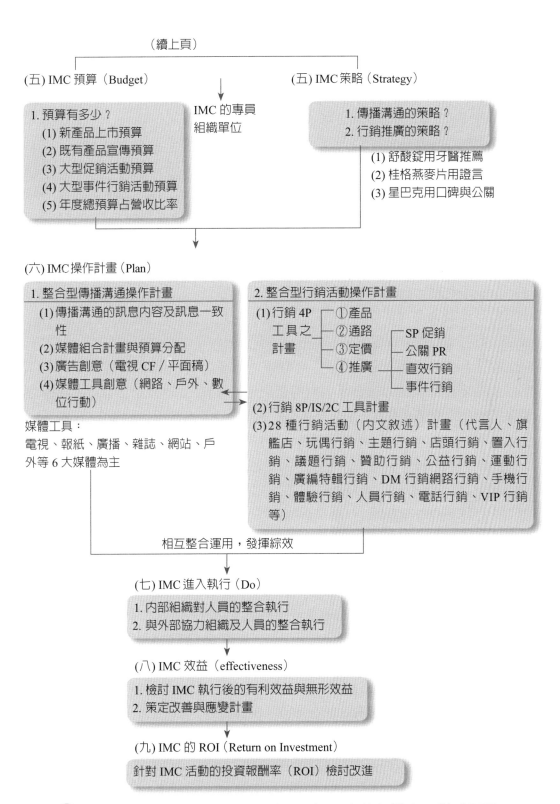

（續上頁）

(五) IMC 預算（Budget）

1. 預算有多少？
   (1) 新產品上市預算
   (2) 既有產品宣傳預算
   (3) 大型促銷活動預算
   (4) 大型事件行銷活動預算
   (5) 年度總預算占營收比率

IMC 的專員
組織單位

(五) IMC 策略（Strategy）

1. 傳播溝通的策略？
2. 行銷推廣的策略？

(1) 舒酸錠用牙醫推薦
(2) 桂格燕麥片用證言
(3) 星巴克用口碑與公關

(六) IMC 操作計畫（Plan）

1. 整合型傳播溝通操作計畫
   (1) 傳播溝通的訊息內容及訊息一致性
   (2) 媒體組合計畫與預算分配
   (3) 廣告創意（電視 CF／平面稿）
   (4) 媒體工具創意（網路、戶外、數位行動）

媒體工具：
電視、報紙、廣播、雜誌、網站、戶外等 6 大媒體為主

2. 整合型行銷活動操作計畫
   (1) 行銷 4P 工具之計畫 ─ ①產品
   ─ ②通路
   ─ ③定價
   ─ ④推廣 ─ SP 促銷
   ─ 公關 PR
   ─ 直效行銷
   ─ 事件行銷
   (2) 行銷 8P/IS/2C 工具計畫
   (3) 28 種行銷活動（內文敘述）計畫（代言人、旗艦店、玩偶行銷、主題行銷、店頭行銷、置入行銷、議題行銷、贊助行銷、公益行銷、運動行銷、廣編特輯行銷、DM 行銷網路行銷、手機行銷、體驗行銷、人員行銷、電話行銷、VIP 行銷等）

相互整合運用，發揮綜效

(七) IMC 進入執行（Do）

1. 內部組織對人員的整合執行
2. 與外部協力組織及人員的整合執行

(八) IMC 效益（effectiveness）

1. 檢討 IMC 執行後的有利效益與無形效益
2. 策定改善與應變計畫

(九) IMC 的 ROI（Return on Investment）

針對 IMC 活動的投資報酬率（ROI）檢討改進

▶ **圖 1-13 成功 IMC（整合行銷傳播）最完整架構內涵模式圖示**

1. 怎麼維繫既有顧客。
2. 怎麼開拓新會員、新顧客。
3. 怎麼建立其他利益關係人。
4. 怎麼堅定顧客導向。
5. 怎麼建置 CRM 系統。

第二：SWOT 分析

包括：

1. 目前及未來的市場環境變化中，所帶來的商機與威脅到底是什麼？我們看清了嗎？我們要怎麼應對？
2. 目前及未來的主力競爭對手或競品，我們透澈了解他們嗎？未來的有利及不利點，我們看清了嗎？我們要怎麼應對？
3. 目前我們公司在行銷策略及行銷戰術的操作方面，到底有哪些得與失？我們將要如何改變呢？

第三：IMC 操作的定位及差異化 USP

到底這次大型 IMC 操作所面對的產品定位、產品差異化、產品的獨特銷售賣點、產品的獨特訴求是什麼？會是有效的嗎？會是有攻擊力的嗎？會是吸引消費者注目的嗎？

第四：IMC 操作目標

這次 IMC 傳播溝通的目標何在？行銷推廣的目標為何？什麼是優先主目標？什麼是次優先目標？為什麼是這個目標？這個目標背後的意涵是什麼？戰略性定義又何在？

第五：IMC 的預算、IMC 的專員組織單位，以及 IMC 的策略

對 IMC 活動，公司給我們多少資源預算？在這樣限定的預算中，我們應該採取什麼有效的 IMC 主軸策略呢？策略發想不能無限上綱，必須回到預算的現實性，從現實去思考 IMC 突圍或創意策略，以達到小兵立大功的目標效益。

當然，接下來，就是誰應負責這個專案的統籌規劃與執行？這個負責單位，當然包括了很多的單位、部門及人員組合在內。

第六：IMC 的操作具體計畫

IMC 的操作具體計畫，包括了二件大事：

1. 我們應該推出哪些具有綜效或是比較優先執行的整合型行銷活動操作計畫？我們應在上述有限的預算內及主軸 IMC 策略下，去思考及提案我們

應該操作哪些行銷與推廣活動？預算要花在刀口上，才能達成 IMC 的預定目標。

2. 我們應配合前述的行銷推廣活動操作計畫下，思考下一步整合型傳播溝通、廣告創意及媒體、組合計畫是什麼？以及如何確信、確保這些廣告及媒體計畫是非常具有吸引力及有效果的。

第七：IMC 進入執行力

執行力也是即戰力與實踐力。執行力的品質好壞，決定了 IMC 成功與否的一半機率。沒有即戰力的執行組織，行銷很難成功。因此，不管內部組織人員的強大整合與外部協力單位的強大整合，是執行力的重點所在。凡是散漫軟弱的、不知臨場應變的、沒有喚起各部門戰鬥力的、偷工減料的、不在第一線戰場的、沒看到消費者的意見等，這些都是執行力上的重大缺失。

第八：IMC 效益

配合新產品、新服務、新品牌、新促銷活動的 IMC 大型活動推出後，即刻要每天、每週展開效益檢討。檢討花的錢是否達成原先預定的數據目標，為什麼沒達成？如何調整改變及因應？必須深刻檢視、分析、評估及快速反應行動，不能一直陷在泥淖中，最後難挽狂瀾，導致 IMC 行銷及業績失敗。

第九：IMC 的 ROI

最終，除了立即性效益檢討改革外，最後，要回過頭來，看看過去一段時間，過去一個重大的行銷業務活動上，我們在操作 IMC 上，我們所付出的一切人力、財力及物力，到底有沒有得到投資回收（即 ROI）？為什麼有？為什麼沒有？背後的因素是什麼？是什麼本質的元素發生了這些好與不夠好、成功與失敗的結果呢？我們得到了什麼教訓？我們又累積了什麼成功的操作經驗、操作機制及操作方法呢？

小結

上述這些架構、邏輯、思維與判斷，不是純理論，它很重要，它們是任何一個成功的整合行銷主管或總經理級人物，面對 IMC 決策、面對更高層次的經營決策，所應具備的知識與能力的展現。

第4節 「整合」行銷傳播的涵義、對象及 IMC 價值鏈

一、「I」、「M」、「C」哪一個重要？

IMC 是整合行銷傳播的英文縮寫，但有一個問題是，IMC 到底是「I」重要？「M」重要？或「C」重要？換言之，到底是「整合」（I）、「行銷」（M）或「傳播」（C）重要？這是一個很有趣，亦值得深思與辯證的問題。純就理論而言，倒是沒有這方面的研究發現，但就企業實務而言，依據作者本人詢問過一些專業行銷經理人，所得到的答案是：

第一：這三者都很重要，只要有一個做不好、做不對或做不出該有的競爭力，那麼就不會有成功與卓越的 IMC 績效。

第二：但是，在 IMC 的過程中，要發揮他們更大的「綜效」（Synergy）及「策略性行銷效果」，的確要特別關注及掌握一個完美的「整合」（Integrated）機制，才會對 IMC 發揮加分的綜效效果出來。

因此，本節將從作者個人過去的工作經驗心得，以及詢問諸多企業實務界的行銷經理人的寶貴意見及經驗智慧，試圖找出這一個主題的架構與答案。

● 圖 1-14

二、本節的架構圖示

本節將試圖分析下列六件事情，也是在整合行銷傳播的運作中，必須要停下來，深刻思考的六件大事。如圖 1-15 所示。

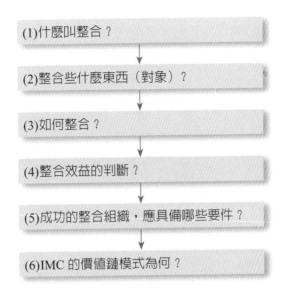

(1)什麼叫整合？

(2)整合些什麼東西（對象）？

(3)如何整合？

(4)整合效益的判斷？

(5)成功的整合組織，應具備哪些要件？

(6)IMC 的價值鏈模式為何？

▶ 圖 1-15　「整合」主題所討論的六個議題內容

　　圖 1-15 都是非常實務與實戰性的架構與問題，很少在純教科書理論上看過或具體討論到。但作者個人經過長期性的思考及研究，確信這些東西是非常重要的。因此，在下面內容中，將逐一提出看法。

三、什麼叫整合

完整的來說，整合應該具有以下幾點涵義：

1. 整合，是指非單一的東西，因為單一的東西，就無須整合。
2. 整合，是指一個套裝（Package）的東西，是指一個組合（Mix）的東西。也就是應該加入適當、適宜、適合的東西，在這樣一個套裝或組合裡頭，變成一個有力量的（Powerful）團結力量東西。
3. 整合，是指在行動（Action）與執行力的過程中，必須發揮很有力的「連結」（Link）及「配適」（Fit）的貫串舉措，將前述的一整個套裝或組合，做最大功效的連結及配適。
4. 整合，是指應發揮 1 + 1 > 2 的綜效（Synergy）效益，要遠比單一的動作及功能，還要高出更多倍的效益產出。

因此，總的來說，整合的深層意涵，應具有如圖 1-16 所示的三種邏輯性關係，即：

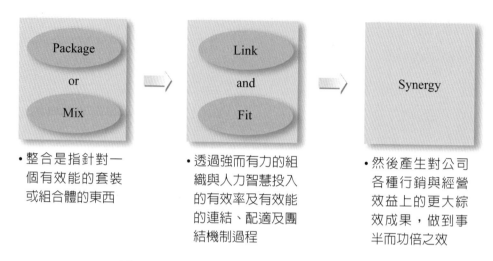

- 整合是指針對一個有效能的套裝或組合體的東西

- 透過強而有力的組織與人力智慧投入的有效率及有效能的連結、配適及團結機制過程

- 然後產生對公司各種行銷與經營效益上的更大綜效成果，做到事半而功倍之效

▶ 圖 1-16　整合的三階段邏輯性涵義

四、要整合什麼東西（整合的對象）

　　這是一個重要的議題。到底一個成功的 IMC 公司或 IMC 活動，應該要注意到哪些方面的整合工作呢？就實務架構而言，大概至少要做好如圖 1-17 所示的五大整合對象，包括：

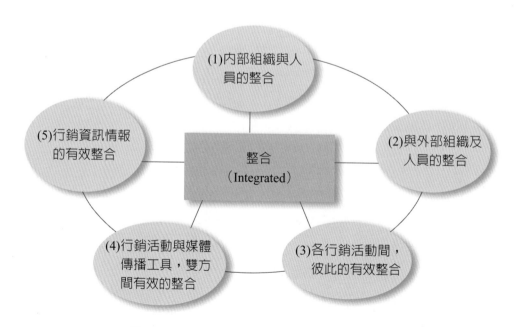

▶ 圖 1-17　應被做好整合的五件事情

五、如何整合

(一) 內部組織與人員的有效整合

在這個議題上，有二個問題，要進一步說明，亦即：

第一：哪些單位與人員必須重視整合、協調、溝通和團隊合作呢？包括下列對象組織：

1. 公司總部與各門市（直營店／加盟店）的有效整合。
2. 企劃部門與業務部門的有效整合。
3. 生產與銷售（產／銷）部門的有效整合。
4. 業務與非業務部門的有效整合。

第二：下一個問題是，怎麼才能做到比較理想的內部組織與人員的整合呢？通常，歸納企業界的作法，大概有以下幾種方式，包括：

1. 成立跨部門的「專案小組」。叫 Project Team 也好，叫 Cross Function Team（跨功能部門矩陣小組）也好，都是企業界經常為了某一項重大的行銷活動或經營活動而做的組織行動。在這個專案小組或專案委員會中，還必須注意到幾件事情：
   - 此小組要有一個強的、有實權的專案負責人，通常是董事長、總經理或執行副總等。
   - 必須定期（每週／每月／每天）舉行開會，檢討追蹤工作進度，發現問題、解決問題、研討對策，以即時因應市場的不斷變化。
   - 必須從一開始到結束，就納入更高層的「專案管制」追考案件，有更高層的人做監督考核工作，才會有所警覺。
2. 設立具有高誘因的責任利潤中心制度、獎金制度、賞罰分明制度或 SBU（戰略事業單位）制度，然後為「整合機制」注入人員的誘因要素，大家才會真正努力團結及分工整合工作。
3. 建立明確的「品牌經理制」或「產品經理制」，各自在明確權責範圍內，真正負擔起自己的責任。並且在此權力下，有權指揮所有相關部門，共同整合工作的執行力，創造出工作的成果。而此制度，無疑也加入了內部「良性競爭」的機制在裡面，會促使公司整體更加進步與成長。

針對上述說明，如圖 1-18：

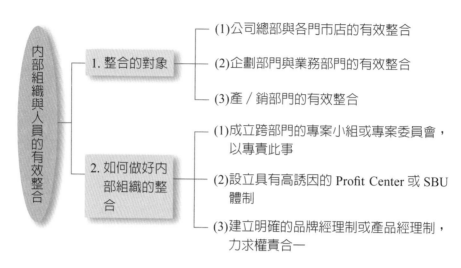

● 圖 1-18　內部組織與人員的有效整合

在與上述外部合作單位及人員的整合過程中，應注意到如圖 1-19 所示之幾項重要原則。

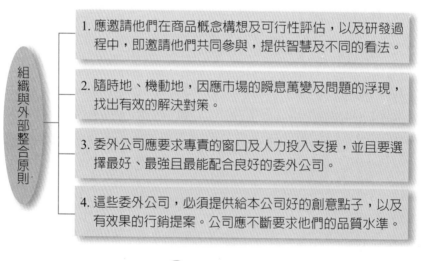

● 圖 1-19

(二) 外部組織與人員有效整合

IMC 的成功，有一大部分是借助外部專業公司與人員智慧所產生的。因為行銷活動範圍已愈來愈大，分工愈來愈精密，專長也愈來愈多元，任何一個公司

或行銷經理人，必然不可能做到每一件事情。因此，他們必須仰賴外部專業單位的支援、協助及分工而成。公司及行銷經理人員，則必須扮演與外部單位的溝通、協調及整合的工作。

圖 1-20 所示是經常尋求外部組織的專業公司。

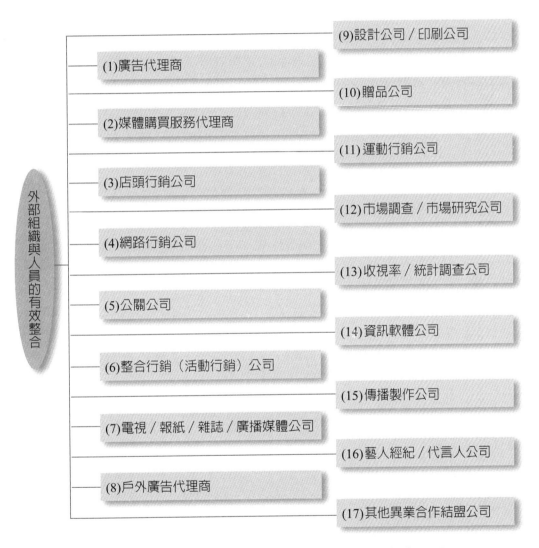

外部組織與人員的有效整合

(1)廣告代理商

(2)媒體購買服務代理商

(3)店頭行銷公司

(4)網路行銷公司

(5)公關公司

(6)整合行銷（活動行銷）公司

(7)電視／報紙／雜誌／廣播媒體公司

(8)戶外廣告代理商

(9)設計公司／印刷公司

(10)贈品公司

(11)運動行銷公司

(12)市場調查／市場研究公司

(13)收視率／統計調查公司

(14)資訊軟體公司

(15)傳播製作公司

(16)藝人經紀／代言人公司

(17)其他異業合作結盟公司

● 圖 1-20　IMC 過程中，經常借助的外部專業公司

(三) 各行銷活動間，彼此的有效整合

這是一個關鍵議題，IMC 的成功，絕對不是辦一場事件活動、動員新聞頻

道 SNG 轉播、發布幾則見報的新聞稿，或是辦一些年終慶、年中慶促銷活動，就可以使產品最後的銷售業績長紅或市占率大幅提升的。事情沒那麼簡單，行銷也不是如此簡單即可行銷致勝的。尤其面對今日如此低成長與微利時代下的高度激烈競爭環境，一定要將如圖 1-21 的 11 項主要行銷活動（Primary Marketing Activities），做一個完整的、周延的、有效的、強力的、縝密的、有系統的及合適的整合，才能發揮「行銷」本身的眞正力量及競爭力。換言之，必須把這 11 項（8P/1S/2C）的主要行銷活動，視爲一個組合體（Mix），要「環環相扣」，一環扣緊一環，無所遺漏才行，而且每一環都很強，都有競爭力，都能與最強競爭對手相抗衡。換言之，在這 11 項行銷組合力量，我們要檢視、反省及評估自己，並不斷針對弱點，予以補強。

🔘 圖 1-21　各主要行銷活動之間的有效整合

1. 產品力（Product）：我們的產品力夠強嗎？能夠滿足顧客嗎？能有特色嗎？能物超所值嗎？與其他品牌的差異又在哪裡？

2. 通路力（Place）：我們的通路力夠普及嗎？能夠滿足顧客的便利性嗎？能夠上架到主要賣場？上架到最好的賣場專區位置？是否有最醒目的店頭 pop 配合？通路經銷商是否都是 A 級店的？是否最願意為我們推銷此品牌？我們給他們的條件及支援是否比競爭對手條件更好？

3. 價格力（Price）：我們的產品定價是否可在顧客接受的範圍？是否有物超所值之感？是否比別的品牌價格更合理划算之感？我們的定價是否隨著規模經濟量產而合宜的下降回饋？

4. 推廣力（Promotion）：指廣告與促銷活動力。我們是否支出適度的廣告預算？是否每月或逢節慶舉辦必要的大型促銷回饋活動呢？我們所拍的廣告 CF、廣播特稿、代言人等是否具有吸引力及效果呢？我們的廣告及 SP 促銷支出總額與競爭對手比較又是如何？

5. 公關力（PR）：我們與各大電子、平面及廣播等媒體的關係是如何？我們有優於競爭對手嗎？包括對我們的公司及品牌做有利的、高頻率、大篇幅的報導及見稿嗎？

6. 實體環境力（Physical Environment）：我們的賣場、直營店、加盟店、服務現場、店內、專櫃、高級場所等所呈現出來的裝潢、設計、動線、色彩、面積大小、清潔、豪華、精緻、等級、品質、燈光、音樂、餐具等，是否讓顧客感受良好、覺得舒適、有代價、願意常來、有尊榮感、高級感的、美好回憶的、比別的地方還棒、還好的一種總體感受？

7. 作業流程力（Processing）：指我們的現場服務流程是否具有相當標準化、一致性、優質的、快速的及有效率的一種實質體會？而且要超越競爭對手。我們的現場服務作業流程，絕不因人的不同，因時間的不同而有不同的品質水準及效率水準。但，我們真能做到這些嗎？

8. 人員銷售力（Professional Sales）：我們專業的銷售團隊、組織及人員，是否強過競爭對手呢？是否能搭配公司產品力、通路力與價格力的呈現水準呢？我們是否不斷檢測我們的銷售組織的編組、人數數量及人員素質與能力的合宜性及競爭力呢？

9. 服務力（Service）：我們的售前、售中及售後，各項服務的機制、制度、流程、人員等之品質、效率及速度等，是否讓顧客真正滿意呢？是否真

的做到「頂級服務」水準呢？

10. 顧客關係經營（CRM）：在顧客關係經營或會員經營或 VIP 會員經營方面，我們做了哪些具體、有效，讓顧客可以感受到客製化、專業化、價值化、服務化、優先化、區別待遇化、回饋化等實質感受與良好口碑呢？

11. 公益行銷（CSR）：公益行銷或社會行銷已成為今日企業行銷活動的必要一環。行銷不能讓顧客感受到「唯利是圖」，而是「取之社會，用之於社會」，用愛心、關懷、捐助、贊助各種文教、藝術、弱勢族群、醫療、健康、運動、休閒等回饋這個社會。

(四) 行銷活動與媒體傳播活動的有效整合

另一個主要的整合議題是，究竟在上述 11 大項行銷活動中，應該要如何與媒體傳播活動，做有效的整合呢？因為，所有的行銷活動，都希望透過媒體傳播策略及媒介工具，大量宣傳曝光，才能達到更好、更大的廣宣效果。

這樣的關係，可以圖 1-22 表示之。

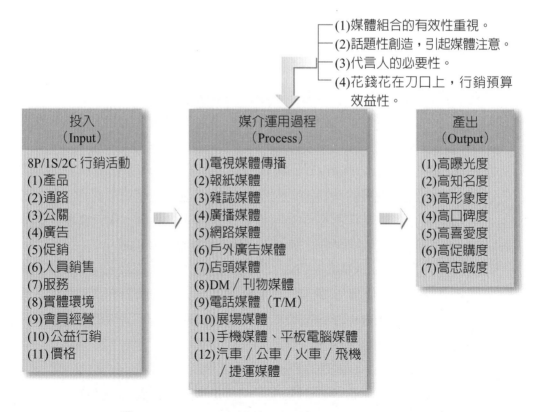

圖 1-22　行銷活動與媒體傳播工具的整合

在整合的過程中，應該注意及掌握好四項原則：

1. 應重視每一次行銷活動的「媒體組合」的最適切性及有效性。因此，應做好媒體特性研究及媒體計畫的善妥規劃。

2. 應力圖創造出話題性，例如：配合時事、人物、流行、季節、電影、時尚、趨勢等，以引起討論話題及媒體注意，而願大量報導。（例如：2006 年 5 月上檔的《達文西密碼》電影，以及 2005 年推出的小說等，即是引起新聞話題）

3. 考慮代言人的必要性，以及適合且有效果的代言人選擇，才能有一個人物，可以帶動品牌或產品的報導話題連結性。

4. 花錢花在刀口上，應注意及評估每一個行銷活動及預算支出的效益性。然後從不斷反覆檢討中，找出最好的整合模式、作法及搭配。

(五) 行銷資訊情報的有效整合

行銷資訊情報的有效整合，過去經常是被大家忽略的。但是，行銷資訊情報的有效運用，已是今日 IMC 成功的必要一環。原因是，IMC 必須要有數據分析、數據資料庫、數據應用及數據管理，才能協助 IMC 在直效行銷或行銷決策判斷上、顧客服務、顧客分級經營、促銷活動有效上、新商品開發上市的確保等諸多方面，發揮助效。

IMC 所需要的全方位行銷資訊情報來源，如圖 1-23 所示。

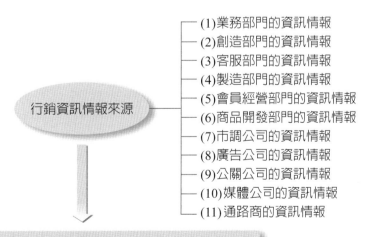

行銷資訊情報來源
- (1)業務部門的資訊情報
- (2)創造部門的資訊情報
- (3)客服部門的資訊情報
- (4)製造部門的資訊情報
- (5)會員經營部門的資訊情報
- (6)商品開發部門的資訊情報
- (7)市調公司的資訊情報
- (8)廣告公司的資訊情報
- (9)公關公司的資訊情報
- (10)媒體公司的資訊情報
- (11)通路商的資訊情報

- 對整合行銷專案活動（8P/1S/2C）的選擇及計畫
- 對媒體傳播工具的選擇及設計

▶ 圖 1-23　行銷資訊情報的來源及其與 IMC 之關係

六、整合「效益」的判斷

　　整合行銷傳播活動，最後當然還是檢視它所產生的最終成果或效益是什麼？是多少？是否達成原先預估的目標？是超出或不足？以及為什麼會超出或不足的總檢討。

　　一般來說，討論行銷效益的「項目」，大致上，可以如圖 1-24 所示，並且再分為「有形」效益及「無形」效益二種。當然，在這眾多效益評估的項目中，最重要的還是公司的營收及獲利財務績效指標是否能達成。否則，公司沒辦法維持好的營收及獲利結果，那麼一切都沒什麼好談了。因為企業要活下去，要有好的公司評價，要有好的公司股價，要受到投資機構的青睞，最終還是看營收及獲利績效。當然，其他像市占率、品牌、滿意度、會員數等也很重要，但這些都不能取代獲利績效的唯一事實。除非這一個行業已是夕陽產業，每家都虧錢，不再獲利了。

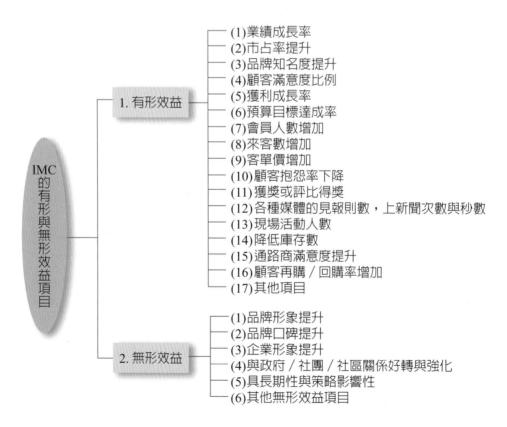

● 圖 1-24　IMC 的整合效益「項目」評估

總之，一個優良、卓越的好公司，或是操作 IMC 成功的公司，必然也會是一個在營收、獲利、市占率、品牌形象、顧客滿意及社會大眾有口皆碑的優質表現公司。

七、成功執行IMC的組織三要件

另外，還有一個屬於 IMC 組織與人才的問題，經常在作者本人的腦海中思考著。很多人提問：為什麼有些公司執行 IMC 成功，而有些公司卻做不好？為什麼？Why？問題出在哪裡？如果按前述各段內容執行就會成功或行銷致勝嗎？這是一個關鍵的好問題，而且並不容易回答。

根據作者本人長期的研究思考，顯示一個能夠執行成功 IMC 策略及行銷致勝的公司組織體，必然應該具備下列三項要件，或是他們在這三大要件中，表現得比其他公司更為優秀及突出。也許，這就是他們的「獨特組織能力」（Unique Organizational Capabilities）吧。而這也是所有企業，所有總合競爭力的最終本質基礎，這個基礎打造得好，這個企業的經營及行銷就必然會成功，而成為領先業者及領導品牌。

而這三項要件，即是如圖 1-25 所示。

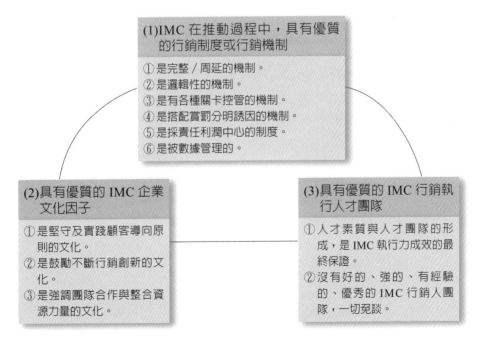

● 圖 1-25　行銷致勝與 IMC 執行成功的組織三大要件

其實，很多行銷常勝軍，像美國 P&G、日本花王、Panasonic、歐洲雀巢、歐洲聯合利華、日本豐田汽車、法國 LV 精品、美國可口可樂、美國星巴克、美國 Moto 手機、臺灣的統一超商、統一企業、acer 電腦、ASUS 電腦、味全公司、家樂福大賣場、新光三越百貨公司、王品餐飲等，各家長期表現卓越的製造業或零售流通業等，就是他們都能擁有這三大組織要件，而終能領先其他競爭對手。

八、「整合」行銷傳播的價值鏈提出

綜上所述，最後，作者本人根據在策略管理領域上頗富盛名的麥可·波特教授所提出的「企業價值鏈」模式，加以改寫及移轉到 IMC 這個主題上來，由作者本人提出所獨創出來的 IMC 的價值鏈模式，如圖 1-26 所示。此圖意思是指：

第一：任何一個卓越成功的 IMC 公司組織，應努力具備上述的三大成功組織要件。

第二：然後由這個組織去全力做好前述的五大 IMC 的整合方向及作法。

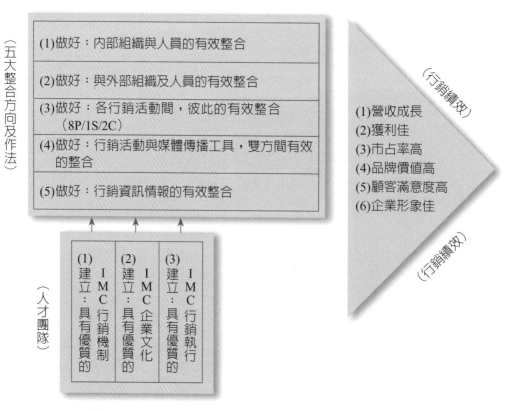

● 圖 1-26　作者本人所獨創的 IMC 價值鏈模式

第三：最後，應該就可以順利的創造出比競爭對手更為優越的行銷績效出來。包括：營收持續成長、獲利持續成長、市占率高、品牌價值不斷累積提高、顧客滿意度維持在一個理想高度，以及獲致全社會對本企業、本品牌的良好口碑及良好形象之評價。

九、小結

以上就是一個非凡卓越與行銷致勝 IMC 的「整合」全貌及全內容精華論述。

 第 5 節　整合行銷傳播崛起的因素及現象

一、整合行銷傳播崛起的六大因素

歸納總結來看，整合行銷傳播產生與崛起的六大因素，如圖 1-27 所示。

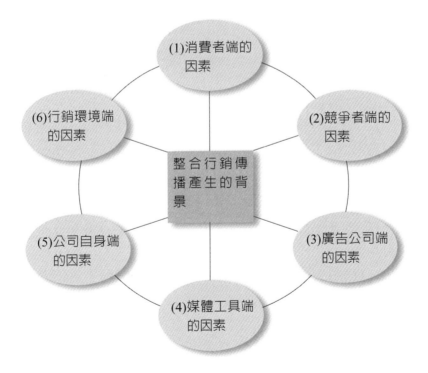

● 圖 1-27　整合行銷傳播產生與崛起的六大背景因素分析

這包括了：

(一) 消費者端所導致的因素。

(二) 競爭者端所導致的因素。

(三) 廣告公司端所導致的因素。

(四) 媒體工具端所導致的因素。

(五) 公司自身端所導致的因素。

(六) 行銷環境端所導致的因素。

有關這六大背景因素的細項原因，請參閱圖 1-28 所示。

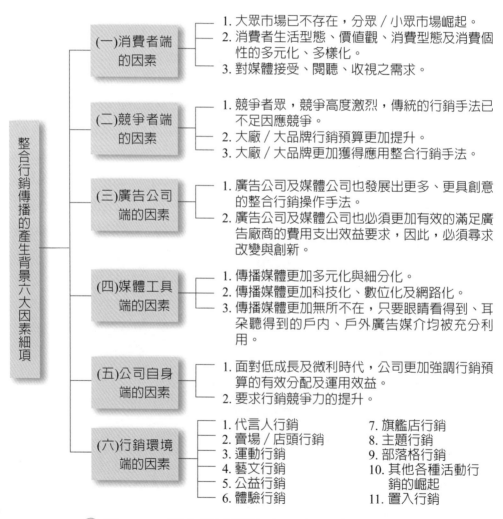

▶ 圖 1-28　整合行銷傳播（IMC）的產生背景因素

二、從單一大眾媒體改變到整合行銷傳播媒體之變化五大現象

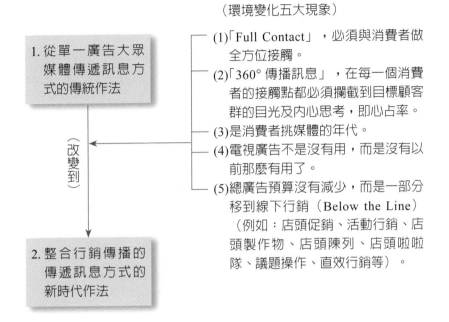

（環境變化五大現象）

1. 從單一廣告大眾媒體傳遞訊息方式的傳統作法

（改變到）

2. 整合行銷傳播的傳遞訊息方式的新時代作法

(1)「Full Contact」，必須與消費者做全方位接觸。
(2)「360°傳播訊息」，在每一個消費者的接觸點都必須攔截到目標顧客群的目光及內心思考，即心占率。
(3)是消費者挑媒體的年代。
(4)電視廣告不是沒有用，而是沒有以前那麼有用了。
(5)總廣告預算沒有減少，而是一部分移到線下行銷（Below the Line）（例如：店頭促銷、活動行銷、店頭製作物、店頭陳列、店頭啦啦隊、議題操作、直效行銷等）。

▶ 圖 1-29 　從單一大眾媒體到整合傳播媒體之變化現象

Part**2**

整合行銷傳播理論篇

Chapter 2　整合行銷傳播的模式規劃、執行與效益評估

Chapter 2

整合行銷傳播的模式規劃、執行與效益評估

第 1 節　整合行銷傳播概念的形成背景之學術理論

一、整合行銷傳播概念的演進

有關「整合行銷傳播」（Integrated Marketing Communication, IMC），亦有學者簡稱「整合行銷」（IM）或「整合傳播」（IC），亦有代理商從資料庫行銷的觀點，稱之為「整合直效行銷」（IDM）（Integrated Direct Marketing）。

Schultz（1996）則是從社會的分化、新科技的出現及資訊流（Information Flow）的移轉等三方面，來論述消費市場的遞嬗，從當中推演出整合行銷傳播的形成。

(一) 傳統市場（大眾行銷傳播模式）

1970 年代以前，這個傳統消費市場的特徵是因為製造商握有廠房、資金及生產技術而主宰整個市場行銷活動的進行，企業大量生產標準化產品，以相似價格，透過大眾媒體以單一廣告手法來接觸所有的社會大眾。此時的供應廠商也不多，消費者的教育及所得水準，多處在相對偏低的狀況下，而傳播媒介的發展也極為單純有限。

因為難以確認顧客及其購買行為，過去一百年來的大眾行銷模式，預設整個市場是單一化的大眾市場，多數的廣告規劃流程都是建立在 1960 年代 Linear、Larry 所描述的層級效果模式，消費者會歷經認知→知曉→喜愛→偏好→說服→購買等六個階段過程的消費行為，呈現出線性關係，在當時也僅能憑藉消費者態度研究來臆測其購買行為，只要行銷者透過媒體發送更多的訊息，則消費者會依循此路徑趨向終點，也就是採取購買行動。在這個模式的前提下：消費者是沒有差異的，也不論他們購買什麼產品。企業透過單向媒介管道及工具說服，就能輕易地建立全國性品牌，此時的市場並無整合行銷傳播的需求。

(二) 新市場（消費者導向的行銷趨勢浮現）

直至 1970 年代中期，因為：(1) 商品條碼；(2)POS 購買點資訊系統；(3) 產品資料庫；及 (4) 民調統計軟體等新科技的出現。我們對消費者的消費行為有了更具體的測試方式，從分析消費者對商品的反應，我們就能決定下一步的廣告及促銷活動等。

不單是配銷通路的轉變，消費市場也起了巨大的變化，市場上的競爭愈來愈激烈。換言之，不再是由廠商決定消費者購買地點及訊息來源，而是由大型及連鎖化零售商直接回應消費者的需求，然後向上游製造廠商施壓及反應要求，取得主控市場的權力。過渡到新市場之後，市場區隔消費者調查及消費者需求等變數漸受重視，整合大眾媒介、廣告主與配銷通路的需求更為加深。

(三) 二十一世紀市場（進入資訊高速公路）

新電子科技及電腦網路（Internet）的出現，對整合行銷傳播計畫產生巨大影響，這股勢力使企業引導市場進入行銷／傳播功能的完全整合。因為在二十一世紀市場中，行銷與資訊流皆朝向互動的方向進行，資訊流完全掌握在消費者手中。消費者既是訊息的接收者，也是傳播者，消費者可以透過電子化資料傳輸的新形式，隨時從廠商及其他消費者取得所需要的最新資訊，訊息來源變得較以往多元而且複雜。總而言之，整個市場掌握在消費者手中，這意味著消費者一旦有需求時，產品（服務）的相關生產廠商、售後服務、廣告傳播及通路配銷人員必須能立刻有效回應並滿足消費者，贏得顧客忠誠。

Schultz 即結論說，面對二十一世紀所帶來的急遽轉變，行銷經理人必須整合協調所有能影響消費者決策過程的行銷及傳播工具，以及其他訊息來源與消費者進行互動溝通。同時企業應捨棄過去由「內而外」的線性、單向說服模式，改由「外而內」的規劃思考，係從消費者觀點、消費者情境及消費者潛在需求等來進行行銷傳播規劃，亦即了解顧客及潛在消費者的核心需求、媒體使用型態、訊息接觸時機、接收時機、媒體內容表現、媒介工具有效選擇等等，與消費者進行雙向互動溝通，進而與顧客建立長期關係。

二、形成背景（各學者觀點）

整合行銷傳播興起年代為 1990 年代，重要學者認為該概念之興起，自有其特殊之背景因素存在，茲分別論述整理如表 2-1。

▶ 表 2-1　不同學者對於整合行銷傳播之興起背景論述表

年代	學者	整合行銷傳播興起背景
1991	Dilenschneider	✓ 分眾市場出現 ✓ 產品種類眾多，市場競爭激烈 ✓ 在日常生活中資訊氾濫 ✓ 傳播媒體趨向細分化 ✓ 媒體訊息的可信度與影響力漸弱
1992	Duncan 和 Caywood	✓ 廣告訊息的可信度與影響力持續下降 ✓ 市場跟隨者增多 ✓ 媒介與閱讀大眾走向零碎化 ✓ 資料庫使用成本降低 ✓ 大眾媒體使用成本提高 ✓ 全球行銷成為趨勢 ✓ 對成本底線壓力提高 ✓ 客戶行銷專業程度提高 ✓ 行銷傳播代理業彼此購併 ✓ 大賣場權力高漲
1993	Peppers 和 Rogers	✓ 廣告訊息的可信度與影響力持續下降 ✓ 大眾媒體的使用成本提高 ✓ 傳統運用媒體呼喊產品優點只會增加 ✓ 成本與消費者認知模糊
1993	Shelson	✓ 競爭者易模仿，產品差異微乎其微 ✓ 市場效率化後，價格不具優勢空間 ✓ 企業唯一可創造差異方式是運用整合行銷傳播訊息，達到和顧客交談目的，並進而創造公司、產品和服務在消費者心目中的形象，影響其購買決策知覺行銷
1994	Nowak 和 Phelps	✓ 傳播工具多樣化，業者必須整合之
1997	Schultz	✓ 行銷 4P（Product、Price、Place、Promotion）已經轉向 4C（Consumer、Cost、Convenience、Communication）發展

資料整理：作者（戴國良）。

綜觀以上各家說法，本研究歸納出促使整合行銷傳播備受重視的背景因素如下列所述：

1. 消費者及聽眾的分眾市場出現，產品種類眾多，市場競爭激烈，加上傳播媒體趨向細分化及多元化，在日常生活中資訊氾濫，媒體訊息的可信度漸弱及更加複雜。

2. 客戶行銷專業程度提高、零售及連鎖化的大賣場權力高漲、行銷傳播代理業彼此購併，企業獲利空間因此受限。

3. 全球行銷已成趨勢，市場效率化後，競爭者易模仿，產品差異微乎其微，價格不具優勢空間，對成本底線壓力提高，企業唯一可創造差異方式是運用整合行銷傳播訊息，達到和顧客溝通及傳達的目的，並進而創造公司、產品和服務在消費者心目中的良好及忠誠形象，影響其購買決策及購買選擇。

4. 傳播工具多樣化，傳統運用媒體呼喊產品優點只會增加成本與消費者認知的模糊，業者必須整合之，而且行銷 4P 已經轉向 4C 發展，資料庫使用成本大大降低後，企業應朝關係行銷發展。（註：4P 為 Product、Price、Place、Promotion；4C 為 Consumer、Cost、Convenience、Communication。4P 即產品、定價、通路、推廣；4C 即消費者導向、成本控管、通路便利性及行銷傳播的溝通性。）

三、IMC的定義

目前學界與實務界對整合行銷傳播的定義仍是眾說紛紜，許多學者提出他們對整合行銷傳播的看法，不管是主張整合行銷（IM）、整合行銷傳播（IMC），甚至於後來的整合傳播（IC）（例如：Thorson & Moore, 1996; Drobis, 1997-1998 等），其方向與觀念基本上是一致的，只是所著重點有所不同，也因此使其行銷策略的貢獻有所不同。目前僅有的共識是，整合行銷傳播是一個概念，也是一動態流程（Percy, 1997）。以下針對學者所提出看法做整理：

(一) Shimp（2000）

Shimp（2000）指出，由行銷組合所組成的行銷傳播近年來的重要性逐年增加，而行銷就是傳播，傳播亦即行銷。近年來，公司開始利用行銷傳播的各種形式來促銷他們的產品，並獲取財務或非財務上的目標。而此行銷活動的主要形式包含了：廣告、銷售人員、購買點展示、產品包裝、DM、免費贈品、折價券、公關稿以及其他各種傳播戰略。為了比傳統促銷更適切地詮釋公司對消費者所做的行銷努力，Shimp（2000）將傳統行銷組合 4P 中的促銷（Promotion）概念擴展成「行銷傳播」（Marketing Communication），並指出品牌須利用整合行銷傳播以建立顧客共享意義與交換價值。

(二) 美國 4A 廣告協會（1989）

目前廣泛被使用的整合行銷傳播定義，是由美國廣告代理業協會（4A）於 1989 年提出的（Schultz, 1993; Duncan and Caywood, 1993; Percy, 1997）：

整合行銷傳播是一種從事行銷傳播計畫的概念。確認一份完整透澈的傳播計畫有其附加價值存在，這份計畫應評估不同的傳播工具在策略思考中所扮演的角色，例如：一般廣告、互動式廣告、促銷廣告及公共關係，並將之結合，透過協調整合，提供清晰、一致的訊息，並發揮正面綜效，獲得最大利益。

此定義強調「過程」，用廣告與其他策略以達最大傳播效果，但並未提及閱聽對象或效益。

(三) Schultz（1993）

此外，另一整合行銷傳播定義，是西北大學的 Schultz（1993）與其他學者所提出由外而內（Outside-in）的概念。

Schultz 與其他西北大學學者對整合行銷傳播的看法為：

整合行銷傳播是將所有產品與服務有關訊息來源加以管理的過程，使顧客及消費者接觸統合的資訊，並產生購買行為，以維持消費者忠誠度。

由此可發現此定義所重視的是整合行銷傳播過程中，訊息管理及消費者與潛在消費者的重要性，其強調的是品牌與消費者的連結關係，並指出消費者的行為反應，是整合行銷傳播的成敗關鍵。此定義將整合行銷傳播界定為「消費者接觸到的所有資訊來源」，涵蓋範圍較 4A 的定義廣（Duncan and Caywood, 1993）。

(四) Medill（1993）

根據 Schultz 與其他西北大學學者對整合行銷傳播的看法，後來西北大學 Medill 學院於 1993 年提出更完整的整合行銷傳播定義為：

整合行銷傳播是發展一種長期對顧客及潛在消費者，執行不同形式的說服性傳播計畫過程，其目標是要直接影響所選定之傳播閱聽眾的行為，並考慮一切消費者接觸公司或品牌的來源，亦即，此為顧客或潛在消費者與服務的接觸，並以此作為未來訊息傳遞的潛在通路。此外，並運用所有與消費者相關並可使之接受的傳播形式。總而言之，整合行銷傳播由顧客及潛在消費者出發，以決定並定義出一個說服性傳播計畫所應發展的形式及方法。

對此定義，Schultz（1993）認為較美國 4A 的定義更為廣泛，強調應由消費

者角度來思考整合行銷傳播。以消費者或潛在消費者立場作為策略思考原點，嘗試了解消費者與潛在消費者需求，不僅是消費者態度或知曉，還包括動機與行為。此外。必須從顧客觀點來看傳播，亦即所謂的「品牌接觸點」，此為顧客與潛在消費者及品牌接觸的所有方式，包括：包裝、商品貨價、朋友推薦、媒體廣告或顧客服務（Schultz, 1993）。

(五) Duncan（1992）

另外，Duncan 在 1992 年提出他對整合行銷傳播的定義：「整合行銷傳播是組織策略運用所有的媒體與訊息，互相調和一致，以影響其產品價值被知覺的方式。」此定義不限於消費者，似乎只要是對企業或其品牌訊息有興趣者皆包含在內。不同的是，其強調企業組織或代理商、強調態度而非行為的影響。而後 Duncan 又修正其定義，認為「整合行銷傳播是策略性地控制影響所有相關的訊息，鼓勵企業組織與消費者及利益關係人的雙向對話，藉以創造互惠關係」（Duncan and Caywood, 1993）。

此外，Schultz 更進一步從 APQC[1] 的研究中定義整合行銷傳播為：

整合行銷傳播為一策略性企業活動，此針對顧客、消費者、潛在消費者與其他內在與外在目標閱聽眾，進行長期的計畫、發展、執行與評估，可協調、可測量並具說服性的品牌傳播策略。

此新定義確能掌握住整合行銷傳播所有的核心，並將整合行銷傳播提升至策略層次，並擺脫整合行銷傳播過去所限的傳播戰略（Tactical）位置（Schultz, 1997a）。

(六) Percy（1997）

對整合行銷傳播的定義，Percy（1997）認同 Medill 學院與美國廣告協會對 4A 的定義，即主張整合行銷傳播是一種與消費者之間的溝通過程，絕非一簡單的行銷動作；而整合行銷傳播亦是一種行銷溝通企劃的概念，須透過通盤企劃帶來附加價值，利用各種傳播方式以提供傳播的清晰性與一致性，並提高行銷計畫的影響力。

---

[1] 美國生產力品質中心（American Productivity & Quality Center, APQC）：針對組織與公司進行整合行銷傳播之普遍性研究。

(七) 小結

整理上述學者對整合行銷傳播之觀點，認為整合行銷傳播是品牌或企業以消費者為出發點，運用適當的傳播策略與組合進行長期的行銷策略規劃，並在經過訊息管理對外傳達出一致性聲音，以強化並建立品牌與所有消費者與利益關係人之連結關係，使顧客及潛在消費者接觸到統合的資訊，進而產生購買行為與建立顧客忠誠度。

四、IMC定義的彙整表（之一）

整合行銷傳播發展已經多年，然各家對其定義卻有所不同，但大體而言卻相差不多，茲以年代為敘述軸，整理論述如表 2-2。

▶ 表 2-2　不同學者對於整合行銷傳播之定義表

年代	(一)機構／學者	(二)定義	(三)批判／特色
1989	美國廣告代理業協會（American Association of Advertising Agencies, AAAA）	✓ 整合行銷傳播是一種從事行銷傳播計畫的概念，確認一份完整透澈的傳播計畫有其附加價值存在，這份計畫應評估不同傳播技能在策略思考中所扮演的角色，如廣告、直效行銷及公共關係，並且透過天衣無縫的整合，提供清晰一致的訊息，發揮最大的傳播效益。	Duncan 和 Caywood 認為此論述過度強調過程，忽略閱聽對象或是效益。
1990	Foster	✓ 整合行銷傳播就是透過適切的媒體，傳播適切的訊息給適切的對象，引發期望的反應與運用多種傳播工具擴散公司一致的聲音。 ✓「多種傳播工具」與「一致的聲音」強調「整合」的必要性。	此定義與傳統上的「廣告」定義頗接近。

年代	(一)機構／學者	(二)定義	(三)批判／特色
1993	Duncan	✓ 整合行銷傳播是策略性地控制或影響所有相關訊息，鼓勵企業組織、消費者或利益關係人的雙向對話，藉以創造互惠關係。	✓ 強調企業組織本身而非品牌。 ✓ 將目標對象擴大，重視長期效果（品牌中程度、建立關係）。 ✓ 重視利益關係人的良好關係，公共關係在整合行銷傳播扮演重要角色。
1993	Schultz	✓ 整合行銷傳播是種長期對顧客及潛在消費者發展、執行不同形式的說服傳播計畫之過程，目的是為了直接影響目標傳播視聽眾的行為，考量所有消費者能接觸公司或品牌的來源，也就是考量當潛在管道運送未來訊息時，能同時運送與消費者相關且為其所接受的傳播形式。整合行銷傳播由顧客及潛在消費者出發，以決定並定義一個說服傳播計畫所應發展的形式與方法。	✓ 此論述乃是由外在客戶觀點而至內部企業行銷目標與產品之由外而內法。 ✓ 強調品牌與消費者的連結關係，認為消費者的行為反應是整合行銷傳播的成敗關鍵點。 ✓ 將整合行銷傳播定義為「消費者接觸到的所有資訊來源」，比 4A 之定義廣。
1993	Oliva	✓ 擁有顧客行為資訊的資料庫，並傳送個人的、雙向溝通的適當形式，提供支援的適當形式，在對的時間，應用對的廣告促銷，傳送對的訊息給人們知道未來的方向。	✓ 回應 Schultz 的定義，兩者皆將整合行銷傳播目標放在鼓勵目標群展開購買行動，並使用所有能接觸目標對象的工具。
1997	Shimp	✓ 整合行銷傳播應考量公司或品牌所擁有之能接觸到目標群的一切資源，進而採用所有與目標群相關的傳播工具，傳送商品或服務訊息，讓目標群接收。整合行銷傳播起始於目標群，再回頭決策與定義傳播型態，以及方法的思考，使得傳播方案得以發展。	

資料整理：作者（戴國良）。

五、IMC定義的彙整表（之二）

▶ 表 2-3 整合行銷傳播定義比較表

學者	時間	定義	重點
美國廣告代理協會 AAAA	1989 末	IMC 是一種從事行銷傳播計畫的概念。這份計畫應評估不同的傳播技能在策略思考中所扮演的角色，如廣告、促銷活動、公共關係、直效行銷等，並將之整合，提供清晰、一致的訊息，並發揮最大的傳播效益。	將傳播技能放在策略面作思考、整合、散布一致聲音及發揮最大效益。
Foster	1990	IMC 就是透過適切的媒體，傳播適切的訊息給適切的對象，引發期望的回應，運用多種傳播工具擴散公司一致的聲音。	適切傳媒的一致聲音。
西北大學麥迪爾新聞研究	1991	IMC 是一種長期間對既有及潛在消費者發展、執行不同形式說服傳播計畫的過程，目標是要直接影響所選定的傳播視聽眾的行為。	認為 IMC 建立在顧客與品牌之間的關係上。
Duncan	1992	IMC 是一組策略影像或控制所有訊息的過程，他須協調所有的訊息和組織所用的媒體，整合影響消費者對於品牌的認知價值，鼓勵目標性的對話，以創造和滋養企業與消費者和其他利益關係人的利潤關係。	對消費者的態度。
Schultz 等	1993	IMC 是將所有與產品或服務有關的訊息來源加以管理的過程，使既有及潛在消費者接觸整合的資訊，產生購買行為並維持消費忠誠度。	消費者與品牌之間的關係。
Relph Oliva	1993	IMC 是一個有顧客行為資訊的資料庫，傳送個人的、雙向溝通的適當形式。重要的是在適當的時機，採用適當型態的展示和潮流，以合適的訊息讓人們知道未來的方向，並採用適當形式的廣告和促銷。	資料庫對整合行銷面的共識。

學者	時間	定義	重點
Shimp	1997	IMC 是對現有及潛在消費者長期發展，並施行各種不同形式、具說服性的傳播活動過程。IMC 應考量公司或品牌所有可接觸到目標群的資源，進而採行與目標群相關之傳播工具，使商品或服務的訊息得以讓目標群接收到。	IMC 起始於顧客、再回頭決策與定義傳播型態與方法。

資料來源：引自唐玉書（2000），作者整理（戴國良）。

綜上所述，本文將整合行銷傳播定義為「針對目標消費族群，擬定與施行不同形式、具說服性的傳播流程，利用不同傳播工具之整合來提供一致的訊息，使目標族群產生消費行為並維持消費忠誠度。」

小結

綜觀以上學者說法，本書將「整合行銷傳播」之定義整理為：

「整合傳播工具、傳送一致的訊息、由現有消費者和潛在目標群出發，為整合傳播不可或缺的元素；企業宜致力於在對的時間，用對的傳播工具，以傳達對的消息，給對的消費群眾，影響並說服消費者作出對的購買決策，並致力於對企業體產生認同感，且對於消費者忠誠度能加以維護。此外，省思目標對象的重要性非僅顧客而已，尚須注重與企業相關利益人的長期雙向互動關係。」

六、實務定義──國華廣告對「整合行銷傳播」的定義

國華廣告公司屬於臺灣電通廣告集團旗下的一員。在國華廣告公司網站，介紹該公司的服務時，國華廣告公司即強調從整合行銷傳播（IMC）的觀點與功能，提高對廠商的行銷服務。

茲描述國華廣告公司對 IMC 理念的闡述，分項加以說明如後：

「整合行銷溝通」（Integrated Marketing Communication, IMC）是國華協助客戶規劃品牌溝通活動時所力行的行銷準則。在 IMC 的理念之下，國華的服務涵蓋各種與溝通有關的項目，包括客戶服務、創意、促銷、公關、媒體、CI（企業識別體系）、市場研究等等。隨著整體環境朝向資訊科技（Information Technology）發展，國華亦將服務觸角擴展至網際網路這個新媒體，以滿足客戶在數位時代的溝通需求。承襲日本電通追求「最優越溝通」（Communications Excellence）的企業理念，國華提供全方位的溝通服務，協助客戶達成品牌管理的任務。

七、總結：IMC的綜觀

(一) IMC 最簡要的意義

「IMC」為 Integrated Marketing Communication 的簡稱，此乃美國西北大學教授 Don E. Schultz、Stanley I. Tannenbaum 及北卡羅來那大學教授 Robert F. Lauterborn 於 1990 年代初期所共同主張的一個概念。其論調主要是將「廣告」單一的觀點擴大成「行銷溝通」（Marketing Communication）的角度來看。以往，「廣告」被當成是一個獨自的溝通媒介，且以大眾媒體為主；但隨著整體消費市場需求已逐漸趨向飽和的今天，應該將能與「行銷」做更直接連結的「大眾媒體廣告」（Mass Media）、「公關」（PR）、「促銷」（SP）、「活動」（Event）、「包裝」（Package）、「直效行銷」（Direct Marketing）、資料庫行銷、品牌塑造、網路行銷、通路配合、定價策略、產品差異化改革及情報系統等，全體統合起來，以所謂「IMC」的概念來運作才對。

「IMC」的概念已流行若干年，一般廣告主行銷企劃人員或廣告人或多或少都有這個觀念。事實上，「IMC」的基本概念非常簡單，就是將各種與消費者溝通的手段發揮整合的效應。所謂「整合效應」，就是說將所有品牌及企業訊息經過策略性規劃協調後，其效果將大於廣告、PR、SP、Event、包裝等各自獨立企劃及執行的成果，且可避免各部門為預算或權力而競爭或引起衝突的情況。

(二) 將傳統行銷 4P，轉換成 4C

談到「IMC」時，首先有一個重要的觀念必須提到：也就是因應消費市場及行銷環境的劇烈轉變，它將傳統行銷「4P」的作法轉變成「4C」的觀點來看。

1. 在開發產品時，應該先想想消費者真正的需求在哪裡？
   （Product ➡ Consumer）

2. 在擬定產品定價時，應先了解消費者需求的滿足成本為多少？
   （Price ➡ Cost）

3. 在進行通路鋪貨時，應先考慮到如何提供消費者購買的方便性。

（Place ➡ Convenience）

4. 而在實施推廣活動時，應從雙向對話的角度進行消費者溝通。

（Promotion ➡ Communication）

由於「IMC」的理念是站在消費者的立場提供行銷服務，因此，「消費者資料庫」（Database）的建立及分析運用，便成為一項重要的行銷工作。

(三) 行銷 4P vs. 4C（4P 對 4C 之互動與結合意義）

行銷 4P 組合固然重要，但 4P 也不是能夠獨立存在的，必須有另外 4C 的理念及行動來支撐、互動及結合，才能發揮更大的行銷效果。4P 對 4C 的意義是什麼呢？茲圖示如圖 2-1。

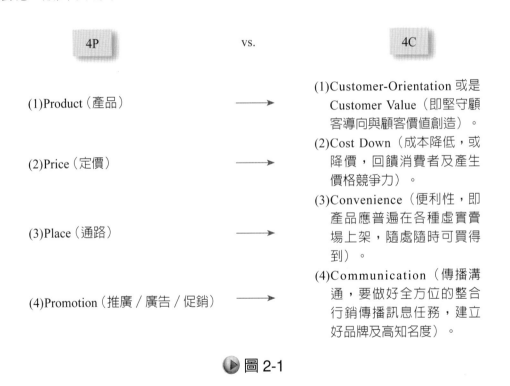

🔵 圖 2-1

圖 2-1 的意思，即在明白告訴廠商老闆及行銷人員，公司在規劃及落實執行 4P 計畫時，是否能夠「真正」的搭配好 4C 的架構，做好 4C 的行動，包括應思考下列各點做到了沒？

1. 我們的產品或服務業的服務設計、開發、改善或創新，是否真的堅守著

顧客需求滿足導向的立場及思考點，以及是否為顧客在消費此種產品或服務時，是否真的為顧客創造了他們以前所沒感受到的附加價值呢？包括心理及物質層面的價值在內。

2. 我們的產品定價是否真的做到了物美價廉呢？我們的設計、R&D 研發、採購、製造、物流及銷售等作業，是否真的力求做到了不斷精進改善，使產品成本得以 Cost Down，因此能夠將此成本效率及效能回饋給消費者。換言之，產品定價能夠適時反應產品成本而做合宜的下降。例如：5G 手機、數位相機、液晶電視、MP3 數位隨身聽、筆記型電腦等產品均較初上市時，隨時間演進，而不斷向下調降售價，以提升整個市場買氣及市場規模擴大。

3. 我們的行銷通路是否真的做到了普及化、便利性及隨處隨時均可買到的地步呢？這包括了在實體據點（如：大賣場、便利商店、百貨公司、超市、購物中心、各專賣店、各連鎖店、各門市店）、虛擬通路（如：電視購物、網路 B2C 購物、型錄購物、預購）以及直銷人員通路（如：雅芳、如新等）。在現代的工作忙碌下，「便利」其實就是一種「價值」，也是一種通路行銷競爭力所在。

4. 我們的廣告、公關、促銷活動、代言人、事件活動、主題行銷、人員銷售等各種推廣整合傳播行動及計畫，是否真的能夠做好、做夠、做響與目標顧客群的傳播溝通工作，然後產生共鳴，感動他們、吸引他們，建立在他們心目中良好的企業形象、品牌形象及認同度、知名度與喜愛度。最後，顧客才會對我們有長期性的忠誠度與再購習慣性意願。

(四) 4P＋4C →達成經營卓越與行銷成功之目標

從上述分析來看，企業要達成經營卓越與行銷成功，的確必須同時將 4P 與 4C，同時做好、做強、做優，如此才會有整體行銷競爭力，也才能在高度激烈競爭、低成長及微利時代中，持續領導品牌的領先優勢，進而維持成功於不墜。

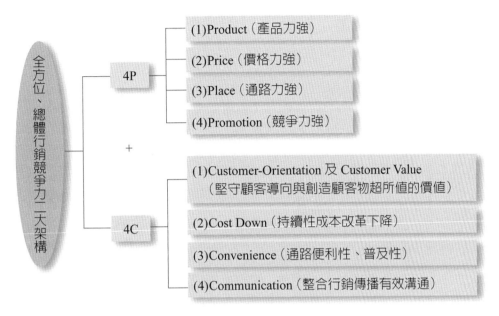

● 圖 2-2　4P + 4C 的全方位與總體行銷競爭力

(五) 行銷組織架構，亦應配合 IMC，才會產生效果

　　要澈底將「IMC」的理念及精神貫徹於行銷作業上時，首先必須先將過去的習慣及經驗忘掉，從零開始。對「IMC」而言，真正重要的是在執行的過程。事實上，有許多標榜已實施「IMC」多年的企業，其實還是停留在老方法，讓廣告、PR、SP、Event、直銷、包裝通路、產品規劃、定價等在不同的部門各自運作。「IMC」真正的障礙是超乎企業組織的，即使企業主展露出規劃「IMC」的企圖，然而他們的企業本身就是一大障礙。在結構上，企業主的組織有許多地方與「整合」的概念格格不入：廣告、PR、SP、Event、直銷及產品開發等功能的部門，各自為政；且企業主在經營階層主管所受過的訓練當中，鮮少包括完整的「IMC」概念。在整個品牌策略由行銷企劃人員擬定後，交由廣告、PR、SP、直銷、Event 等各部門去執行，「IMC」需要的是強化集體的策略開發，同時對每一種傳播功能（工具）都必須平等看待，而且必須成立一種行銷專業小組、專業委員會及定期的專業會報，每天、每週、每月都能隨時檢討及改善，直到最佳的行銷績效出現為止。因此，IMC 是企業組織各部門的團隊合作戰力的表現及需求。企業組織中的各單位，必須都有這樣的共識，才能讓「IMC」真正在企業中紮根，並看到成效。

八、IMC全方位定義圖示架構

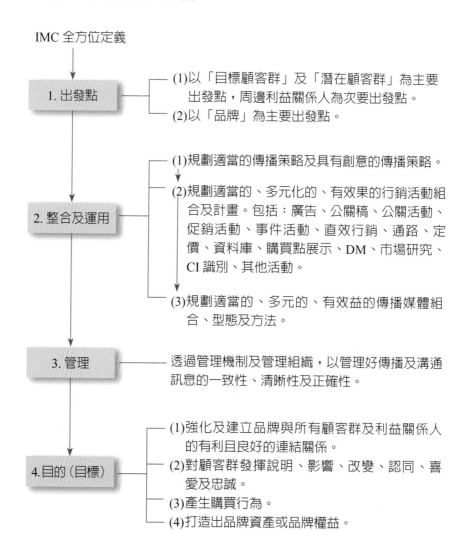

IMC 全方位定義

1. 出發點
- (1)以「目標顧客群」及「潛在顧客群」為主要出發點，周邊利益關係人為次要出發點。
- (2)以「品牌」為主要出發點。

2. 整合及運用
- (1)規劃適當的傳播策略及具有創意的傳播策略。
- (2)規劃適當的、多元化的、有效果的行銷活動組合及計畫。包括：廣告、公關稿、公關活動、促銷活動、事件活動、直效行銷、通路、定價、資料庫、購買點展示、DM、市場研究、CI 識別、其他活動。
- (3)規劃適當的、多元的、有效益的傳播媒體組合、型態及方法。

3. 管理
- 透過管理機制及管理組織，以管理好傳播及溝通訊息的一致性、清晰性及正確性。

4.目的（目標）
- (1)強化及建立品牌與所有顧客群及利益關係人的有利且良好的連結關係。
- (2)對顧客群發揮說明、影響、改變、認同、喜愛及忠誠。
- (3)產生購買行為。
- (4)打造出品牌資產或品牌權益。

● 圖 2-3　整合行銷傳播的「定義」總體架構內涵

第 2 節　整合行銷傳播的核心概念與特性

一、IMC的核心概念（各學者觀點）

(一) Shimp（2000）

Shimp（2000）採西北大學 Schultz 等學者對整合行銷傳播的定義，並進一步根據此定義指出整合行銷傳播的五個關鍵特性，分別為：

1. 影響行為

整合行銷傳播的目標在於影響消費者行為並促成其反應，不僅在影響品牌認知或增加其態度而已。

2. 由顧客或潛在消費者為出發點

企業執行整合行銷傳播應避免由內而外的觀點，而要以由外而內的行銷方式，注重顧客或潛在消費者對於傳播訊息的回饋，並以適當的傳播形式加以反應。

3. 使用所有工具與顧客接觸

藉由媒介、品牌價值或企業本身的資源，整合行銷傳播須考慮所有可能接觸到顧客或潛在消費者的傳播通路。

4. 達到綜效

整合行銷傳播的最終目標即在追求綜效，即傳播要素彼此之間相互連結，以單一的聲音表達出公司品牌形象並促使消費者產生正面反應。

5. 建立關係

成功的行銷傳播必須讓企業品牌及消費者之間產生連結，而整合行銷傳播更是建立長久品牌關係的關鍵要素。

(二) Nowak（1994）

Nowak & Phelps（1994）指出整合行銷傳播，在實務上有以下三種廣義概念與整合方式：

1. 訊息一致的行銷傳播（One Voice Marketing Communication）

「整合」意指所有的行銷傳播工具都要維持一個清晰一致的形象、定位、訊息或主題。在進行行銷活動時，要先制定一個共同策略，使促銷、直接反應廣告、品牌／形象廣告、公共關係等訊息統合一致。當所有行銷傳播工具都傳達一個單一品牌定位的概念時，即達到全面性的整合。

2. 整合傳播（Integrated Communication）

此觀點是以微觀角度來看整合，認為一個行銷傳播工具，特別是廣告，應該同時兼備建立形象及直接影響消費者行為兩種效果。此觀點基本上是來自於認為品牌／形象廣告、促銷、直接反應廣告、公共關係等要素並非互斥，並可以同時整合在一個溝通工具之中；以這樣的作法來極大化他們獨特的優點，同時將他們的缺點極小化。

3. 統合行銷傳播活動（Coordinated Marketing Communication Campaign）

此觀點下，整合行銷傳播意指統合所有行銷傳播工具或步驟，使廣告、促銷、直接反應廣告、公共關係等功能或代理商達到一個較佳的整合結果。由於訊息一致的觀點，其認為不同的行銷傳播工具並不一定要在單一的品牌定位下運作；事實上，通常是針對不同閱聽眾使用不同定位。此觀點強調利用各種工具產生整體性活動（Whole Campaigns），只要是可以達成識別、接觸、激發消費者和增加市場占有率的都是必要的。因此行銷傳播整合後必會創造出綜效，在活動層次上讓消費者知曉、產生信仰、建立形象，並同時影響消費者的行為反應，超越以往傳統單一工具、單一訊息的活動所能達到的效果。

(三) Batra（1996）

Batra、Myers 和 Aaker（1996）指出，從最近文獻中歸納出整合行銷傳播的兩個重要概念包括：

1. 訊息一致的行銷傳播

當行銷人員透過形象建構廣告、公共關係、直效行銷、銷售促銷、銷售點工具、附帶工具（例如：小冊子與目錄）以及銷售回應等不同方式進行行銷攻勢時，重要的是必須在這些不同媒體之間維持定位、訊息與調性的一致性。一致性

是品牌建構的必備要素。

2. 整合傳播

行銷人員所做的消費者溝通必須不單只是爲了提升品牌知名度或創造、改變品牌偏好與形象，或形成銷售試用或重複購買，而是要在相同時間點上將上述的目標都達成。亦即，若增加了形象卻沒有達成銷售結果，不足以算好，而且只達到短期銷售目標（例如：銷售促銷）而耗損了品牌長期建構的品牌形象也會招致失敗。因此，所有行銷傳播工具，特別是廣告，應該企圖同時觸及傳播目標（例如：提升態度或建構形象），並致使某些行爲活動產生（例如：試用或重複購買）。

(四) 蔡美瑛（1998）

學者蔡美瑛彙整了各種整合行銷傳播的定義，指出整合行銷傳播有六個重點（蔡美瑛、陳蕙芬，1998）：

1. 「口徑一致」的行銷傳播：緊密結合所有行銷傳播工具，以維持並傳達清楚、單一、共享的形象、定位、主題、訊息等。

2. 使用所有的接觸工具：使用到所有可能傳遞企業或品牌訊息的可能管道。

3. 消費者導向的行銷過程：從消費者的角度來發掘行銷傳播工具的價值與功能，以符合其眞正需要並促發其購買動機及行爲；還要了解並管理行銷通路，因爲通路是面對消費者的第一線。

4. 達到綜效（Synergy）：使各項傳播工具口徑一致，傳達強烈且單一品牌形象訊息。

5. 影響行爲：不只要讓閱聽眾知曉或對品牌產生好感，更希望激發消費者的行動。

6. 建立關係：與消費者長久關係的維持可使消費者重複購買產品，甚至產生品牌忠誠。

(五) 廖明瑜（2000）

廖明瑜（2000）歸納整合行銷傳播的核心概念爲：

1. 活動關聯性和策略導向：活動關聯性意指所有訊息皆是相互關聯一致的，包括行銷活動中實體與心理要素；策略導向則意指完整的整合行銷策略活動是爲達到公司的策略性目標，不僅止於溝通目的。

2. 資料庫的運用：資料庫是進行研究發展行銷傳播計畫的基本要件，是整合行銷傳播的核心。

3. 綜效的產生：整合行銷傳播的基本概念就是綜效的產生，綜效即在整合行銷傳播活動的執行上，將各種行銷傳播工具作策略性整合，同時避免衝突與資源浪費，使整合效果大於個別工具使用後的結果。

綜合各家學者對整合行銷傳播之看法，可發現整合行銷傳播的概念環繞在以消費者為基礎、訊息管理、傳播工具效益評估、建立長期關係等概念之下。其中，要發揮整合行銷傳播綜效使之有別於傳統行銷活動的一個最大關鍵要素，就是整合行銷傳播必須維持品牌訊息與策略的一致性，創造出單一的聲音、單一的形象。

二、IMC的特性

Philip Kotler（2002）指出：「整合行銷傳播是從接收者的觀點，探討整體行銷過程的一種方式。」推展整合行銷傳播的主要優點包括可以產生更多一致性的訊息及提高銷售，因此賦予某個人職責來統一公司數千項活動，以產生公司一致的形象與訊息，以及可以改善公司在正確時間與正確地點，以正確訊息接觸正確消費者的能力。

Schultz（1993）認為整合行銷傳播應以顧客為優先，其有下列特性：

1. 以消費者為中心：以 4C 概念（Consumer 消費者需求與慾望、Cost 滿足慾望所花費的成本、Convenience 購買的便利性、Communication 溝通）來考量消費者。

2. 重視資料庫行銷：鼓勵企業應重視人口統計、心理統計、購買史、購買習慣、產品使用與媒體使用等資料庫行銷資料，據此加強企業與客戶間的長久及良性互動關係。

3. 建立關係行銷：強調顧客終身價值，經由長期性、個人化及具有附加價值的接觸，強化與顧客的關係。

4. 整合行銷策略與傳播策略：企業宜先就目標對象、市場區隔、市場定位及效果訂定良好行銷策略，爾後再據此訂定適當的傳播策略，期使藉由對的傳播策略達到行銷策略規劃的目標。

5. 消費者態度並不等於購買行為：顧客行為是可以被測量的，行銷人員應解釋顧客的行為，而非單計算消費結果，或是預測顧客行為。

6. 行銷幕僚人員應全程參與：行銷人員宜開始全程加入策劃，而非在產品開發、通路與價格都確定後才加入。

7. 建立知覺價值達到差異化目標：知覺價值是消費者在心理上所認知的品牌價值，唯有知覺價值才可達到產品差異化目的。

8. 宜將注意力放在規劃而非作爲：發展以客爲尊之溝通方案，以眞正滿足消費者的需求及慾望。

9. 整合傳播工具：所利用的傳播工具宜製造出一致且單一形象訊息。

10. 四階模式：四階乃統一形象、一致聲音、良好聆聽、由內而外推展，成爲推動組織內外部的重要驅力。

Duncan（1993）認爲整合行銷傳播的基本概念是「綜效」，企業必須結合資料庫與行銷公關，並對企業管理階層做全面溝通，以達到最大綜效。此外，由於整合行銷傳播具有溝通規劃、資料庫行銷策略及任務行銷等特色，能協助公司及品牌鞏固顧客關係。

綜合各家說法，整理分析整合行銷傳播之特色如下：

1. 以消費者爲中心：消費者導向的行銷過程，建立知覺價值達到差異化目標。

2. 整合傳播工具：利用所規劃的傳播工具，並製造出一致且單一形象訊息。

3. 重視資料庫行銷：據此加強企業與客戶間的長久及良性互動關係，並建立關係行銷，發展以客爲尊之溝通方案，強化與顧客的關係，以影響購買行爲。

4. 整合行銷策略與傳播策略：企業宜先訂定良好行銷策略，爾後再據此訂定適當的傳播策略。此外，行銷幕僚人員應全程參與，尤應解釋顧客的行爲，而非單單計算消費結果。

5. 達到綜效：企業必須結合資料庫與行銷公關，並對企業管理階層做全面溝通，進行口徑一致的行銷傳播，由內而外推展，成爲推動組織內外部的重要驅力，以達到最大綜效。

 # 第 3 節　業界對 IMC 的認知調查

一、調查廣告對IMC的認知

1991 年中，一項針對全美罐裝食物廣告主的資深行銷管理階層所做的調

查，根據調查結果顯示，對於廣告協會的這項定義，有三分之二的受訪公司認為，他們已經將整合行銷傳播的概念應用於行銷計畫中。整體而言，受訪公司的行銷經理都認為整合行銷傳播的觀念已經發展完全，同時他們也認為整合行銷傳播確實對公司有實質的幫助。大部分的受訪者還指出，行銷傳播計畫經過整合之後，將會加強其整體效益與影響力。

二、廣告代理商對整合傳播行銷的認知

1990 年代初期，有許多大型廣告公司或集團，都很積極地發展整合行銷傳播業務，例如：上奇廣告（Saatchi & Saatchi）、揚雅廣告（Young and Rubicam; Y&R）、聯跨公司（The Interpublic Group of Companies）、WPP 集團、奧美廣告（Ogilvy and Mather）、李奧貝納（Leo Burnett Company），以及依登（DDB Needham）等。這些雖然都是頗具知名度的廣告公司，但也紛紛以成立獨立部門或是透過集團的子公司等方式，提供整合性的行銷服務，並將自己定位於提供全方位的行銷服務，以滿足所有行銷人之期待與需求。

 第 4 節　行銷傳播工具研究

深入了解各傳播工具的功能和特色，是達成整合行銷傳播的第一步，隨著科技和通路的發展，各傳播工具在活動中所定位角色愈來愈模糊，但基本上仍各有獨特的功用和特質。例如：廣告主要訴求一般消費大眾，可以快速地建立起公司的知名度；促銷可以短期地刺激消費者的購買慾並增加產品的銷售量；直效行銷所強調一對一的行銷手法，可以擴張公司和消費者間關係的維繫；公關活動對於提升企業形象有其獨到之處。因此，各項傳播工具有其獨特的功能與優缺點，以下分別敘述各傳播工具的定義、功能與特色：

一、廣告

廣告是由一位特定的廣告主，在付費的原則下，藉由人際傳播的方式以達到銷售的一種觀念、商品或服務之活動（美國行銷協會，1984）。廣告是付費且經過專業企劃的說服訊息，可以透過媒體運用資訊傳達、理性訴求、感性訴求、重複主張、命令式、符號聯想及模仿等七種方式，傳達給消費者及潛在消費者。

廣告與其他傳播工具最大的差異，在於其傳播商品訊息的方式是透過大眾傳

播媒體，由於將顧客視為整體來訴求，訊息內容不可能太過個別化或特殊化，這是廣告的主要限制。進行廣告策略規劃的步驟，包括設定目標、定義目標群、擬定預算、發展訊息、選擇媒體、選擇時機、評估廣告及推廣組合（Gross & Peterson, 1987）。

二、促銷

美國行銷協會（American Marketing Association）定義為「在行銷活動中，不同於人員推銷、廣告以及公開報導，而有助於刺激消費者購買及增進中間商效能，諸如產品陳列、產品展示與展覽、產品示範等不定期、非例行的推銷活動。」最常用於鼓勵購買、吸引新的試用者以及提高初試者之再購率等三種情況。促銷提供短期誘因來鼓勵產品或服務的購買或銷售。促銷的目標可能是吸引消費者試用新的產品、吸引消費者放棄採用競爭者產品、使消費者購買更多成熟期產品、維持以及回饋忠誠顧客（劉美琪，2000）。促銷工具包括了樣品、折價券、現金退款、特價品、贈品等（引自 Keltet 原著，張逸民譯，1997）。

三、直效行銷

直效行銷協會（Direct Marketing Association, DNA）定義為「直效行銷是一種互動的行銷系統，乃經由一種或多種的廣告媒體，對不管身處何處的消費者產生影響，藉以獲得可加以衡量的反應或交易。」通常是藉由電話行銷（Telephone Marketing）、直接信函（Direct Mail）或直接回應（Direct Response）等方式，將訊息直接傳遞給消費者，其首重與顧客個別溝通以建立相互信賴的長遠關係。

在整合行銷傳播的策略思考下，進行直效行銷技術其作業流程為：目標消費者設定，透過不同的大眾或分眾媒體與消費者在不同的時間點或地點產生互動，其行銷傳播的效果以品牌建立或經營為主，不但有助於銷售，更利於資料庫建立，進而為永續經營的行銷系統發展（許安琪，2000）。

直效行銷具有以下幾點優勢與特性：直效行銷有較為明確的目標對象，有了確定的目標對象則可以採用較為個人化的銷售方式，且直效行銷可以進行效果的評估，也可長期的經營資料庫，這些特點都是有利於與顧客之間的關係管理與顧客資料庫的建立，因此，以下再分別說明關係行銷與資料庫行銷的定義。

(一) 關係行銷

根據洪順慶（1995）的觀點，關係行銷乃是以個別消費者為基礎，透過對個別消費者的了解，利用資訊技術和資料庫工具，提供個人化的行銷組合給個別顧客，並藉此與消費者發展不同程度的長期互惠關係，以獲取顧客的忠誠度，甚至終身價值（何佳芬，2001）。

(二) 資料庫行銷

Hughes（1996）認為資料庫行銷是導源於直效行銷的一種行銷方式，行銷人員藉由資訊系統來維護現有顧客與潛在顧客的資料庫，並由顧客一對一的互動中，不斷更新資料庫，使得行銷人員可以從資料中獲取行銷決策所需的資訊以發展行銷策略與計畫，建立長期的顧客關係，並增進銷售利益（何佳芬，2001）。整合行銷傳播重視資料庫的建立，資料庫的建立有助於與消費者培養長期的關係。

四、公關與事件行銷

哈洛（Harlow, 1976）定義「公共關係是一種特殊的經營管理功能，有助於建立與維持組織及其公眾間的相互溝通、理解、接受及合作，並參與解決公共問題，協助管理階層促進群眾了解事實真相、對民意有所反應、強調機構對群眾利益所負的責任，並利用研究工具，隨時因應外界變化，加以應用，形成早期預警系統，有助於預測未來的發展趨勢。其常透過新聞發布、企業宣傳手冊、演說、公益活動、事件行銷、遊說、議題管理、危機處理等方式來進行。」

 第5節　近年頗為成功的整合行銷傳播案例（5個案例）

〈案例1〉LV（路易威登）旗艦店重新裝潢擴大營運案

- 舉辦中正紀念堂2,000名藝人及名流時尚派對晚會（耗資5,000萬預算）。當晚，國內 TVBS、三立、中天、東森及年代等五大新聞頻道，均利用主要晚間時段及 SNG 立即轉播，全面大幅報導。隔天，蘋果、中時、聯合、自由等各大報，均全版報導及置入新聞報導。
- 另外，當天下午的中山北路旗艦店重新開幕記者會，亦請到韓國知名藝人 Rain 到場剪綵。各新聞媒體亦大幅充分報導。

- 一時間，LV 名牌精品本來在臺灣女性消費者有很高知名度，如今在這次旗艦店及中正紀念堂戶外大型時尚晚會事件行銷，及媒體公關全面報導下，LV 又再一次累積它的全國性品牌知名度及品牌資產價值。
- 績效：中山北路旗艦店單店一年營收額達 10 億元，目前全省計有 9 家專賣店，估計 LV 在臺灣，每年營收額超過 40 億元。

〈案例2〉SONY液晶電視品牌BRAVIA，在101大樓跨年倒數計時

- 爲打響較無人知的液晶電視新品牌 BRAVIA 知名度，花費 2,000 萬元，由臺灣電通廣告公司協助，取得在臺北最高的 101 大樓，進行 2006 年度的跨年倒數計秒煙火秀活動。當放出 36 秒長的高空煙火時，101 大樓霓虹燈出現「SONY, 2006, BY BRAVIA」的明亮標語。
- 現場估計有近萬名臺北市民參與觀看，而五大新聞頻道也全程現場 Live 轉播，四大報也全版報導。此外，CNN 也有全球性播出畫面。媒體宣傳效果達到極致，不只 SONY，BRAVIA 品牌也有了知名度。
- 通路商經銷店面張貼著 101 大樓煙火秀的大型海報，當月 SONY 液晶電視機的銷售業績成長 50%。

〈案例3〉Google進軍臺灣市場案

- 以 Google 全球副總裁兼大中華區及臺灣區總經理美裔華人李開復先生的奮鬥成功歷程爲切入點。
- 各大財經雜誌（《商業周刊》、《天下》、《數位時代》、《今周刊》、《遠見》）、財經報紙（《經濟日報》、《工商時報》）、TVBS 李四端的 101 高峰會新聞節目專訪、非凡財經臺、各大新聞臺均充分報導。
- 赴臺大演講，招募優秀臺灣理工科人才加入臺灣分公司。
- 李開復先生亦出版自己著書《做最好的自己》，名列勵志暢銷書。
- 打響進軍臺灣市場第一炮，品牌氣勢等同於雅虎奇摩、eBay 一樣。

〈案例4〉愛鮮家產品代言人發功，銷售量暴增

(1) 植物の優

- 找名模代言人林志玲（2004～2005），一句電視廣告 Slogan「才不會忘記你呢！」打紅植物の優。

- 《蘋果日報》當時每週一篇「廣編特輯」平面廣告稿效果大。
- 產品包裝在罐子上印有林志玲的照片，此種包裝行銷亦吸引不少林志玲迷。
- 效益：2004 年營收 2.3 億元，2005 年成長到 5 億元，創下銷售額成長 1 倍的佳績。
- 2004 ～ 2005 年，計投入行銷預算 1 億元，70% 分配在電視廣告上，17%（1,700 萬）進了林志玲口袋，1,300 萬分配在其他公關活動上。
- 林志玲完全參與廣告企劃及製作過程，將她個人特質與產品內涵緊密結合在一起，才如此成功。

(2) 活益比菲多

- 找賈永婕當代言人，第二任代言人為小 S。
- 2004 年銷售額成長到 7 億元的營收佳績，創下 4 年內暴增 3 倍營收額的記錄。

〈案例5〉麥當勞板烤米香堡

- 2005 年 2 月推出到 12 月底止，全省麥當店，已經賣出 650 萬個板烤米香堡佳績，創下新產品上市成功的典範。
- 除了投入大量電視廣告播出外，也進行成功的店頭行銷，包括在每個店的海報、看板、立牌、店員身上別針、徽章、店員主動促銷語等，都有板烤米香堡的影子。

第 6 節　IMC 模式規劃

一、Schultz模式

依據 Schultz 等人對整合行銷傳播的定義，Petrison 和 Wang 為整合行銷傳播在規劃與執行上提出兩個思考起點，一個是計畫的整合（Planning Integration）；另一個執行的整合（Executive Integration）。

(一) 計畫整合

有如 Schultz 的策略整合，指的是想法上的整合（"Thinking" Integration），

發展出一套可供評估的傳播策略。因為傳統上企業廣告部、公關部都是獨立運作，削弱了行銷的功效。計畫整合就是要透過策略推演，把所有與產品有關的行銷活動加以整合協調。

(二) 執行整合階段

有如 Schultz 所指的戰術整合，是指溝通訊息的一致，所以又稱為訊息的整合，乃利用相同的調性、主題、特徵、標誌、訴求，以及其他相關的傳播特性，來達到整合的目的。

Duncan 和 Moriarty（1998）進一步指出上述的「計畫性整合」，相對應地，必須有協調良好的「行銷傳播團隊」（Cross-Functional IMC Team）存在，該團隊不僅包括行銷、傳播人才及組織外重要人員，甚至是重要顧客也可一併納入該團隊。其任務是擬定行銷傳播計畫，傳播策略是整個計畫的重心，該份傳播策略，將使所有共同從事行銷及傳播工作的成員凝聚共識、共同思考。

Haytko（1996）在執行整合行銷傳播計畫時，歸納出三項原則：協調性（Co-ordination）、一致性（Consistency）及互補性（Complementarity）。

1. 協調性

協調性有兩方面的意涵，第一是指計畫中的團隊成員必須能相互協調支援，這是整個計畫未來發展的關鍵。第二則是指創意的協調性，在開放的激烈討論過程中，找出最有創意且彼此可相互整合執行的方案。

2. 一致性

一致性可從二個層面來談，第一是傳播工具的「內在一致性」。舉例來說，所有廣告內容不能偏離主題、口號及其意涵。第二是指傳播工具的「外在一致性」，所有活動如廣告、公共關係、人員直銷、促銷、DM 都要符合主題的意涵，才能使整合行銷傳播計畫發揮正面綜效。

3. 互補性

執行者必須看待計畫整體大於部分的總合，關鍵在於計畫中的每一個組成要素要能相互補強（總體大於個別之和），每一個組成要素要為其他相銜接要素預設鋪路，使傳遞中的重要訊息在通路中不斷被擴大增強。例如：用廣告和公共關係來建立品牌價值，用促銷來建立和消費者之間持續的對話（Goldstein, 1993）。

　　Dunan 和 Caywood（1996）曾提出在規劃整合行銷傳播架構時，必須包括四要素：

- 媒體計畫須包含多面且高度整合的媒體工具。
- 使用消費者資料庫，用以引導媒體計畫與選擇。
- 個人而非群體層次為考量，以所蒐集的媒體資訊為媒體決策的依據。
- 強調消費者行為的測量，用以評估媒體與訊息傳遞通路的成效。

　　Schultz、Tannenbaum 和 Lauterborn（1993）為整合行銷傳播，提出一個完整的企劃模式。如圖 2-4 所示，可知整合行銷傳播模式與大眾傳播模式的差別在於從顧客需求出發。

　　這個模式的起點是消費者和潛在消費者的資料庫，如圖 2-4 所示，這個資料庫的內容至少包括人口統計資料、心理統計、以往購買的記錄、價值體系等，這個資料庫對一個扎實的整合行銷傳播計畫是必須的。

　　第二個步驟是分析資料庫了解不同消費族群，例如：忠誠購買者、潛在客戶、游離客戶的價值體系；簡言之，是了解他們的需求、疑慮，然後決定該對你的客戶提供什麼產品及服務，才能進一步建立顧客的忠誠度。

　　行銷目標必須相當明確，同時在本質上也須是量化的目標，這是方便量化評估。例如：對游離群客戶，在分析他們各別的價值觀後，確立不同的傳播策略達成行銷目標如試用、增加使用量或是建立忠誠度，使他們進一步成為忠誠客戶群。

　　下一步就是決定要用什麼行銷工具來完成此一目標。如果我們將產品、通路、價格都視為是和消費者溝通的要素，那麼整合行銷傳播企劃人員將擁有相當多樣廣泛的行銷工具來完成企劃，其關鍵在於哪些工具、哪種組合最能夠協助他達成行銷傳播目標。最後一個步驟是選擇有助於達成傳播目標的戰術。這裡所用的傳播手段可以無限寬廣，除了我們已討論過的行銷戰術如廣告、促銷活動、直銷、公關及事件行銷以外，事實上店頭促銷活動、商品展示、產品包裝等，只要能協助達成行銷及傳播目標，都是傳播利器。

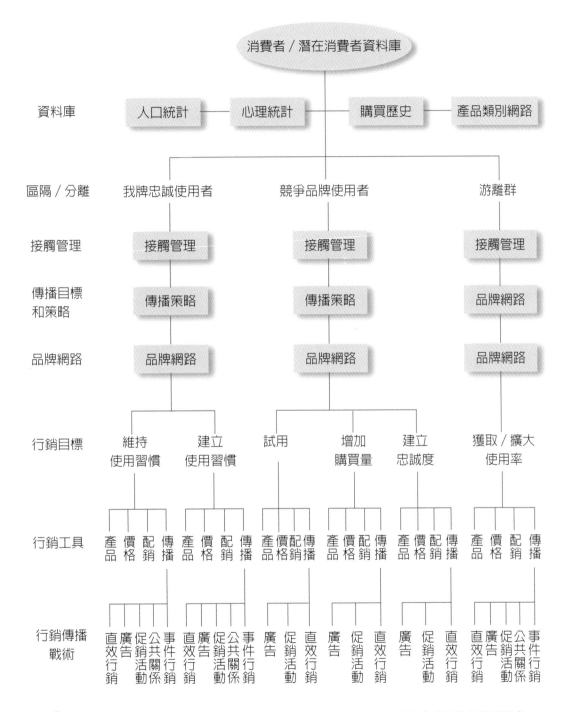

▶ 圖 2-4　Schultz、Tannenbaum 以及 Lauterborn 整合行銷企劃模式

資料來源：Don E. S., Stanley I. T., & Robert F. L. 著（2000），《整合行銷傳播——21 世紀企業決勝關鍵》（吳怡國、錢大慧、林建宏譯），臺北：滾石文化。

二、余逸玫模式

余逸玫（1995）則是將 Schultz 模式，針對消費品企業提出另一種修正模式（如圖 2-5），認為整合行銷傳播的首要工作，除了消費者及企業利益關係人之外，要以掌握消費者資料庫為起點，進一步將消費者分類，發展溝通策略，產生溝通訊息；另一方面則發展企業利益關係人的溝通策略，對於各利益群體產生的溝通策略最後需加以整合。

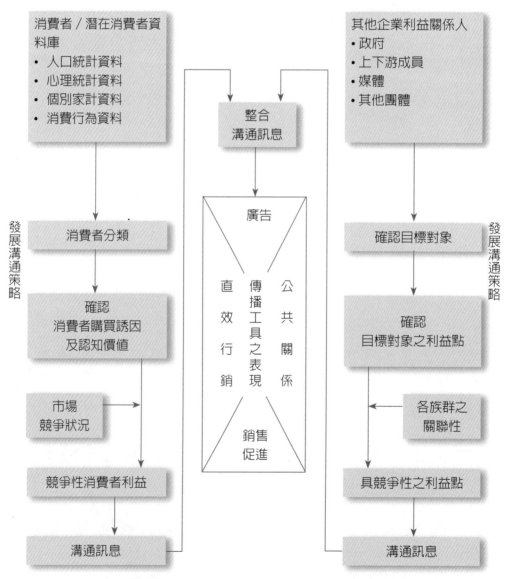

▶ 圖 2-5　余逸玫整合行銷傳播模式

資料來源：余逸玫（1995），〈整合行銷傳播規劃模式之研究——以消費性產品為例〉，政大企管研究所碩士論文。

三、Yarbrough模式

Yarbrough（1996）也以消費者資料庫、評估、策略以及戰略四個概念，提出一個整合行銷模式（如圖 2-6）：

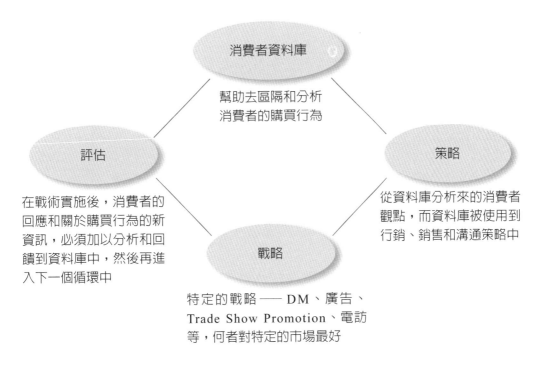

圖 2-6　Yarbrough 整合行銷模式

資料來源：John F. Yarbrough (1996). Implementing IMC with Ease, *Marketing*, 148(9), pp. 68-77.

四、Larry Percy模式

Larry Percy（1997）則是強調，整合行銷傳播策略性規劃流程，首要之務即是考慮目標市場，而不是以消費者資料庫為出發。對於任何行銷傳播企劃，消費者都是關鍵的核心重點，但就整合行銷傳播而言，則否（如圖 2-7）。整合性行銷傳播企劃，必須先從確立目標市場開始，將傳播對象與行銷策略緊密結合，再逐漸探討特殊的傳播議題。

第二步驟就是要訂定傳播策略，思考哪些人在消費者購買過程中發揮影響力；另外，根據行銷策略，思考傳播的目標為何。

第三步驟將蒐集到的市場資料，建立明確的傳播目標。在這個階段，Percy

強調，在購買過程中，哪些人扮演決定性的角色，在企劃傳播的目標時，便是針對這群人進行建立品牌知名度，讓這些目標對象傾向購買產品。

一旦目標建立後，下一步就是要考量如何執行行銷傳播計畫。在這階段，必須更正確地勾勒出消費者的決策模式及過程。最後則是選擇哪一種廣告或促銷媒體，來傳遞行銷傳播訊息。

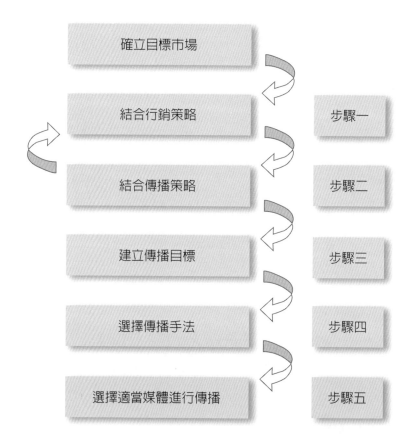

圖 2-7　Percy 整合行銷傳播的策略性規劃流程

資料來源：Larry Percy 著（2000），《整合行銷傳播——從企劃、廣告、促銷、通路到媒體整合》（王鏑、洪敏莉譯），臺北：遠流。

五、Burnett模式

John Burnett 和 Sandra Moriarty 在 *Introduction to Marketing Communication* 一書中也提出了整合行銷傳播模式（如圖 2-8），不似之前模式所注重的以消費者

資料庫為出發，而是以傳統 4P 行銷為架構，將行銷計畫與行銷組合進一步向下延伸，認為整合行銷傳播的模式，是讓訊息計畫者確認，行銷組合不單只有一種方式可以傳遞訊息，在產品、通路與價格一致性的策略下，發展一致性的訊息與傳播策略，將所有行銷組合結合在一起，加上其他計畫與非計畫行銷訊息的控制與處理，構成整合性的行銷傳播作業。

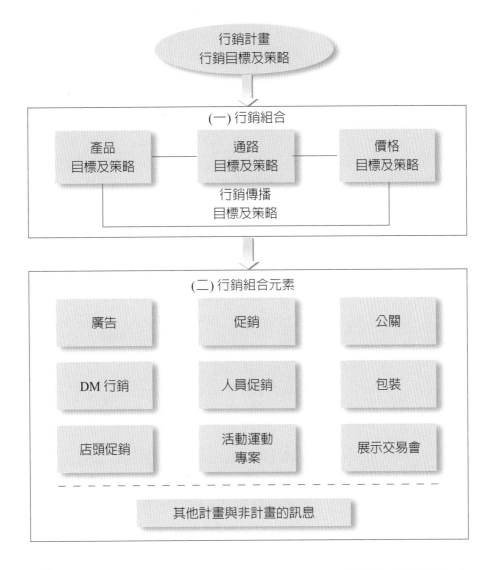

▶ 圖 2-8　John Burnett 和 Sandra Moriarty 整合行銷傳播模式

資料來源：Burnett, J. & Moriarty, S. (1998). *Introduction to Marketing Communication*. New Jersey: Perentice-Hall.

六、作者研究模式之一

　　本人研究參考上述學者們的整合行銷傳播模式，加上實務界實行整合行銷傳播的經驗，發展出一完整的整合行銷傳播企劃模式，整個企劃流程如圖 2-9。

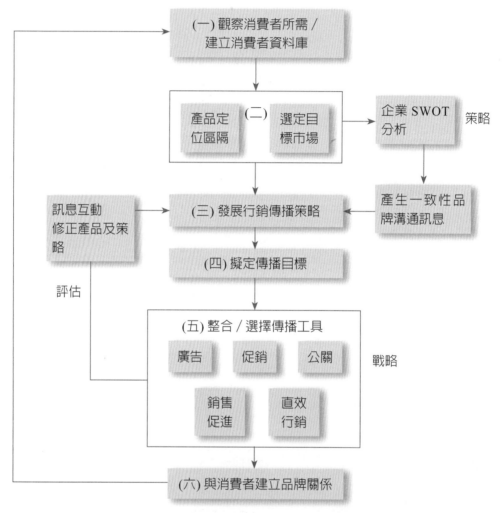

◉▶ 圖 2-9　本書作者研究之整合行銷傳播模式（之一）

資料來源：作者研究（戴國良）。

（一）**觀察消費者所需 / 建立消費者資料庫**：企業組織要將產品進入市場前，
　　　應對消費者進行調查，了解消費者的行為，觀察消費者最想要什麼樣
　　　的產品，並進一步將調查所得的資料建立成消費者資料庫，以作為產

品定位區隔以及選定企業要進入之目標市場的參考。

(二) **產品定位區隔／選定目標市場**：行銷規劃最主要的目的之一，就是找尋最有力的目標市場，以便開發新產品。在精確地掌握消費者訊息之後，第二階段便是將產品進行區隔定位，選定一個可以獲得最大利益的目標市場發展行銷計畫。在這階段，企業同時要進行 SWOT（Strengths 優勢、Weaknesses 劣勢、Opportunities 機會及 Threats 威脅）分析，評估企業組織的各方面因素，了解是否有足夠能力進入市場加入競爭。

(三) **發展行銷傳播策略**：企業產品要和消費者溝通什麼訊息？又希望消費者對企業有什麼樣的認知？企業可能針對不同的消費族群，發展出各式各樣的產品，行銷人員若不將這些行銷策略加以整合，溝通的訊息很可能會出現相互衝突。

(四) **擬定傳播目標**：哪些人在購買的過程中，會決定影響購買的態度，這些人就是你的傳播目標。過去的行銷傳播運用一般的大眾傳播工具向「大眾」進行行銷，但是 1990 年代以後已是「分眾」時代，企業組織溝通的訊息很容易被消費者忽略。因此，了解與分析「真正的」傳播目標，才能確認溝通訊息被接收。

(五) **整合／選擇傳播工具**：實務界最常使用的行銷傳播組合，包括：廣告、促銷、公關以及直效行銷，各種工具都有其功能及特色，因此必須整合於一體；同時，從這些傳播工具得到目標閱聽眾對產品的回饋訊息，這些訊息提供給行銷人員參考，進一步修正產品以及行銷傳播策略，以達到「雙向」溝通。

(六) **與消費者建立品牌關係**：整合行銷傳播主要目的除了銷售之外，最重要的目的是透過訊息溝通，改變消費者的態度，對品牌產生良好關係，並建立起品牌強而有力的關係。

七、作者研究模式之二（8P/1S/2C/1B）

另外，作者認為整合行銷的核心內容為 8P/1S/2C/1B 的實務內涵，故發展及歸納出實務界如圖 2-10 之模式。

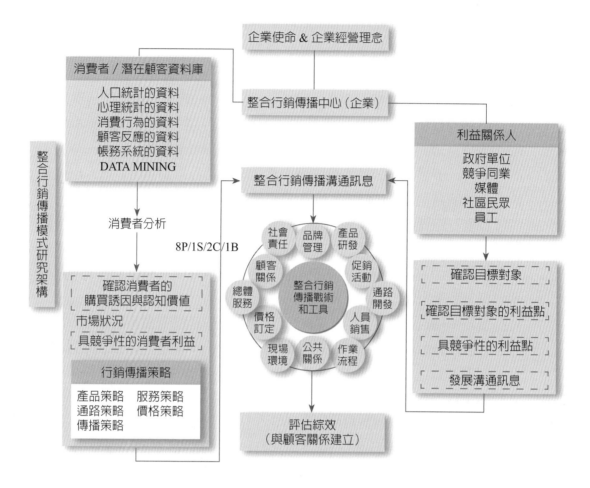

◉▶ 圖 2-10　本書作者研究之整合行銷傳播模式（之二）

資料來源：作者研究（戴國良）。

8P
- (1)產品研發（Product Plan）
- (2)促銷活動（Promotion Plan）
- (3)通路開發（Place Plan）
- (4)價格訂定（Price Plan）
- (5)公共關係（Public Relation）
- (6)現場環境規劃（Physical Environment）
- (7)人員銷售（Professional Sales）
- (8)作業流程（Process Operation）

1S
- (9)總體服務（Service）

2C
- (10) 顧客關係管理（CRM）
- (11) 企業社會責任（Corporate Social Responsibilities）

1B
- (12) 品牌行銷與管理（Branding）

▶ 圖 2-11　8P/1S/2C/1B 之內容

八、戴國良模式（2010）

　　另外，戴國良（2010）參考上述學者們的整合行銷傳播模式，加上實務界實行整合行銷傳播的經驗，進一步發展出一完整的整合行銷傳播企劃模式，整個企業流程如圖 2-12。

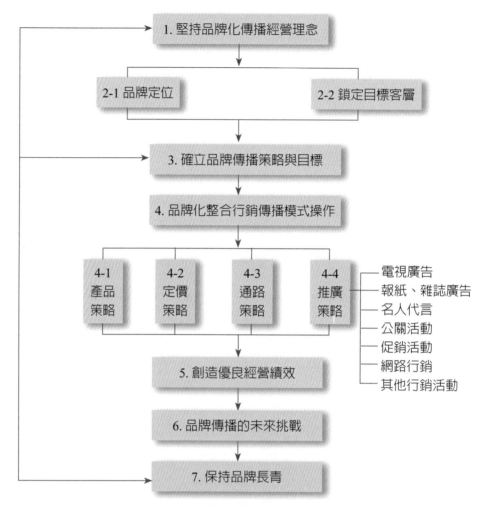

● 圖 2-12　品牌化整合行銷傳播模式操作——以味全林鳳營鮮奶為例

資料來源：戴國良（2010）研究，第六屆傳播管理與趨勢學術研討會，世新大學。

九、徐啓智的整合行銷傳播模式

　　徐啓智（2002）發展出一套整合行銷傳播模式（圖 2-13）。首先觀察消費者的需求，進一步將調查所得的資料建立成消費者資料庫。第二階段將產品進行定位，選定可獲得最大利益的目標市場。此階段企業同時要進行 SWOT 分析，接著發展行銷傳播策略，擬定主要的傳播目標，選擇整合傳播工具，最後與消費者建立品牌強而有力的關係。

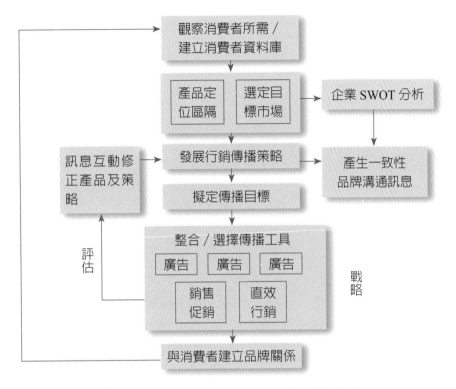

圖 2-13　徐啓智整合行銷傳播模式

資料來源：徐啓智（2002），〈有線電視頻道區隔定位與整合行銷傳播運用之研究——以三立電視臺爲例〉，世新大學傳播研究所碩士論文。

十、IMC模式彙整

在整合行銷傳播這塊學術領域之中，已經發展出四種主要的學派，分別闡述如表 2-4。

表 2-4　四大整合行銷傳播模式表

模式名稱	代表人物／年代	主要概念
(一) 西北大學學派整合行銷傳播模式	Schultz、Tannenbaum 和 Lauterborn (1992)	1. 以消費者與潛在消費者的資料庫為起點。資料庫內容包含人口統計、心理統計、購買歷史及產品類別，將消費者區分為我牌忠誠使用者、競爭品牌使用者及游離群等三類 2. 進行接觸管理 3. 發展傳播溝通策略 4. 根據傳播目標訂定明確、具體且量化的行銷目標

模式名稱	代表人物／年代	主要概念
		5. 確定行銷目標後，再決定執行此目標的行銷工具，亦即如何組合產品、通路、價格等要素，及直銷行銷、廣告、促銷活動、公共關係及事件行銷等行銷傳播策略，以完成行銷目標
(二) 科羅拉多大學學派整合行銷傳播模式	Duncan (1993)	提出整合行銷傳播四層次模式： 1. 形象統一 2. 訊息一致 3. 良好的聆聽者，藉由行銷資料庫與利益關係人、消費者保持良性之雙向溝通 4. 世界公民，加入社會與環境意識，確立明確的組織文化並據此與各企業利益關係人建立關係，成為好公民，產生良性媒體效應，為企業帶來正面形象
(三) 丹佛大學學派整合行銷傳播模式	Burnett 和 Moriarty（1998）	以 4P 為出發點，認為整合行銷傳播只是其中的 Promotion
(四) 聖地牙哥大學學派整合行銷傳播模式	Belch（1998）	將整合行銷傳播置於行銷計畫之下，認為整合行銷傳播之重點在於傳播工具之整合： 1. 分析推廣方案的情境 2. 分析傳播過程 3. 決定預算 4. 發展整合行銷傳播 5. 整合傳播工具：廣告、直銷行銷、促銷活動、公共關係及人員銷售 6. 整合與執行行銷傳播策略 7. 監看、評估與控制整合行銷傳播計畫

資料整理：作者研究（戴國良）。

綜合表 2-4 分析，得出各模式具代表性之論述如下：

(一) 西北大學模式：提出以消費者或潛在消費者資料庫爲起點，取代企業傳統上將目標營業額及利潤優先消費者之考量作法。

(二) 科羅拉多大學模式：將層面擴及到以消費者和其他企業利益關係需求作爲思考起點，相較之下較趨詳實。

(三) 丹佛大學模式與聖地牙哥大學模式：將整合行銷傳播置於行銷計畫之下，注重傳播工具之整合，相形之下比較無法深入發揮整合行銷傳播之核心。

第 7 節　整合行銷傳播的執行

　　學者對整合行銷傳播的定義及論述範疇各有不同看法，有人認為使用不同的傳播組合，就是 IMC；也有人認為是運用單一的聲音。事實上，整合行銷傳播的真正概念比這些說法複雜多了，由於這些認知概念不一，成了業界在實行上的障礙，為彌補學理與實務界間的差距，有學者發展出多層次觀點的整合行銷實行模式。不同的企業可根據其組織管理及外在環境等因素，選擇最合適的整合階段。

一、Duncan的IMC執行四層級

　　Duncan（1993）在科羅拉多大學針對整合行銷傳播內容特性，歸納出下列四層次：

1. 形象統一（Unified Image）：單一聲音（One-Voice）、單一外觀（One-Look），所有廣告物均呈現一致的外觀及個性。
2. 訊息一致（Consistent Voice）：對所有利益關係人（包括消費者、員工、投資人），傳播調和且外觀一致的訊息。
3. 良好傾聽者（Good Listener）：透過雙向溝通，公司本身和各利益關係人，可以更完全連結。同時，運用資料庫可以極大化回饋，鼓勵消費者或其他企業相關利益人與公司保持聯繫。
4. 世界公民（World-Class Citizen）：注重社會、環境意識，明確組織文化，使組織不僅與各利益關係人建立關係，同時也建立更廣泛的社區關係，成為好鄰居、世界公民。

二、Thorson和Moore的執行同心圓

　　Thorson 和 Moore（1996）也提出一個多層次的架構，這個架構像是同心圓，企業不斷累積實行經驗，從中心的「知覺階段」向外擴張，直到最外圍的「關係管理整合」階段，共七階段，必須注意到某一階段並非優於另一個階段，其七個階段的概念略述如圖 2-14。

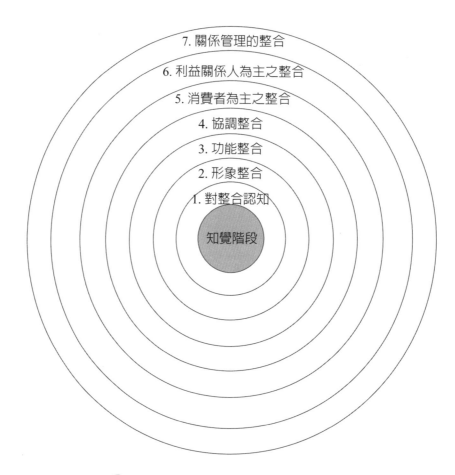

圖 2-14　整合行銷傳播實施層級

資料來源：Thorson & Moore(1996), *Integrated in Communication: Synergy of Persuasive Voices*, N. Y. Lawtrnce Erlbaum Associates, p. 23.

　　該同心圓架構最大的缺失在於它忽略各階段工作不見得是漸進的，而是同時伴隨發生的，例如：它將以企業利益人為基礎的整合工作列入第六階段，但多數情形卻可能發生在更低的層級，其優點則是在於多層級實行觀點排除了二分法的缺點，也就是說整合行銷的討論空間並不局限在「有」或「無」分別，而是在於依據企業的調適能力，隨著不斷回應新市場的挑戰而延伸，成為一種漸進模式，益發彰顯整合行銷傳播因勢利導的價值。

(一) 對整合的認知

　　企業必須認知到外在環境變化，需要全新的經營體系來回應消費者導向的新

行銷趨勢，促使企業採用不同的傳播策略戰術和消費者或利益關係人進行互動。

(二) 形象整合

在這個階段，企業認知到傳達一致的訊息與感覺的重要性，講求視覺形象（例如：企業識別系統）與口語傳播質感（例如：訊息調性和製作品質）的一致性。

(三) 功能的整合

在此階段，企業開始將各種傳播工具置入策略管理層次，針對其優勢進行策略性分析。不過各傳播工具仍是各自獨立，而爭取一定預算，如同零和競賽。

(四) 協調的整合

此時的傳播工具都被放在同等重要的地位，而且行銷目的變得更爲直接，人際傳播也在計畫中出現。另一個特色是透過簡單的顧客資料庫，來界定目標市場。

(五) 消費者爲主的整合

隨著整合的程度提高，消費者的範圍也要重新界定，此時消費者與潛在消費者，都納入思考架構中，而且不斷強化資料庫內容來提升顧客滿意和刺激重複購買率。

(六) 利益關係人爲基礎的整合

進行到這個階段，必須跳脫獲利導向的桎梏，將目標受眾的界定範圍放得更廣，例如：政府、社區、利益團體等，並關係社會議題及企業責任問題，以趨避社會性的行銷風險。

(七) 關係管理的整合

此階段所謂的整合，則意味著整體管理流程的整合，包括公司內在與外在關係的管理。有些管理理念必須與整合行銷和整合溝通方案相配合，重視企業內所有功能間的相互配合。

三、Nowak和Phelps的執行觀點

運用整合行銷傳播，將公司所有的傳播溝通訊息協調一致，確定所要傳達的目標爲何，與顧客及企業利益關係人建立長期的關係。整合行銷傳播並無一定的

模式，要視公司組織的目標策略而調整。整合行銷傳播與一般行銷傳播的不同處，在於著眼於顧客身上，而非公司利潤。傳統的行銷傳播模式面臨許多障礙，現在則是將以往單獨的行銷傳播管道，在一個傘狀的策略下整合一起，企圖增加傳播效益及調和一致性（Ewing & De Bussy, 2000）。

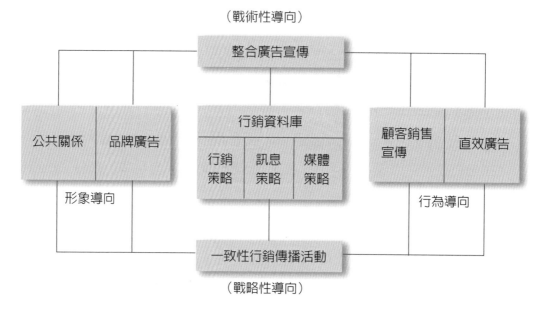

▶ 圖 2-15　整合傳播架構

資料來源：Nowak, G. J. & Joseph P. (1994). Conceptualizing the Integrated Marketing Communications Phenomenon: An Examination of its Impact on Advertising Practices and its Implications for Advertising Research. *Journal of Current Issues and Research in Advertising*, 17, pp. 49-66.

根據 G. J. Nowak 以及 Joseph Phelps（1994）所提出整合行銷傳播的架構，協調一致性的整合行銷傳播，雖然主要可分為形象與行為兩面向來進行，但是，最重要的部分就是建立行銷資料庫，這個資料庫可以運用在三個領域的行銷傳播策略：市場、訊息以及媒體。

關於資料庫的建立，Schultz（1996）也說明：一個組織可以發展三種層次的資料庫：(1) 銷售人員或通路商；(2) 銷售人員、通路商及零售商；(3) 銷售人員、通路商、零售商及顧客。建立這三種層級資料庫對 Business-to-Business（商業對商業）行銷者而言是最困難的。一個關聯性資料庫對整合行銷傳播是項重要工具，最好的建議就是立刻去做。

Yarbrough（1996）也提出一般公司使用資料庫行銷規劃的三個層次為：(1) 顧客／可能性顧客郵件名單（Customer/ Prospect Mailing List）；(2) 關聯性資料庫（Relational Database）；(3) 策略工具（Profiling/ Tracking Tools）。強調整合行銷傳播要利用此資料庫針對特定消費者做一對一互動溝通的行銷策略，了解顧客的真正需求，並且從顧客得到回饋，作為下次策略修正。

Ozimek（1991）將消費者資料庫須包含哪些項目，清楚地繪出一個消費者資料庫內容架構圖，如圖 2-16 所示。

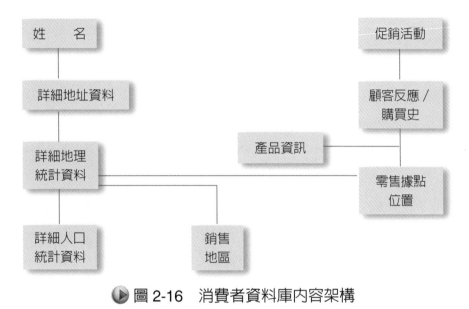

▶ 圖 2-16　消費者資料庫內容架構

資料來源：Ozimek, J. (1991). Marketing Guide 20: Database Marketing. *Marketing*. May. pp. 21-24.

四、Larry Percy的執行觀點

Duncan（1993）提出的形象一致、訊息一致，目的在於達到整合行銷傳播強調的「綜效」，整合效果大於個別規劃執行。Larry Percy（王鏑、洪敏莉譯，2000）也認為在執行中，「一致性訊息」的重要性，他強調在整合行銷傳播企劃，如何從各種不同形式的行銷傳播工作中，找出一致性的創意要旨，確認每個環節的運作，均遵循這些一致性創意要旨，確實相當困難。Percy 以流程圖的方式（圖 2-17），完整呈現整個執行過程。

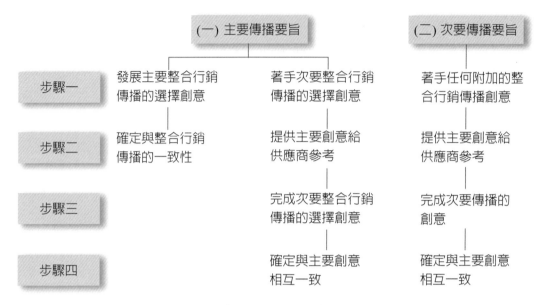

圖 2-17　整合行銷傳播創意執行的管理

資料來源：Larry Percy 著（2000）；王鏑、洪敏莉譯，《整合行銷傳播——從企劃、廣告、促銷、
　　　　通路到媒體整合》，臺北：遠流。

　　根據上述討論，整合行銷傳播執行的總結，在於從完善的資料庫做起，發展
其傳播策略：制定一致性的訊息（包括形象訊息、對傳播對象的訊息），在與傳
播對象的互動訊息中，了解他們真正想要的是什麼，這些訊息再回到企業組織，
建立成新的資料庫，作為下次行銷傳播策略參考，再次開始循環。

五、Bossidy的執行力觀點

　　整合行銷傳播的成功與否，跟執行力有很大的關係，Patrison 和 Wang
（1996）認為整合行銷傳播是由執行的整合（Executional Integration）和計畫的
整合（Planning Integration）兩個觀念所組合而成的。「執行整合」方面須著重
在溝通訊息的一致，利用相同的主題、特徵、標誌、訴求及其他相關的傳播特性
來達成整合的目的。而「計畫整合」方面則須著重在想法上的整合，所有與產品
相關的行銷活動加以整合，從策略計畫開始就協調一致，以擴大行銷的效率及效
能。

Bossidy 和 Charan（2002）則認為，策略流程之基本概念具備下列四點：

1. 如何「執行」才是重點。
2. 策略的基本要素只能少，不需多。

3. 區分策略的層次（事業單位策略不等於公司策略）。

4. 制定策略計畫——誰來制定計畫？

而制定策略計畫時需探索的問題十分多，諸如：對外在環境的評量如何？對現有客戶與市場了解多少？能兼顧獲利的最佳成長之道為何？競爭者是誰？企業是否具備執行策略的能力？計畫執行過程中的階段性目標為何？是否能兼顧短期與長期的平衡？企業面對的關鍵性課題為何？該如何在永續性的基礎上追求獲利？策略執行力最終不可忘記執行後續追蹤，如此才算完整的策略流程。檢驗策略的最後機會是策略評估會議，在策略評估時提出的問題十分重要，尤其下列幾個問題不可忽略：各事業單位團隊對競爭情勢的掌握如何？組織執行策略的能力如何？計畫的焦點是分散或是集中？我們選擇的構想是否恰當？與人員流程及營運流程的銜接是否清楚？

六、IMC執行觀點彙整

此外，尚有許多代表性的學者論述如表 2-5。

▶ 表 2-5　不同學派之整合行銷傳播執行要點整理表

代表人物	Schultz (1993)	Liano (1993)	Haytko (1996)	Thorson 和 Moore (1996)	Duncan 和 Moriarty (1998)
主論述點	由顧客觀點出發	內部整合與行銷研究	協調、一致、互補	整合行銷傳播實施層級	組織行銷團隊
內容	1. 考慮消費者使用何種媒體，而非何種媒體對行銷最有效。 2. 傳播時機取決於何時會與消費者互動。 3. 傳播模式選擇消費者於何時何地最能接受訊	1. 重新組織企業內部：組織內部需能執行整合行銷傳播，避免各單位權力衝突。 2. 內部規劃：請整合行銷傳播專家擬定計畫後，交由代理商執行。	1. 協調性：強調人員的協調性與創意的協調性。 2. 一致性：強調不同的傳播工具組合必須與傳播內容的協調一致化。 3. 互補性：傳播工具之組合必須能夠	1. 此構架成同心圓狀，共分為七個階段，以同心圓取代金字塔狀，以表達「每一個階段，都要以上一個階段為基礎」。 2. 此七個層級，由圓心向外分別為：對整合的認知、形象	1. 團隊成員必須包含行銷、傳播相關人員及組織外之重要相關成員，甚至包含重要的消費者。 2. 該團隊成員必須共同思考，負責擬定行銷傳播計畫。

息，而非行銷人員之媒體購買便利性。	3. 區隔有影響力的傳播模式。 4. 著重行銷研究而非人口統計。	互補不足之處。	整合、功能整合、協調整合、消費者為主之整合、利益關係人為主之整合及關係管理的整合。	

資料整理：作者研究整理（戴國良）。

歸納以上眾學者說法：整合行銷傳播在傳播工具與傳播內容除了必須維持「一致性」的調性外，唯有在組織各單位間建立良好溝通管道，才能使組織團隊達到最高效率。

第 8 節　整合行銷傳播之效益評估

關於整合行銷傳播之效益評估，目前發展較具雛形者有二：一為 Picton 和 Hartley 所提之九大構面分析法；一為 Duncan 所提關係矩陣及整合行銷傳播。另有 Low 針對美國企業進行交叉樣本，而得出測量整合行銷傳播程度的三量表，以及詹力權以國內服務業為對象所做的整合行銷傳播績效因素探討。其中 Duncan（1999）認為整合行銷傳播可以從企劃面以及行銷面兩大部分下的九個構面，包括「利益關係人導向」、「資料庫的使用」、「策略性規劃企劃流程」、「高階主管支持度」、「部門協調性」、「訊息一致性」、「行銷傳播工具互補性」、「預算分配方式」、「注重雙向溝通」來作為績效評估的指標（李美慧，2002），並將上述九個構面整理如下：

(一) 企劃面

1. 利益關係人導向

Murphy、Woodallm 和 O' Hare（1999）提到與利益關係人間的關係之總和是決定整個組織價值的重心，而整合行銷傳播即在幫助組織與利益關係人溝通。但為了使整合行銷傳播有效，我們必須要測量與利益關係人間關係程度，因此，Murphy 等人以 SRI 指標發展在關係行銷中，測量與利益關係人間程度的五角關係圖。Picton 和 Hartley（1998）認為衡量整合行銷傳播企劃的執行效果包含九個

構面，其中亦提及利益關係人之整合，Picton 和 Hartley 認為不只針對顧客，企業在施行整合行銷傳播的過程中，亦應考量其他與組織密切相關的利益關係人，例如：股東、員工、社區居民等。另外，詹力權（2001）亦認為服務流程是由不同利益關係人串連而成的，任何一個利益關係人表現的好壞，將影響整合行銷傳播塑造一致性形象的目標。

2. 資料庫的使用效率

根據 Sales 和 Marketing Management 的調查顯示，在受訪 179 家企業中，有 53.6% 的企業施行整合行銷傳播，而在執行的過程中，絕大多數的企業（74.9%）會應用資料庫，但是其應用的大多是相當基層的，如顧客名單資料庫的使用，只有 30% 的企業會從消費者的購買習慣來發展區隔和深入的消費者類型的分析（Yarbrough, 1996）。Schultz（1996）也曾經針對在整合傳播行銷過程中，企業使用資料庫提出建言，那就是企業將資料庫的應用分成不同的層級，包括企業和批發商、企業和零售業及企業和消費者，也就是整合行銷傳播資料庫不僅僅是收售消費者的名單，也應該包括一些相關及深入的資訊，例如：通路及其他屬性資料。

3. 策略性規劃行銷企劃流程

一個好的整合行銷傳播施行者，必將規劃出一個適合的整合行銷傳播之策略企劃流程，故本研究將探討一個企業是否在施行整合行銷傳播前，已規劃出一個良好的整合行銷傳播企劃流程，作為衡量企業在施行整合行銷傳播的整合程度時的一個考量因素。

4. 高階主管支持度

詹力權（2001）指出整合行銷傳播策略的研擬、執行，若沒有高層管理者支持及授權，其績效的表現都將受到限制，因此在評估整合行銷傳播的績效時應考量高階主管支持度。

(二) 執行面

1. 部門協調性

Diana Haykto 在「印第安納州中學的閱讀方案」所做的調查結果中曾指出，整合行銷傳播成功的三項基本原則：協調性、一致性、互補性（吳宜蓁，

1999）。Diana Haykto 認為，協調性為整合行銷傳播企劃中的第一項，也是最為重要的基本原則，並具備兩個構成要素：才能（Talent）與想法（Ideas）的協調。基於策略活動規劃目的，把不同的專業領域的代表組成一個專案小組，小組中的成員必須全心投入並相互協調支援合作，此即「才能」的協調；而所謂「想法」的協調必須各部門的「創意」能相互協調，在開放的熱烈討論過程中，找出最有創意且彼此可相互整合執行的方案。但不論是才能或想法的協調，都是一個企業中各部門甚至是各集團內的策略事業單位，必須整合個別資源成一總體的協調過程，故在此以部門協調性作為整合行銷在執行部分的構面之一。

除此之外，Duncan（1997）認為整合行銷傳播必須採用跨部門代替單一部門的企劃與監督。公司內部門間，尤其是業務、行銷和客戶服務部門，必須進行更頻繁且迅速的互動協調，互相交換專業的意見，建立互通顧客資訊網，才能確保顧客服務的一致性。

2. 訊息一致

Glen 和 Phelps（1994）認為整合行銷傳播必須將所有的行銷傳播技術和工具加以緊密的結合，以維持並傳達清楚、單一、共享的形象、定位、主題、訊息、標語等。但 Duncan（1997）認為大部分的公司普遍存在著無法一致執行預定訊息的問題上，是根源於組織內部在更重要、更基礎的層面上沒有達到共識。他所謂的重要且基礎的層面意指「企業核心價值」與「企業任務」，亦即 Picton 和 Hartley（1998）所提，企業在溝通其形象和認同感時，應將其視為一體，以維持企業形象一致性，以及組織與組織間亦必須進行整合活動，以達組織一致性，如與供應商、廣告商等之間的溝通。因此，在企業對外傳播訊息前，應先整合企業的核心價值及形象，作為順利達到對訊息一致的前提。

再來就是在與外界實際溝通上，亦即傳播工具須達成一致性的部分。一致性不論在傳播工具的表現上，或是傳達訊息的內容上，都應顯現出一致性，亦即除所有傳播工具須達一致外，其各別傳達的訊息內容也不能偏離主題、口號及其意涵，甚至應與企業形象達成一致，才能使整合行銷傳播計畫發揮正面綜效。

3. 預算分配合理性

Larry Percy（1997）認為整合行銷傳播是一種策略性規劃的流程，而不只是將許多不同的傳播活動結合在一起，必須在策略性思考及預算的考量下，達成最

大的行銷成果，而不管最終的執行手法為何。詹力權（2001）亦認為整合行銷傳播是依據消費者的需求設計傳播工具的使用，若企業只以傳播代理商的重要性作為預算分配的基礎，將無法發揮整合的效果。

另外，Duncan（1997）認為在建立關係和品牌資產有利的情形下，整合要求部門必須分擔費用的薪酬制度，不但有利整合，人員也可靈活調用。

4. 行銷傳播工具之互補性

Caywood、Schultz 和 Wang（1991）認為整合行銷傳播為「評估各種傳播專業領域（例如：廣告、公開、促銷、直效行銷）的策略性角色，並將這些專業領域組合在一起，以便提供明確性、一致性，以及最大的傳播影響力。」（王鏑，2000）。因此，整合行銷傳播應使用所有可能傳達企業或品牌訊息的可能管道，這些接觸消費者的媒體管道可能包括電視廣告、雜誌廣告、網際網路上的訊息、店頭廣告或其他任何可能的訊息媒體通道，或是公關活動、促銷活動及直效行銷，以期利用所有管道與消費者直接溝通。故本研究認為在評估整合行銷傳播之整合效果時，應將行銷傳播工具之整合程度列入考量的標的。

5. 雙向溝通注重程度

整合行銷傳播除了應以利益關係人為導向外，尚須注重持續性的雙向溝通。整合行銷傳播是有利經營品牌關係的一種交互作用過程，藉由帶領人們與企業共同學習，來維持品牌溝通策略上的一致性、加強公司與利益關係人間之積極對話，以及推動增進品牌信賴度的企業任務（廖宜怡，1999）。雙向溝通的目的即在與利益關係人產生互動，並企圖與其建立長久的關係；而互動本身就是一種整合，如能將互動媒體加入運作，不但可以得到更多顧客的回應，也可以接觸到其他更多的潛在顧客。而 Duncan（1997）強調利益關係人間融合了互動、交易與回饋的非線性之雙向溝通的方式，亦即除了單向傳播訊息之外，公司更要設計雙向溝通系統，兩者共同執行，並測量其效果，並在提升品質的前提下，做必要的修正，以達到獲得利益關係人支持的目標。

第 9 節　IMC 的潛在障礙及問題點

一、Percy：整合行銷傳播過程中的潛在障礙

Percy（2000）認為在執行整合行銷傳播過程中，確實存在一些潛在的障礙（表 2-6），這些障礙雖然存在於組織日常的運作，但仍然有克服的方法。克服這種障礙的方法就是強化組織間人與人的相互信賴，以團體的力量一起超越障礙，才能產生最大的效益（沈宜蓉，2005）。

▶ 表 2-6　推行整合行銷傳播的潛在障礙

過去	未來
1. 決策制定架構	➤縱向的組織架構阻礙橫向的功能性合作 ➤行銷傳播部門往往位於行銷組織中的較低階層 ➤太多的專業人員各行其事 ➤組織中的行銷傳播訊息未被充分了解 ➤財務考量重於消費考量 ➤僵硬的組織文化
2. 對整合行銷傳播的認知	➤對整合行銷傳播內容缺乏共識 ➤其他行銷傳播專業人員不了解整合行銷傳播 ➤對於負責主導的負責人進行整合行銷傳播感到恐懼
3. 報償	➤缺乏對預算的控制權，使得專業人員擔心處於弱勢 ➤個人報酬與專業人員特定的行銷傳播型態密切相關，而非與整體企劃有關
4. 行銷趨勢	➤自認組織早已使用整合行銷傳播 ➤組織內、廣告商及供應商均缺乏人力資源 ➤認為採行利基行銷及小眾行銷時，無須運用整合行銷傳播

二、祝鳳岡：IMC執行的問題點

祝鳳岡（1996）提出傳播界、廣告界及廣告主在認知實行整合行銷傳播上面臨以下問題：

1. 認知不清：對整合行銷傳播的意義，以及高層次的世界公民思想認知不清。

2. 行銷整合不充分：在概念整合、過程整合、組織整合及傳播溝通整合上做的不充分。

3. 本位主義作祟：由於對整合行銷傳播的了解淺薄、混淆不清，以及片面的了解，加上各自為政的思考模式，造成執行面上的斷層及錯誤，影響了綜效的產生。

4. 資料庫建立不足：整合行銷傳播成功的基礎在於擁有一個完整之行銷資料庫。資料庫無法健全，則容易影響整合行銷傳播的績效。

5. 人才缺乏：整合行銷傳播人才的缺乏，造成了推廣整合行銷傳播的瓶頸。

三、其他學者：IMC執行的問題點

Schultz（1993）認為整合行銷傳播無法被企業妥善運用，是因為組織認為本身已整合、難以克服過去的行銷經驗、員工害怕整合行銷傳播必須放棄部分權力、水平傳播的缺乏及現行急於讓決策層降低的管理方式，必須著重高層參與的整合行銷傳播相違背。

Yarbrough（1996）則以為整合行銷傳播執行上的障礙，除了組織結構的問題，還包括缺乏專家認知、行銷預算有限及缺少管理上的認同。

總結來說，要克服整合行銷傳播障礙，有四個必要因素：(1) 必須由高層往下開展；(2) 消費者導向的行銷；(3) 必須成為一個實際有效的競爭優勢；(4) 傳播活動必須中央控制。排除這些因素，在執行整合行銷傳播時，才會成功。

Part 3

與IMC相關的行銷傳播工具篇

Chapter 3　整合行銷傳播工具介紹

Chapter 3

整合行銷傳播工具介紹

第 1 節　代言人行銷

一、代言人行銷的目的

1. 品牌效益

- 打響品牌知名度。
- 提升品牌喜愛度。
- 提升品牌指名度。
- 拉高品牌忠誠度。

2. 業績效益

- 促進業績銷售。
- 拉高營收額。
- 最後，達成年度獲利目標。

二、代言人選擇的評估主要四項指標

1. 高知名度。
2. 形象良好、具親和力。
3. 代言人個人特質與產品屬性很契合。
4. 具有正面話題性。

三、代言人選擇最好考量話題性及時事新聞

（例 1）幾年前偶像劇「犀利人妻」高收視率時，女主角很紅

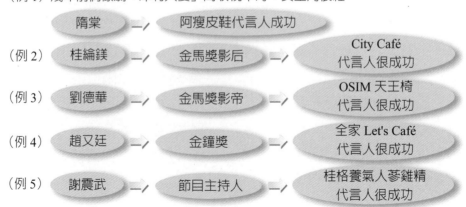

四、代言人成本 / 效益評估數據（成功案例）

(一) 成本

代言費：1,000 萬元 + 廣告費：6,000 萬元 = 合計：7,000 萬元。

(二) 效益

1. 假設某公司年度營業額為 50 億元。
2. 採用某代言人後，該年度業績明顯成長 10%，達到 55 億元。
3. 假設該公司平均產品毛利率為 40%，則增加 5 億營收額 ×40% 毛利率 = 2 億毛利額。
4. 2 億毛利額減掉 7,000 萬元廣告及代言人成本，還淨賺 1.3 億元。這就是使用代言人後的效益獲得！

(三) 二種具體效益之結果

1. 淨利增加 1.3 億元。
2. 品牌知名度及喜愛度也提高相當比例。

五、代言人失敗案例評估數據

(一) 成本

代言費：1,000 萬元 + 廣告費：3,000 萬元 = 合計：4,000 萬元。

(二) 效益

1. 年度總營收額並沒有顯著增加，假設增加 5,000 萬元，則 4 成毛利率下，毛利額僅增加 2,000 萬元。
2. 再扣除 4,000 萬元成本增加，還倒虧 2,000 萬元。
3. 故為失敗案例！

六、代言人行銷失敗的可能三大原因

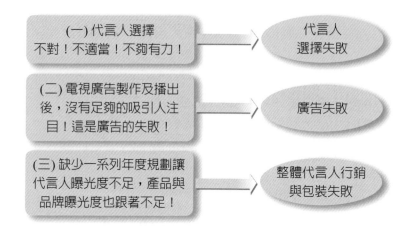

七、代言人廣告應注意事項

應避免看過廣告之後只記住代言人，卻根本記不起是什麼產品了。因此，廣告創意及製作時，必須特別注意。

八、代言人行銷成功的可能三大原因

1. 首要：代言人選擇成功。
2. 次要：廣告片成功。
3. 再其次：整體年度企劃與包裝行銷成功。

九、代言人背景類型

1. 藝人（明星、演員、歌手、主持人等）。
2. 名模（伊林、凱渥）。
3. 網路達人（網紅、Youtuber）。
4. 素人（醫生、律師、運動員、上班族等）。

十、代言人應具備好感度

1. 知名度 ≠ 好感度。
2. 好感度 = 指名度。
   - 知名度。
   - 好感度。
   - 指名度。

十一、雙代言人：偶爾也會出現

例如：

1. SK-II：湯唯、李心潔。
2. 阿瘦皮鞋：隋棠、謝震武。
3. 爽健美茶：侯佩岑、張鈞甯、戴佩妮。
4. 7-Select：隋棠、高以翔。

雙代言人：展現氣勢、陣仗、吸引人！

十二、要不要使用知名藝人代言之五種狀況分析

1. 競爭品牌大都使用知名藝人做代言時，輸人不輸陣。
2. 公司推出完全新產品及新品牌，必須一砲打響全國性品牌知名度時。
3. 公司營運規模漸大，營收額也夠大，比較有能力採用 A 咖藝人做代言人時。
4. 公司有專業評估過，採用 A 咖代言人之效益必會大過成本，因此，值得做。
5. 公司經營多年，營運始終未見起色，主因在缺乏全國性品牌力原因。

十三、如何找到及確定代言人之過程

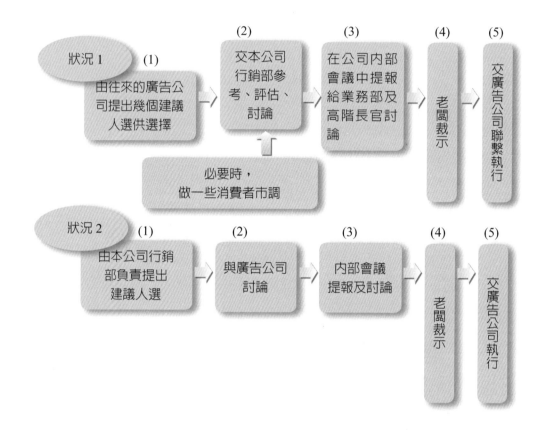

十四、藝人代言人為什麼會發揮行銷效果之四項原因分析

1. 吸引注意：有知名藝人代言人，會比較引起消費者的注目及注意。例如：電視廣告及平面廣告有知名代言人出現在畫面或平面時，即有此效果。

2. 產生好感：有些消費者自己對某些知名藝人存在有好感，就可能會投射到他們代言的品牌上面，這是一種心理性好感的投射。

3. 提高信賴：有些產品屬性，若透過形象良好之知名藝人做代言，則可提升消費者的信賴性。

4. 間接促進潛在銷售：對部分消費者看到代言人產品，在相似情境下，可能也會間接促進產品的銷售。

所以，找代言人，做行銷，必須認真思考做好三件工作：

1. 必須吸引消費者注目。

2. 必須讓消費者對產品或品牌產生好感。

3. 必須提高消費者對我們的信賴性。

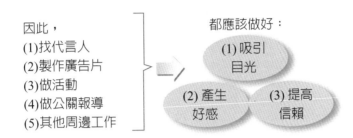

十五、本公司如何與代言人做必要溝通

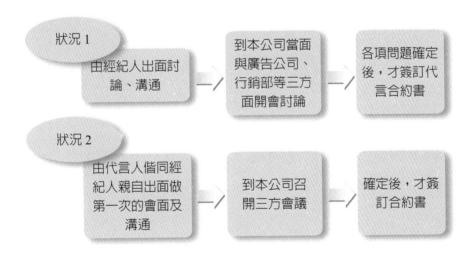

十六、將代言人貫串在整個年度行銷規劃中

× 代言人不是片段式的
做單一事情

而是：

✓ • 要融入及貫串在整個年度行銷規劃中，才會發生綜效出來。必須整合性規劃及運用！

包括：（必須以代言人為核心點）
• 出席記者會
• 電視廣告託播
• 平面廣告刊登
• 照片應用（包裝、DM、手提袋、廣告稿、通路等）
• 促銷活動舉辦
• EVENT 活動舉辦
• 體驗行銷舉辦
• 演唱會／偶像劇融入
• 網路活動
• 其他項目

十七、剩下最後困擾的實務問題

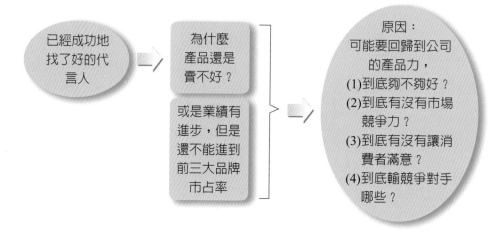

已經成功地找了好的代言人 ➡ 為什麼產品還是賣不好？

或是業績有進步，但是還不能進到前三大品牌市占率

➡ 原因：
可能要回歸到公司的產品力，
(1)到底夠不夠好？
(2)到底有沒有市場競爭力？
(3)到底有沒有讓消費者滿意？
(4)到底輸競爭對手哪些？

十八、適合代言人的產品類別

現代的趨勢發展，已有愈來愈多的行業使用代言人，似乎沒有什麼特別限制了。我們看過下列這些行業，都是曾經運用過代言人行銷產品，包括：

1. 啤酒產品。
2. 化妝品、保健品。
3. 預售屋。
4. 名牌精品。
5. 衛浴設備。
6. 家電產品。
7. 信用卡、銀行業。
8. 運動器材。
9. 服飾業、女性鞋業。
10. 資訊電腦。
11. 手機。
12. 食品。
13. 飲料。
14. 健康食品、保健食品。
15. 藥品。
16. 航空。
17. 汽車、機車。
18. 洗髮精、沐浴乳。
19. 其他產品。

十九、代言人的類型

被邀聘為產品或品牌代言人，其工作類型主要有：

1. 歌手。
2. 藝人（演員、主持、明星）。
3. 運動明星。
4. 專業人士（醫生、律師、作家等）。
5. 意見領袖。

6. 名模。

7. 政治人物。

8. 素人。

9. 網紅。

二十、代言人行銷成功操作注意要點

1. 找到對的代言人。

2. 拍出叫好又叫座的廣告片。

3. 一年有系統的周全規劃。

4. 做好話題行銷。

5. 公關報導多露出。

6. 適當行銷廣宣預算編列。

7. 代言人充分配合良好。

8. 產品力自身條件也要夠好。

二十一、A咖代言人價碼不低

主攻類別	廣告	活動	代表人物
歌星	500～800 萬元	30 萬元以上	蔡依林、林志玲等
影星	250～400 萬元	30 萬元	桂綸鎂、張鈞甯、趙又廷、楊謹華
偶像劇演員	300～500 萬元	15～30 萬元	
主持人	250～350 萬元	20 萬元以上	小 S、陶晶瑩等
名模	150～250 萬元	15 萬元以上	
超級天王 天后	周杰倫、林志玲、阿妹、劉德華、甄子丹、成龍、王力宏等均超過 1,000 萬新臺幣或 1,000 萬人民幣的代言費用		

二十二、代言人應注意二個問題點

1. 名人代言產品過多、產生稀釋效應。

2. 只怕消費者記得名人，卻忘了產品。

二十三、代言人的配套規劃作法

1. 拍廣告：TVCF 及 MV、錄歌曲。
2. 拍照片：報紙稿、雜誌稿、海報、DM 宣傳單、人型立牌、手提袋、包裝、戶外看板、產品瓶身等之用途。
3. 出席活動，包括：一日店長、大賣場促銷活動、產品上市記者會、年度代言人記者會、VIP 會員 party、品酒會 party、證言活動、公益活動、媒體專訪、戶外活動及網路活動部落格等。
4. 舉辦演唱會。
5. 新歌專輯的配合。
6. 媒體公關報導。
7. 藝人公仔贈品。

二十四、中小企業缺A咖代言人預算

1. 可從偶像劇中、八卦刊物中、找 B 咖或找有潛力的代言人，其代言價碼會較低。
2. 亦可考慮找優秀素人或徵選素人來拍廣告片。

二十五、代言人合約規範內容

內容愈詳細愈好，例如：

1. 代言人費用？如何支付？票期？
2. 拍攝廣告片多少支？廣告播放地區？播放媒介？年限多久？
3. 平面廣告拍攝多少次？多少組？
4. 出席記者會、發表會、活動多少次？
5. 參與網路活動幾次？
6. 代言期間禁止事項為何？
7. 形象條款？
8. 終止合約條款？
9. 經紀公司／經紀人服務費多少？
10. 代言期間？
11. 使用地區？

12. 其他規定？

二十六、代言人合約應注意

1. 退場機制（有負面新聞、不利產品形象）。
2. 禁止條例（合約期不可結婚、不可爲同類品牌代言、不可……）。

二十七、代言人出問題、緊急喊停

例如：

柯震東　蕭淑慎 → 吸毒、緋聞、行爲不常、負面新聞、違反合約規定 → 喊停 取消 索賠

二十八、如何找代言人

可透過：
1. 藝人經紀人代表。
2. 藝人經紀公司。
3. 名模公司（凱渥、伊林公司）。
4. 廣告代理商。
5. 媒體代理商。
6. 公關公司。

二十九、代言期間

1. 通常爲一年。
2. 到期若效益良好，可再續約（例如：桂綸鎂代言 City Café 十三年之久）。
3. 爲考慮代言人的多元化與新鮮感功能，通常是一年換一個代言人。

三十、素人代言

1. 例如：統一茶裏王、多芬洗髮精、全聯福利中心、黑松茶花飲料、維他露每朝健康飲料等，亦均有不錯效果。

2. 優點：成本低很多。

3. 成功點：廣告要有創意吸引人注目，產品要有許多特色及訴求明確。

第 2 節　促銷活動

一、促銷活動：僅次於電視廣告的最重要行銷活動

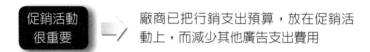

促銷活動
很重要

廠商已把行銷支出預算，放在促銷活動上，而減少其他廣告支出費用

二、促銷活動九大效果：搶錢大作戰

1. 提高業績。
2. 達成營收預算目標。
3. 增加現流（現金流入）。
4. 去化庫存。
5. 去化過季品。
6. 提高顧客再購率與忠誠度。
7. 守住市占率與市場地位。
8. 達成集客、吸客目標。
9. 回饋主顧客，提高滿意度。

三、十二種最有效的促銷活動項目

1. 買一送一。
2. 全面折扣、全面降價（八折、五折、二折起）。
3. 滿千送百、滿萬送千（送禮券、折價券）。
4. 滿額送贈品。
5. 紅利積點回饋（折現金或送贈品）。
6. 大抽獎。
7. 免息分期付款。
8. 包裝式促銷、買三送一、買大送小、加量不加價。

9. 第二件五折／買二件、打八折。

10. 來店禮。

11. 刷卡禮。

12. 加價購。

13. 送購物金。

四、每年固定節慶促銷活動檔期

- 年終慶（10 月～ 12 月）。
- 年中慶（5 月～ 7 月）。
- 農曆春節慶（2 月）。
- 元旦節慶（1 月）。
- 元宵節慶（3 月）。
- 中秋節慶（9 月）。
- 母親節（5 月）。
- 父親節（8 月）。
- 開學季（9 月、2 月）。
- 端午節（6 月）。
- 清明節（4 月）。
- 情人節（2 月）。
- 冬季購物節（12 月）。
- 秋季購物節（10 月）。
- 春季購物節（3 月）。
- 夏季購物節（7 月）。
- 國慶日（10 月）。
- 勞動節（5 月）。
- 聖誕節（12 月）。
- 中元節（8 月）。
- 萬聖節（10 月）。

五、訂定：每次的促銷活動效益數據「目標」

1. 銷售量目標。

2. 業績、營收額目標。

3. 利潤額目標。

4. 來客數目標。

5. 客單價目標。

6. 其他可能的目標。

六、促銷效益數據評估

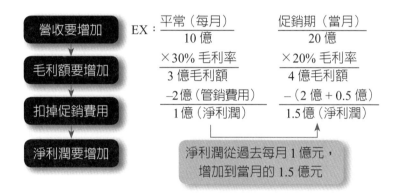

七、三大效益

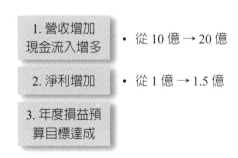

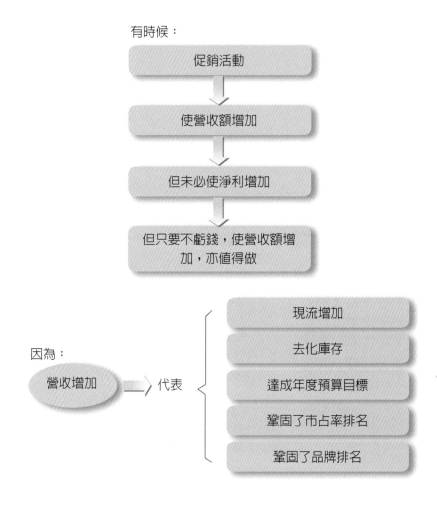

有時候：

促銷活動

↓

使營收額增加

↓

但未必使淨利增加

↓

但只要不虧錢，使營收額增加，亦值得做

因為：

營收增加 → 代表 {
現流增加
去化庫存
達成年度預算目標
鞏固了市占率排名
鞏固了品牌排名
}

八、公司營收沒增加的不良後果

1. 現流減少（資金流量不足）。
2. 庫存量升高，不好。
3. 市占率會下滑。
4. 品牌排名地位下滑。

所以，任何公司都非常重視：

- 每年營收成長率多少。
- 是否達成營收成長目標。

要求營收成長：

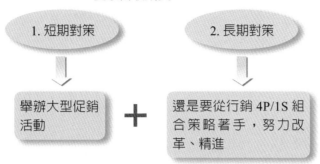

九、年終慶促銷活動占百貨公司30%年度總營收

十、零售百貨業每年最重要三個節慶促銷

(一) 最重要

1. 年終慶。
2. 年中慶。
3. 母親節。

(二) 次要

1. 春節（過年）。
2. 父親節。
3. 聖誕節（元旦）。

十一、零售百貨業的淡旺季

一般來說：

1. 年底最後一季（10 月～ 12 月）是零售百貨業旺季。

2. 過年前（農曆年前）一個月（1 月）也是銷售旺季。

十二、日常消費品業促銷活動二種狀況

狀況 1
配合大型連鎖通路所辦的促銷活動
- 全聯福利中心
- 家樂福
- 大潤發
- 愛買
- COSTCO
- 7-11、全家、萊爾富
- 美廉社

狀況 2
自己主動規劃促銷活動，並且也在連鎖零售通路執行
- 買一送一
- 買二送一
- 買三送一
- 買大送小
- 加量不加價
- 第二件五折
- 買二件算六折
- 大抽獎
- 優惠降價

十三、耐用品汽車業促銷項目

1. 拉長零利率分期付款（3 年 36 期，4 年 48 期，5 年 60 期）。

2. 優惠降價某個金額。

3. 送贈品、送配備。

十四、中國大陸、淘寶網／天貓網及臺灣網購業者促銷

最重要：

1. 雙 11 節活動（每年 11 月 11 日）。

2. 要求所有供貨廠商、店面或個人；一律五折價。

3. 單日營業額創下 1,000 億人民幣。

十五、全國最大超市：全聯超市促銷類型

方式：

1. 每週 DM 商品週（特價）（一年 52 週）。

2. 全聯週年慶（12 月）。

3. 重要節慶促銷（尾牙、過年春節、端午節、中秋節、中元節、耶誕節
   等）。

4. 配合中國信託銀行刷卡之優惠活動。

5. 即將過期產品，儘快大降價促銷。

十六、促銷活動重要性，有時候超過電視廣告

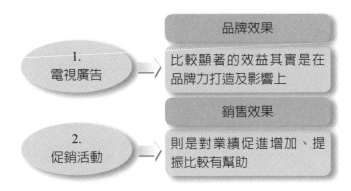

因為臺灣消費者整體氛圍是要求：

十七、金字塔消費人口分布：頂端人數很少

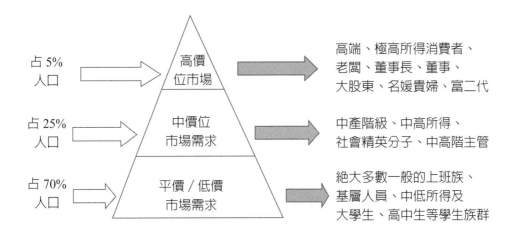

十八、廠商把媒體廣宣預算挪用到促銷預算上

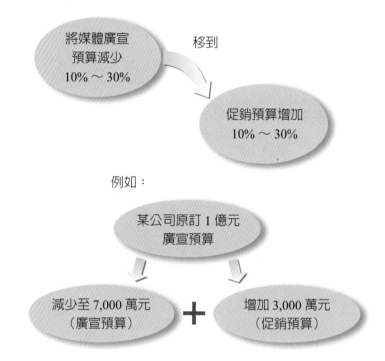

十九、為什麼要轉移到促銷預算上？

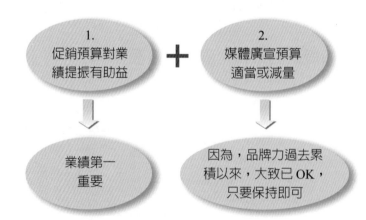

二十、減少廣宣預算，維繫既有品牌力即可

絕大部分大型公司的企業品牌或產品品牌：

1. 經過過去幾十年來的累積，品牌力已經 OK。

2. 只需每年固定預算維持住品牌力即可。

因為，花過多預算，也不會再提高品牌力！

二十一、成功與失敗的促銷

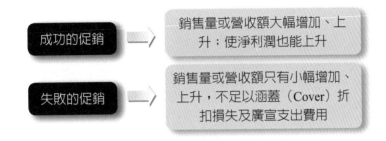

成功的促銷 → 銷售量或營收額大幅增加、上升；使淨利潤也能上升

失敗的促銷 → 銷售量或營收額只有小幅增加、上升，不足以涵蓋（Cover）折扣損失及廣宣支出費用

二十二、成功促銷的五大因素配合

1. • 促銷方案誘因足夠吸引人。
   • 滿 5,000 送 500。
   • 全面五折起。
   • 買一送一。

2. 廣宣力道足夠、廣宣預算足夠。

3. 媒體公關報導及則數露出足夠。

4. 各門市店地區性 DM 夾報行銷及電話行銷足夠。

5. 大型賣場與零售據點的店頭 POP 及陳列配合足夠。

二十三、成功促銷活動的組織搭配

以連鎖店為例：

1. 業務部：統籌規劃。

2. 行銷企劃部：負責廣宣、店頭布置、公關報導。

3. 全國 300 家門市店：第一線待客服務。

4. 生產（製造）部：負責備貨足夠。

5. 財會部：負責各門市店現金處理作業。

6. 物流部：負責各門市店不許缺貨出現，須及時送貨到達。

7. 資訊部：負責促銷活動的資訊軟體程式修改配合（店內 POS 收銀機系統）。

二十四、大型促銷活動事前完整規劃

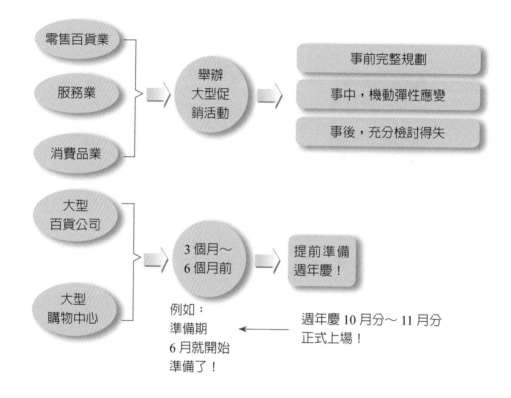

二十五、百貨公司週年慶準備單位

1. 行銷部。

2. 商品部（各樓層）。

3. 營業部（現場人員）。

4. 管理部。

5. 會計部。

6. 資訊部。

二十六、日常消費品廠商促銷活動準備單位

日常消費品：

1. 行銷部。
2. 營業部。
3. 生產部（工廠）。
4. 倉儲物流部。
5. 會計部。
6. 資訊部。

二十七、促銷活動：事後獎勵

第 3 節　紅利集點卡

一、紅利積點卡 = 忠誠卡（Loyalty Card）
　會員優惠卡 = 忠誠卡

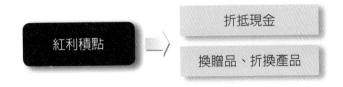

二、最成功的紅利積點卡

1. 遠東 HAPPY GO 卡 1,000 萬張。
2. 全聯福利中心福利卡 900 萬張。
3. 家樂福好康卡 600 萬張。
4. 誠品書店誠品卡 200 萬張。
5. 屈臣氏寵 i 卡 500 萬張。
6. 中油加油卡 200 萬張。

三、紅利積點最大貢獻

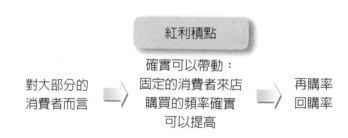

證實：有辦卡的每年消費額平均比沒辦卡多出 25%！

四、HAPPY GO卡和誠品卡

1. HAPPY GO 卡：有持卡在 SOGO 及愛買購物的占比，達 70% 之高。
2. 誠品卡（九折折扣）：有辦卡及用卡的消費者，平均每年購買次數比沒有辦卡多出 5 次，金額多出 40%。
3. 小結

   (1)

(2)

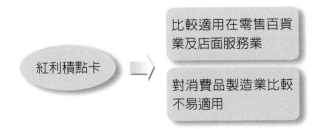

(3)

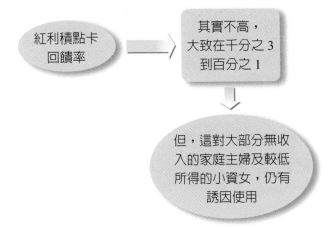

(4)

五、忠誠卡：顧客爭奪戰時代

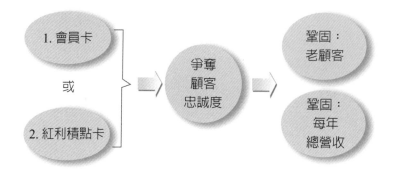

第4節　廣告行銷

一、世界十大廣告集團

1. 奧姆尼康（Omnicom）（美國，BBDO廣告、浩騰媒體）。
2. Interpublic（美國，麥肯、靈獅）。
3. WPP（英國，奧美、智威湯遜、傳立）。
4. 陽獅（法國，陽獅、李奧貝納、實力、星傳）。
5. 日本電通。
6. 哈瓦斯（法國）。
7. 精信環球（葛瑞）。
8. 博報堂（日本）。
9. Cordiant。
10. 旭通（日本）。

二、國內主要的廣告代理商

1. 李奧貝納	2. 奧美	3. 聯廣
4. 臺灣電通	5. 智威湯遜	6. 我是大衛
7. 雪芃	8. 黃禾	9. 東方廣告
10. 晶晶晶	11. 普陽	12. 電通國華
13. 博報堂	14. 木馬	15. 陽獅
16. 上奇	17. 允想	18. 其他廣告公司

三、廣告代理商的走向

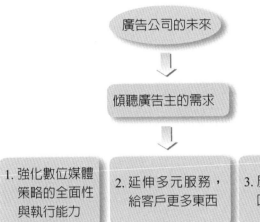

・成立數位部門
・成立數位公司
・與外面數位公司合作

・活動行銷
・通路行銷
・直效行銷
・代言人行銷
・促動行銷
・公仔行銷

・打造品牌力
・提升業績

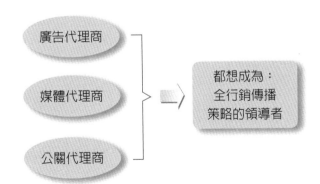

四、績效行銷導向（Performance-Marketing）

五、近三年來，電視總體收視率有略微下滑3%

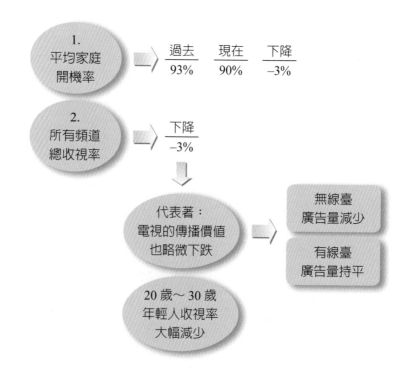

六、每年電視廣告量：保持在200億元

每年：
有線電視臺廣告量是： 170 億元

無線臺廣告量是： 30 億元

合計： 200 億元

七、每年報紙廣告量：已降到30億元

高峰時：
150 億元

谷底：
30 億元

八、全國唯一電視／廣播／報紙／雜誌監播公司

潤利艾克曼公司。

九、電視廣告效果指標

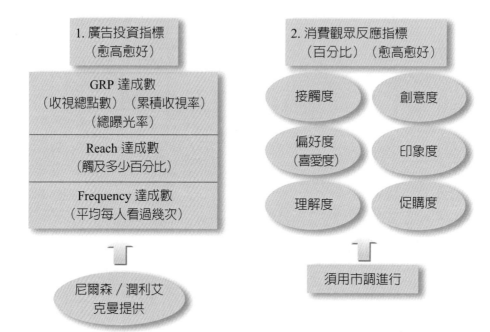

十、聯廣廣告公司的服務項目

(一) 廣告

- 傳播策略與計畫行銷策略。
- 市場資訊提供與相關因應策略。
- 創意發想與執行。
- 委外媒體製作及活動執行。

(二) 數位行銷

- 展示型廣告。
- 口碑行銷。
- 關鍵字廣告。
- 資料庫行銷。
- 行為定向廣告。
- 病毒行銷。
- 搜尋引擎優化。
- 影片行銷。
- 分眾社群行銷。
- 整合行動行銷。

(三) 公關

- 行銷公關。
- 媒體關係發展與建立。
- 企業公關。
- 教育與訓練。
- 危機管理。
- 研究與調查。
- 公共事務與議題管理。
- 公關活動企劃與執行。

(四) 市調

- 商品研究。
- 傳播效果調查。
- 綜合性專案研究。
- 消費行為研究。
- 通路／廠商產業調查。
- 社會大眾意見調查。

(五) 活動行銷

- 整合行銷活動。
- 道具設計。
- 商業空間設計。
- 禮贈品派樣。
- 行動展場。
- 平面設計。
- 專櫃設計。

(六) 社會文藝公益

- 社會文藝公益事業之推薦、策劃、執行及贊助。

十一、TVC（TVCF）材料長度

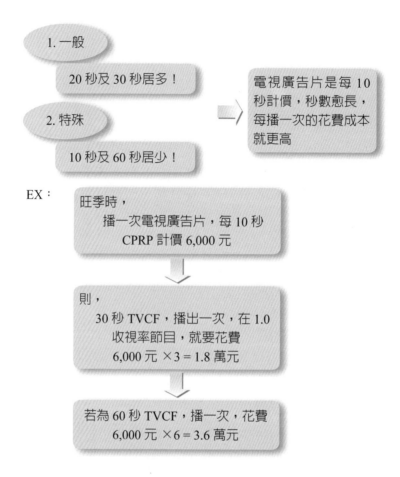

1.一般

20 秒及 30 秒居多！

電視廣告片是每 10 秒計價，秒數愈長，每播一次的花費成本就更高

2.特殊

10 秒及 60 秒居少！

EX：

旺季時，
播一次電視廣告片，每 10 秒
CPRP 計價 6,000 元

則，
30 秒 TVCF，播出一次，在 1.0
收視率節目，就要花費
6,000 元 ×3＝1.8 萬元

若為 60 秒 TVCF，播一次，花費
6,000 元 ×6＝3.6 萬元

十二、廠商（廣告主）要與廣告公司傳達溝通的五個重點

1. 此次廣告的目的或目標是什麼？
2. 此次廠商的行銷策略重點是什麼？
3. 此次廠商希望對消費者傳播溝通的訴求點及重點方向又是什麼？
4. 此次廣告行銷預算大概是多少？
5. 希望達成的效益是什麼？

十三、能夠促進銷售的，才是好廣告！

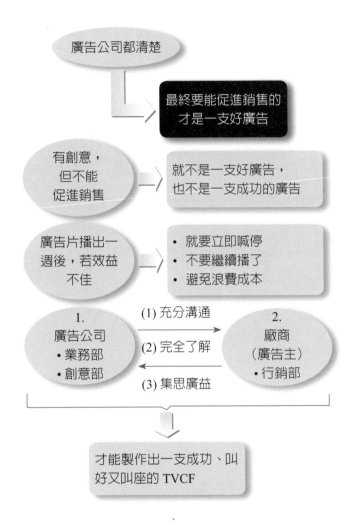

十四、廣告公司AE業務人員面對廣告主（廠商）經常詢問各類問題

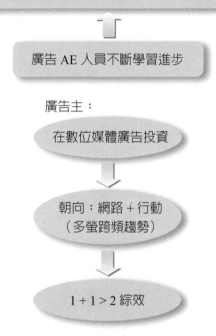

1. 廣告主會詢問媒體的事：擬建議我刊登什麼媒體？為什麼？如何操作？雜誌一篇是多少＄？報紙的價格？電視購買價格？
2. 廣告主會問公關的事：我想開記者會大概預算多少？預期的效益是……？議題是否足夠？產品廣告會有法規上的限制？
3. 廣告主會問有關創意問題：這是我現在要做的產品，我想要的感覺是……，我們的策略是……，你的建議是？時間要多久？要進棚拍照嗎？Slogan 部分？
4. 廣告主會問有關網路行銷的問題：你建議我們要如何操作網路行銷？活動部分要如何規劃？

廣告 AE 人員不斷學習進步

廣告主：

在數位媒體廣告投資

朝向：網路＋行動
（多螢跨頻趨勢）

1＋1＞2 綜效

十五、奧美廣告人──具備創意特質五項條件

1. 好奇心：對任何事情或人感興趣，有強烈的好奇心，喜歡探索，如此才能有新發現。
2. 膽識：願意去挑戰，突破傳統，勇於嘗新。從不斷嘗試中，激發更多不同的創意。
3. 行動力：光有創造力仍不夠，你必須有能力實現這個創意，轉化成具備

的作品。作品才是最終的評斷。

4. 熱情：必須對創作抱持熱情。特別是在廣告業，工作時間長、壓力大，如果沒有熱情，很難做得久。

5. 信心：相信自己是有創造力的人，當你對自己的能力有足夠的信心，才能完全發揮潛力。如果不相信自己有創造力，就永遠不會有創造力。

第 5 節　公關行銷

一、品牌廠商為何要委託公關公司

1. 與媒體人脈關係良好。
2. 辦中大型活動，他們有經驗及人力。
3. 他們具有公關領域的專長與專業。
4. 花一些錢，得到我們想要的成果。
5. 廠商活動的訊息，露出率會較高。

二、品牌廠商委託公關公司的三大目的

1. 做好品牌的公關任務。
2. 維繫良好企業形象的公關任務。
3. 讓企業與品牌的發展訊息，得到正面，有利的多次露出報導。

三、公關公司的二種類型

1. 專業型公關公司（區隔、專注在某些產業領域）。
2. 綜合型公關公司（什麼產業，什麼領域都做）。

四、公關公司如何收費

1. 年費制
   - 每個月 10 萬～ 20 萬元。
   - 年收 120 萬～ 240 萬元。
   - 然後提供哪些固定的公關工作。
   - 大型外商品牌公司較常做這種委託。

2. 計件制

- 不收月費、年費。
- 僅提供按件計酬制。
- 依照每件委託案規模大小不一，大概每件 20 萬～ 1,000 萬元均有。

五、公關公司 / 公關部門如何維繫與媒體良好的關係

1. 定期餐敘。
2. 逢年過節，贈送節慶禮品（中秋節、端午節、春節）。
3. 主動提供本公司發展訊息內容。
4. 偶爾上上廣告，給一點廣告業績。
5. 接受媒體專訪需求。

六、媒體餐敘會的常見時間點

1. 每年年底過年前尾牙。
2. 每年年後喝春酒。
3. 當有新產品上市。
4. 當有重大訊息需要媒體朋友幫忙。

七、從品牌廠商角度看公關之區分

1. 企業公關。
2. 品牌公關。

八、公關公司容易創業，門檻不高

九、在公關公司上班較忙且辛苦

```
公關公司
工作很忙，
很辛苦         ⟹         逢週六、週日
                         經常要加班辦活動

                         尤其戶外公關活動，
                         夏天很熱，冬天很冷
```

十、公關公司是一個很好的歷練上班的地方

1. 充實辦活動企劃與執行經驗。
2. 可以認識很多媒體界好朋友及人脈關係。
3. 可以認識委託的上游消費品公司或科技公司的相關人員。
4. 若有機會，可以跳槽到委託客戶的上游公司。

十一、公關人員的本質要求

1. 樂於與人做朋友。
2. 高 EQ。
3. 較偏外向些。

十二、全臺最大公關服務集團──精英公關集團

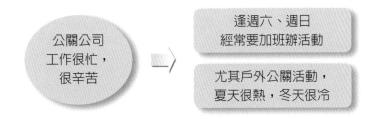

(一) 專業服務項目

1. 媒體關係。
2. 事件行銷（記者會、週年慶、時尚派對、消費者活動）。
3. 數位行銷（數位活動）。
4. 全方位整合行銷（新品上市）。
5. 通路行銷（店頭活動、經銷商關係、銷售人員訓練）。
6. 運動行銷（賽車公關、贊助洽談）。

7. 企業內部溝通（獎勵大會、教育訓練）。

8. 企業危機管理。

9. 企業社會責任活動。

(二) 服務產業領域

1. 消費品牌
   - 食品飲料
   - 居家用品
   - 銷售
   - 服飾
   - 汽車
   - 通路
   - 運動用品
   - 鐘錶

2. 科技業
   - 科技業
   - 網路科技
   - 半導體
   - 通訊
   - 資訊科技
   - 消費性電子

3. 金融業
   - 金融業
   - 基金
   - 銀行
   - 私募機構
   - 保險
   - 首次公開募股（IPO）

4. 醫療業
   - 醫療業
   - 醫療器材
   - 處方藥
   - 公協會
   - 保健食品

(三) 成功案例

〈例1〉肯德基年度品牌溝通規劃

目標	作法	成果
強化消費者對於肯德基品牌的認同度	• 結合時事議題設定新品溝通角度，以議題行銷增加新品上市溝通效果 • 成立肯德基媒體回應中心，即時因應記者需求提供報導素材及擬訂回應聲明	• 精準搭配時事議題操作新品上市溝通，提高新品曝光的話題性 • 及時提供記者報導需求素材，增加品牌曝光機會

〈例2〉UNIQLO FW秋冬展示會

目標	作法	成果
與媒體溝通 UNIQLO 秋冬新品訊息，強化機能與時尚同步進化的概念。	為了彰顯本季的時尚與機能度提升，透過國際秋冬流行趨勢與本季秋冬新品無縫隙接軌，並為溝通「混搭」精神，透過十八座人臺展演，讓媒體親自感受本季各款新品。分梯次進行詳細的媒體導覽。除了邀請媒體（日報、網路、週刊、月刊）外，也同步邀請名人、造型師等出席搶先欣賞，提升媒體與名人對品牌的興趣。	• 出席：77 家媒體，共 129 人出席。 • 露出：重點報紙及時尚雜誌均創造露出，網路訊息兩天即達 50 則。

〈例3〉LG品牌形象大躍進──「好想跟你說聲Hi」

目標	透過 campign site 提高網友對 LG 的品牌好感度，並吸引 20,000 名對 LG 感興趣的網友加入粉絲團！
作法	• 事前充足準備：開始操作前，做足網路社群與競品的現況調查，蒐集對手資料並分工統整各種社群媒體的數據，逐一分析每篇發文、每場活動，徹底明白粉絲團內網友感興趣的話題，深度剖析網路生態，TA 輪廓及大眾關注議題，進而規劃全盤性的策略。 • 創造高度媒體價值：期間透過 FB 高人氣粉絲團、精英平臺資源、圖文廣編稿合作、網路口碑聲量、社群名人操作等工具，為客戶創造出超過 40 倍媒體預算的媒體價值！ • 危機處理突破僵局：本次操作期間適逢「學運太陽花事件」，此段期間不論是報章媒體、網路社群皆受到相當大的衝擊，討論焦點多以學運為主，故在第一時間評估各項媒體工具的效益後，決定借力使力，利用 WOM 口碑，以學運的話題切入網路，成功打破僵局創下高峰，引發網友參與活動，將危機化為轉機！
成果	• 超過客戶預期關鍵績效指標（KPI）•突破 20,000 以上粉絲數。 • 以極低的媒體預算，創造出超過 40 倍媒體預算的媒體價值。

〈例4〉德國百靈BRAUN冰感科技電鬍刀上市記者會

目標	德國百靈推出首支冰感科技電鬍刀，欲創造媒體聲量極大化，並希望消費者到門市，提高導購
作法	透過議題分線溝通，強化 CoolTec 與名人的緊密連結，吸引娛樂線報導；邀請長庚皮膚科主治醫師現身說明男性刮鬍後照護問題，租借紅外線顯像儀，佐證冰感科技瞬間降溫 20 度魔力，吸引消費線報導，且邀請與產品同消費群關注之藝人、造型師、旅遊達人、3C 部落客、時尚穿搭部落客，以不同角度分享產品試用，提高品牌傳散力，並於概念店的商場裡外，規劃極地冰屋消費者活動，透過互動了解產品，結合線上社群傳散，提高曝光，並贈送折價換購券，導引消費者回概念店直接購買。
成果	• 媒體價值超過 2,000,000，8 位 KOL 操作網路覆蓋人數超過 6 千萬。

〈例5〉GRANT'S格蘭8年新品發表晚宴

目標	作法	成果
Grant's 格蘭 8 年蘇格蘭威士忌新品上市，透過晚宴活動、強化通路夥伴對新品訊息認知、進而推薦給適合消費者。	設計趣味、高互動性並結合產品特色（8 年／發達、碰杯分享、滑順口感）及消費者特性（格蘭舞 & 格蘭拳）的橋段，強化通路夥伴的新品印象與消費者認知。	打破過往通路活動單向傳遞訊息模式，而讓現場來賓透過互動直接體驗產品訊息主軸，積極參與、展現產品特色與溝通重點，活動更獲得客戶行銷及業務端一致地大力讚揚！

(四) 精英成功的八大基因

為提供高品質服務，精英人必須擁有：

1. 知識：深刻了解客戶產業和領域知識。
2. 價值：致力於創造客戶和團隊價值。
3. 視野：綜觀全局，找出最佳解決方案的能力。
4. 態度：熱忱專注，以達成目標為己任。

作為永續發展的企業，精英人追求：

5. 專業：以公關為本，延伸專業領域。
6. 成長：建立學習型組織，追求永續成長。

7. 堅持：堅守道德規範，落實企業社會責任。

8. 勇敢：勇敢創新、建立行業標竿。

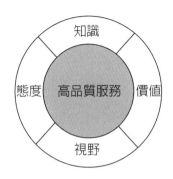

十三、奧美整合行銷傳播集團服務公司

全方位 360 度整合行銷傳播服務：

1. 奧美廣告。

2. 我是大衛廣告。

3. 世紀奧美公關。

4. 奧美互動行銷公司。

5. 奧美數位行銷公司。

6. 經緯行動通路行銷公司。

7. 傳立媒體代理商。

(一) 世紀奧美公關服務項目

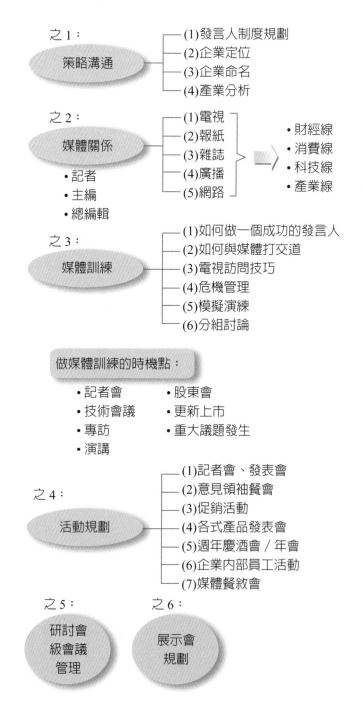

之1：
策略溝通
— (1)發言人制度規劃
— (2)企業定位
— (3)企業命名
— (4)產業分析

之2：
媒體關係
• 記者
• 主編
• 總編輯
— (1)電視
— (2)報紙
— (3)雜誌
— (4)廣播
— (5)網路
→
• 財經線
• 消費線
• 科技線
• 產業線

之3：
媒體訓練
— (1)如何做一個成功的發言人
— (2)如何與媒體打交道
— (3)電視訪問技巧
— (4)危機管理
— (5)模擬演練
— (6)分組討論

做媒體訓練的時機點：
• 記者會　　• 股東會
• 技術會議　• 更新上市
• 專訪　　　• 重大議題發生
• 演講

之4：
活動規劃
— (1)記者會、發表會
— (2)意見領袖餐會
— (3)促銷活動
— (4)各式產品發表會
— (5)週年慶酒會／年會
— (6)企業內部員工活動
— (7)媒體餐敘會

之5：
研討會
級會議
管理

之6：
展示會
規劃

(二) 奧美活動規劃案例

1. 健康人壽：「2013 年臺灣民眾健康認知與行為調查」媒體發表會。
2. Google：Google「擴大影響力，贏在第一線」媒體春酒。
3. 臺灣愛普生科技：Epson 家庭劇院 3D 投影機上市記者會。
4. 聯合報：聯合報 60 週年社慶酒會。
5. 臺灣萊雅：臺灣萊雅 2011「社會關懷日」。
6. HTC：HTC sensation 產品發表記者會後名人派對。

十四、戰國策公關公司

(一) 服務項目

1. 企業公關（Corporate PR）
2. 品牌公關
   - 行銷傳播策略擬定。
   - 市場調查、分析。
   - 產品行銷推廣。
   - 行銷通路規劃。
   - 消費者活動規劃。
   - 行銷環境及市場競爭分析。
   - 環境與產業分析。
   - 企業社會責任。
3. 新品上市活動
   360 度整合行銷規劃，協助新品上市成功。
4. 危機公關
   - 媒體建立關係與運用。
   - 對外發言與宣傳／遊說／談判／溝通等技巧應用。
   - 消費者關係重建與鞏固。
   - 內部員工關係重建與強化。
   - 危機時的行銷活動。
   - 危機處理顧問。
   - 發言人訓練。

5. 大型活動

- 路跑活動。
- 公益活動。
- 慶祝酒會活動。

(二) 各類公關活動

1. 記者會。
2. 展覽會、產品發表會。
3. 週年慶、酒會。
4. 開幕活動、簽約儀式。
5. 研討會、座談會。
6. 各類型演唱會、服裝秀。
7. 企業贊助、慈善、拍賣會。
8. 公益活動。
9. 經銷商活動。
10. 國際會議。
11. 國際參訪。
12. 展覽活動。
13. 書籍出版。
14. 巡迴活動。

十五、國內第二大公關公司集團：先勢

1. 先勢公關。
2. 鈞勢公關。
3. 先勢學苑。
4. 先勢上海。
5. 驊采整合行銷。
6. 先擎公關。
7. 天擎公關。
8. 晶晶晶廣告。
9. 思誠國際行銷。

服務項目

1. 企業公關與組織溝通

- 企業形象及品牌塑造。
- 企業內、外部溝通。
- 企業公益、慈善活動。

2. 公關活動

- 展覽會、產品發表會。
- 週年慶、酒會。
- 開幕落成、簽約儀式。
- 研討會、座談會。
- 各類型演唱會、服裝秀。
- 企業贊助、慈善、拍賣會。
- 公益活動。
- 經銷商活動。

3. 品牌行銷公關

- 行銷傳播策略擬定。
- 市場分析、調查。
- 產品行銷推廣。
- 行銷通路規劃。
- 消費者活動規劃。
- 行銷環境及市場競爭分析。

4. 媒體公關與議題管理／操作

- 新聞議題策略規劃。
- 媒體溝通管道建立與維持。
- 記者會、媒體參訪、聯誼活動。
- 新聞稿、策劃報導、人物專訪。
- 媒體環境、新聞報導分析。
- 媒體監閱。

十六、公關溝通的對象

1. 新聞媒體（電視臺、報社、雜誌社、廣播電臺、網路公司）。
2. 壓力團體（消基會、產業公會、同業公會）。
3. 員工公會（大型民營企業員工公會）。
4. 經銷商（廠商的通路協助銷售成員）。
5. 股東（大眾股東）。
6. 消費者（一般購買者）。
7. 同業（競爭同業者）。
8. 意見領袖（政經界名嘴、律師、聲望人士等）。
9. 主管官署（政府行政主管單位）。

十七、公關部門的職掌

1. 擔任公司對外的正式發言人之窗口與連絡人。
2. 負責接洽、接待、連絡來訪的各界人士，包括媒體、證券、投顧、政府監管單位、國外貴賓等單位人士。
3. 負責接受各界媒體的專訪及訪談稿撰寫回覆。
4. 負責公司新產品上市記者會、發表會之主或協辦。
5. 負責公司法人說明會之主辦或協辦。
6. 負責公司重大危機說明之主辦、主導單位與應對單位事宜。
7. 負責公司製造生產據點與附近公民社區良好關係處理之事宜。
8. 負責公司公益活動之主辦或協辦事宜。
9. 負責公司公關活動及事件行銷活動主辦或協辦事宜。
10. 負責公司與消費者意見反應及客訴事宜之處理。
11. 負責平日對媒體詢問事宜之回應事宜。
12. 其他有關公司之公共事務與公關關係促進事宜項目。

十八、公關部門的工作目標與功能

1. 達成與各界媒體的良好互動關係。
2. 達成與外界各專業單位的良好互動關係。
3. 達成協助營業、行銷企劃及事業部門的業務執行分工事情。

4. 達成快速危機事件處理或防微杜漸工作目標。

5. 達成提升企業形象之工作目標。

6. 達成滿足平日媒體界資訊需求之目標。

7. 達成對內員工向心力與企業文化建立之目標。

十九、公關人員的必備能力

1. 撰寫能力。

2. 溝通能力。

3. 人脈存摺（與各界人士）。

4. 高 EQ、親和力。

5. 喜愛結交朋友。

6. 語言能力。

7. 對產業及公司狀況了解與掌握能力。

8. 扮演公司或品牌的化妝師。

9. 跨部門協調能力。

10. 與媒體關係良好，能做有利正面報導。

二十、公關新聞稿撰寫原則

1. 人、事、時、地、物寫清楚。

2. 清楚、簡單、明瞭，易於辨識重點。

3. 有新意。

4. 針對不同媒體的性質、不同路線的記者，給適宜的新聞內容。

5. 圖片、圖說不能少。

二十一、如何選擇優質公關公司配合

1. 創意力：在所有元素都差不多時，「make different」會更容易獲選。

2. 執行力：公關客戶最常需要用到公關公司的地方。

3. 預算管理能力：亂花錢是大忌，切記善用客戶的每分錢。

4. 溝通能力：了解公關客戶的文化，用他們的語言溝通。

5. 口碑：多聽、多問、多看，凡走過必留下痕跡。

6. 細心：好的公關公司能幫客戶注意到更多小事情。

7. 配合默契：長期累積、深入了解產業、客戶的文件才能做最好的配合。

8. 規模：大的案子或長期的案子，選擇規模大的公關公司，因為有較多的資源；小案則反之，因為較靈活。

9. 熱誠：有熱誠才能有源源不絕的精力做服務。

10. 策略思考能力：無法做策略思考的企業，選擇公關公司時要特別注意公關公司有沒有辦法幫忙做完整的策略思考。

二十二、如何評估公關公司效益

1. 量的評估：各媒體的曝光量及露出則數。

2. 質的評估：各媒體的露出版面大小、版面位置如何及電視新聞報導置入。

3. 總結：為公司創造良好的品牌形象、企業形象及促銷活動的業績等。

二十三、臺灣微軟公司

(一) 七個公關評估指標

1. 主動溝通：微軟公司人員必須主動擬定策略與計畫和媒體溝通，事後再從計畫中去檢視執行成果。如果不是在計畫內的公關成效，譬如搭別的產品順風車，或被媒體偶然提及的新聞，即使是正面報導也不能被納入評估。

2. 主題傳達：所述的主題是否符合微軟內部定位的品牌精神？

3. 訊息精準：新聞是否將該活動要傳達的訊息，精準且確實的露出？

4. 發言引述：發言人所講的話，是否被媒體完整引述？

5. 媒體篇幅：媒體露出的篇幅是否達到微軟規定的標準？

6. 客觀認證：是否有第三公正單位背書？譬如客戶、夥伴、研究機構（分析師們）等。

7. 主要媒體：訊息是否刊登在該國家主要的媒體？

(二) 對外圍公關公司的選擇評比四個面向

1. 成本考量。

2. 策略上的創意。

3. 媒體關係。

4. 執行力。

二十四、臺灣萊雅的公關效益指標

1. 以「媒體產出量」為主要指標。此外，由於化妝品是個特殊的產業，明星代言不可少，而明星和 Logo 同時在新聞上露出，則是一個重要指標。

2. 萊雅公關評估又分為「品牌公關」與「企業公關」。品牌公關由第三方公正單位做評估，蒐集各品牌和競品間的每月媒體曝光量，相互比較做成報告，給品牌負責人參考。

3. 另外，萊雅對不同的活動會先設定目標及關鍵績效指標（Key Performance Indicator, KPI），只要能夠做到讓明星與品牌、產品同時出現在新聞畫面，就算是成功一半。除非那位代言人正好涉及重大的道德瑕疵，否則不影響整體的效益。

4. 真正難以量化的是「企業公關」，譬如：「絕佳的企業經營感受，或非常棒的工作場所、好的企業公民」等，都難以用單一事件來評估。

二十五、臺灣麥當勞的公關效益指標

1. 麥當勞有 26 個量化指標。首先，是否能在設定的目標上，達到最大的影響力，其次就是訊息傳達的「精準度」等。包括「活動執行、創意呈現、媒體產出量、報導調性」等。

2. 此外，除了量化的指標外，企業公關確實難在單次活動中看出成效。譬如：「形象提升、品牌信任度」，或「企業是否值得信賴、是否提供愉快的氛圍」等，這類印象要進到消費者的心中，需要長時間的經營才能見效。

 ## 第 6 節　事件行銷

一、活動 / 事件行銷定義

1. 活動行銷（或稱事件行銷）的定義，是指廠商或企業透過某種類型的室內或室外活動之舉辦，以吸引消費者參加此活動，然後達到廠商所要的目的。

2. 此種行銷，即稱為事件行銷（Event Marketing）或行動行銷（Activity Marketing）；有時也被稱公關活動（PR）。

二、活動／事件行銷的多元化目的：視不同主題而有所不同

1. 爲了打造新產品知名度。
2. 爲了提高企業形象。
3. 爲了公益與回饋。
4. 爲了促進銷售業績。
5. 爲了增加新會員人數。
6. 爲了鞏固忠誠顧客。
7. 爲了尊榮 VIP 超級大戶。
8. 爲了蒐集潛在客戶新名單。
9. 爲了保持市場地位與領先品牌聲勢。
10. 爲了娛樂目標顧客群。
11. 其他可能的目的。

三、釋例

微風廣場 每年一度封館秀	→	目的：促進銷售，達成一夜業績目標
勞力士名牌鐘錶 巡迴展集會	→	目的：業績與銷售目的
賓士轎車歐洲 樂團藝術演唱會	→	目的：回饋、招待賓士車主的晚會
愛馬仕名牌 春季新品模特兒 走秀會	→	目的：對 VIP 會員展現最新春季新品並兼做媒體宣傳

四、活動／事件行銷的類型

1. 銷售型事件活動

- 展售會
- 聯合特賣會
- 封館之夜
- 換季拍賣
- 貿協展銷會

2. 贊助型事件活動

- 藝文活動贊助
- 運動贊助
- 宗教贊助
- 勸募贊助
- 文物展贊助

3. 公益型事件活動

- 路跑杯
- 馬拉松
- 慈善拍賣會
- 清寒學生獎學金
- 環保活動

4. 會員經營事件活動

- VIP 會員活動
- 講座活動

5. 娛樂型事件活動

- 演唱會
- 簽唱會
- 園遊會
- 走秀、時尚秀

五、各類型EVENT活動之不同目的

1. 銷售型 EVENT

- 爲了：銷售目的。

2. 公益型 EVENT

- 爲了：企業形象目的。
  品牌形象目的。

3. 贊助型 EVENT

- 爲了：企業形象目的。
  品牌提升目的。

4. 會員經營 EVENT

- 爲了：點著會員忠誠度目的。

5. 娛樂型 EVENT
  • 為了：招待、回饋、鞏固會員目的。

六、事件行銷活動企劃撰寫事項（大綱）

1. 活動名稱、活動 Slogan。
2. 活動目的、活動目標。
3. 活動時間、活動日期。
4. 活動地點。
5. 活動對象。
6. 活動內容、活動設計。
7. 活動節目流程（Run-down）。
8. 活動主持人。
9. 活動現場布置示意圖。
10. 活動來賓、貴賓邀請名單。
11. 活動宣傳（含記者會、媒體廣宣、公關報導）。
12. 活動主辦、協辦、贊助單位。
13. 活動預算概估（主持人費、藝人費、名模費、現場布置費、餐飲費、贈品費、抽獎品費、廣宣費、製作物費、錄影費、雜費等）。
14. 活動小組分工組織表。
15. 活動專屬網站。
16. 活動時程表（Schedule）。
17. 活動備案計畫。
18. 活動保全計畫。
19. 活動交通計畫。
20. 活動製作物、吉祥物。
21. 活動錄影、照相。
22. 活動效益分析。
23. 活動整體架構圖示。
24. 活動後檢討報告（結案報告）。

依據上述大綱：

1. 分工合作撰寫。

2. 依據大綱架構，逐項填寫內容進去。

3. 完成 EVENT 活動企劃案，上呈長官、老闆核定。

七、事件活動行銷成功七要點

1. 活動內容及設計要能吸引人（例如：知名藝人出現、活動本身有趣好玩、有意義）。

2. 要有免費贈品或抽大獎活動。

3. 活動要有適度的媒體宣傳及報導（編列廣宣費）。

4. 活動地點的合適性及交通便利性。

5. 主持人主持功力高、親和力強。

6. 大型活動事先要彩排演練一次或二次，以做最好演出。

7. 戶外活動應注意季節性（避免陰雨天）。

八、大型活動的知名主持人

寇乃馨、黃子佼、曲艾玲、小鐘、陶晶瑩、侯怡君。

九、活動主持人每場價碼

1. 大牌主持人：每場 10 萬～ 20 萬元。

2. 小牌主持人：每場 3 萬～ 5 萬元。

十、大型活動要委外辦理

大型活動委外公司：

1. 大型公關公司。

2. 大型活動公司。

3. 大型整合行銷公司。

十一、事件行銷舉辦：事前規劃與事後檢討

1. 事前規劃：委外公司與本公司行銷部、業務部要充分交換意見及審視整個活動規劃否周全完整。

2. 事後檢討：於一週內提出檢討報告及未來改進計畫。

十二、事件行銷的預算概估

1. 小案：30 萬～ 100 萬元。

   大案：500 萬～ 1,000 萬元。

2. EVENT 活動
   • 也是 IMC 活動中，常見的系列活動之一種。
   • EVENT 活動也要多加宣傳，以達到品牌露出效果。

 ## 第 7 節　通路行銷與店頭行銷

一、通路／店頭行銷的英文行銷

1. 通路行銷
   • Channel Marketing
   • Trade Marketing

2. 店頭行銷
   • In-Store Marketing

二、通路行銷的意義

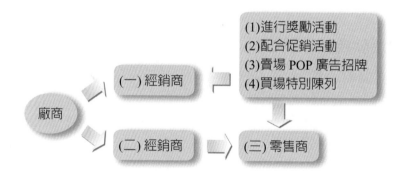

三、不少行業都需要經銷商、經銷店協助

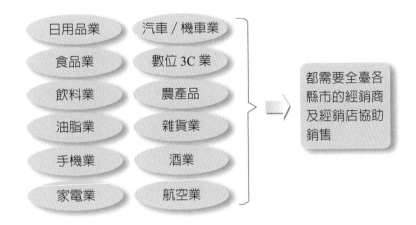

日用品業　汽車／機車業
食品業　數位 3C 業
飲料業　農產品
油脂業　雜貨業
手機業　酒業
家電業　航空業

→ 都需要全臺各縣市的經銷商及經銷店協助銷售

四、對全臺經銷店／經銷商的誘因獎勵

1. 給予較高的銷售獎金。
2. 給予行銷補貼。
3. 掛招牌全額補貼。
4. 出國旅遊招待。
5. 支援投入國際性廣告宣傳。
6. 給予較大的進貨成本折扣。
7. 給予資訊 IT 協助。

五、對全臺零售店的通路行銷五大方向

1. 店頭（賣場）內的特別陳列安排。
2. 店頭（賣場）內的各種 POP 廣告宣傳布置。
3. 店頭（賣場）內配合零售商的定期促銷活動要求。
4. 確保新產品能夠及時安排順利上架。
5. 安排週六、週日的試吃、試喝活動。

六、虛實並進的通路行銷

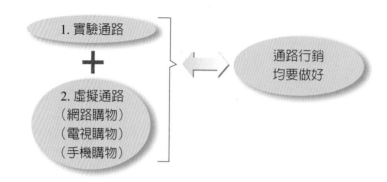

七、最後一哩：通路行銷 + 包裝促銷並進！

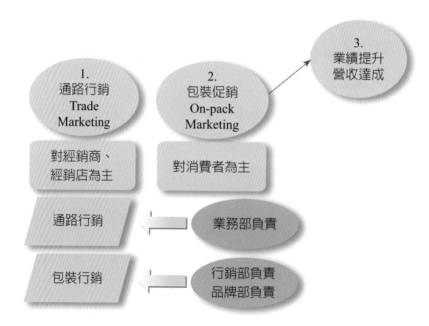

八、實體零售通路七大型態

1. 百貨公司
   - 新光三越
   - SOGO
   - 遠東百貨
   - 統一時代百貨
   - 微風百貨
   - 京站廣場

2. 便利商店
   - 統一 7-ELEVEN
   - OK
   - 全家
   - 美廉社
   - 萊爾富

3. 量販店
   - 家樂福
   - COSTCO
   - 大潤發
   - 愛買

4. 超市
   - 全聯福利中心
   - 楓康超市
   - city' super

5. 資訊 3C 連鎖
   - 燦坤 3C
   - 大同 3C
   - 全國電子
   - 順發 3C

6. 美妝、藥妝店
   - 屈臣氏
   - 大樹
   - 康是美
   - 丁丁藥局
   - 寶雅
   - 杏一

7. 大型購物中心
   - 101
   - 環球
   - 大直美麗華
   - 華泰 outlet
   - 三井 outlet
   - ATT4FUN
   - 臺茂
   - 微風
   - 高雄夢時代
   - 大江

九、虛擬零售通路五大型態

1. 電視購物
   - 東森購物
   - 富邦 momo
   - viva

2. 網路購物
   - momo
   - PChome
   - udn-shopping
   - Gomaji
   - ET Mall（東森）
   - 博客來
   - 生活市集
   - OB 嚴選
   - Yahoo 奇摩
   - 蝦皮購物
   - Gohappy
   - 86 小舖

3. 型錄購物
   - 東森購物
   - DHC
   - momo

4. 預購
  - 五大便利超商的各種節慶預購
5. 直銷
  - 安麗
  - AVON
  - USANA
  - 如新
  - 克緹

十、多元化、多樣化十二種多銷售通路全面上架趨勢，讓消費者買得更便利

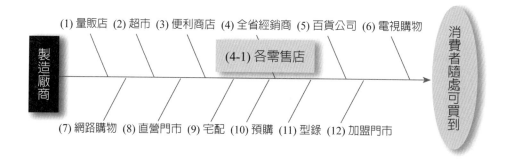

十一、品牌廠商對大型零售商建立良好互動的通路策略

1. 設立 Key Account 零售商大客戶組織制度、建立與大型零售商良好人際關係。
2. 全面善意配合零售商大客戶的政策、合理要求及其行銷計畫。
3. 加大預算在店頭行銷操作方面工作。
4. 全面性、全國性密布各種零售據點，達到全面鋪貨目標。
5. 加強與大型零售商的單一 SP 促銷活動。
6. 加強開發新產品，協助零售商業績。
7. 爭取在好的區位及櫃位。
8. 投入較大量廣告量支援、銷售成績。
9. 考慮為零售商自有品牌代工可能性。

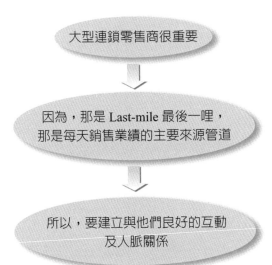

十二、品牌廠商對經銷商建立良好的通路策略

1. 選擇、找到最優秀、最穩定的經銷商策略。

2. 改造、協助、輔導及激勵提升經銷商水準的策略。

3. 評鑑及替換經銷商策略。

4. 與經銷商互利互融策略。

十三、有效激勵通路成員（經銷商、經銷店）

1. 給予獨家代理、獨家經銷權。

2. 給予更長年限的長期合約（Long-term Contract）。

3. 給予某期間價格折扣（限期特價）的優惠促銷。

4. 給予全國性廣告播出的品牌知名度支援。

5. 給予店招（店頭壓克力大型招牌）的免費製作安裝。

6. 給予競賽活動的各種獲獎優惠。

7. 給予季節性出清產品的價格優惠。

8. 給予協助店頭現代化的改裝。

9. 給予庫存利息補貼。

10. 給予更高比例的佣金或獎金比例。

11. 給予支援銷售工具與文書作業。

12. 給予必要的各種教育訓練支援。

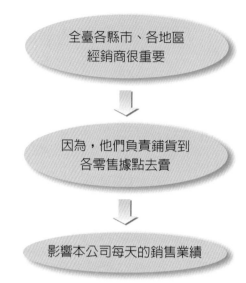

十四、整合型店頭行銷操作思考點

1. POP（店頭販促物）設計是否具有目光吸引力？

2. 是否能爭得在賣場的黃金排面？

3. 是否能專門設計一個獨立的陳列專區？

4. 是否能配合贈品或促銷活動（例如：包裝贈品、買三送一、買大送小）？

5. 是否能配合大型抽獎促銷活動？

6. 是否有現場事件（Event）行銷活動的舉辦？

7. 是否陳列整齊？

8. 是否隨時補貨，無缺貨現象？

9. 新產品是否舉辦試吃、試喝活動？

10. 是否配合大賣場定期的週年慶或主題式促銷活動？

11. 是否與大賣場獨家合作行銷活動或折扣做回扣活動？

12. 店頭銷售人員整體水準是否提升？

十五、店頭行銷崛起的原因

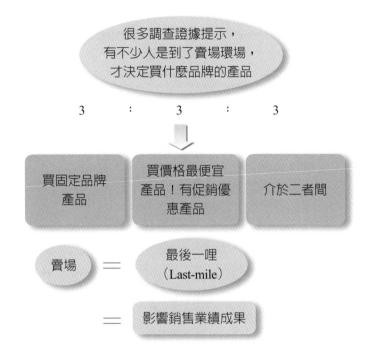

十六、包裝促銷——On-Pack Promotion

包裝促銷的三種類：

1. 包裝內贈送（附在包裝內贈品）（EX：加贈 800 克產品）。
2. 包裝上贈送（EX：將優惠券印在包裝上）。
3. 包裝外贈送（EX：買大送小，買二送一）。

十七、包裝促銷的最大目的：促進銷售

十八、包裝促銷成功要點：提高購買誘因

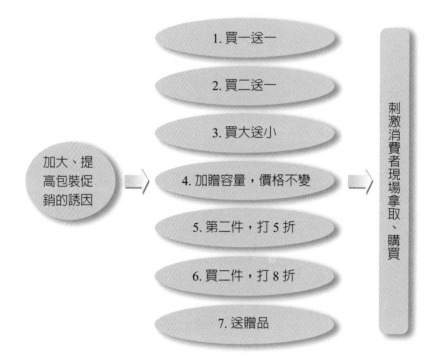

加大、提高包裝促銷的誘因 →

1. 買一送一
2. 買二送一
3. 買大送小
4. 加贈容量，價格不變
5. 第二件，打 5 折
6. 買二件，打 8 折
7. 送贈品

→ 刺激消費者現場拿取、購買

十九、包裝促銷採取時機

1. 配合各大賣場、各超市的促銷活動需求。
2. 自身公司也會主動定期每月、每季、每年進行幾次。

二十、包裝促銷：效益明顯

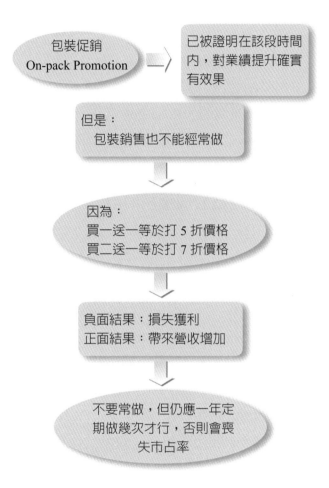

二十一、大予通路行銷公司服務項目

1. 商品推廣。
2. 派樣活動。
3. 零售店展示活動。
4. 零售店大型活動。
5. 戶外造勢活動。
6. 貨架商化。
7. 商品陳列。

二十二、安瑟通路行銷公司服務項目

1. 通路行銷：賣場推廣、商品試吃、門市駐點等。
2. 商品商化：POSM 布置、陳列商品換檔等。
3. 定點派樣：街頭派樣、賣場派樣、校園派樣等。
4. 市場調查：商圈調查、門市調查，電話調查。
5. 公關活動：發表會、記者會、Roadshow 等。
6. 設計服務：大圖輸出、海報設計、企業 CI、DM 設計、名片設計、各式印刷。

二十三、經緯行動策略行銷公司服務項目

(一) 體驗行銷

1. 店外體驗（Product trails; out of store)）。
2. 遊擊行銷（Guerrilla Marketing）。
3. 贊助（Sponsorships）。
4. 活動行銷（Sport & Event Marketing Road Shows）。
5. 街頭派樣（Street Teams）。
6. 祕密客（Product Placements Mystery shoppers）。
7. 品牌大使（Ambassador Programs）。
8. 商展（Trade Shows/exhibitions）。
9. 店內體驗（In-store demos）。

(二) 促銷式行銷

1. 產品特殊包裝（Out of Pack Promotions）。
2. 樣品（Sampling）。
3. 禮贈品（Purchase Incentives）。
4. 折價券（Couponing）。
5. 異業結盟（Co-Marketing）。
6. 代言（品牌／產品／活動）（Endorsements）。
7. 周邊商品及授權商品（Customer Premiums and Licensing）。
8. 禮贈品包裝（On and off Pack Promotions）。

(三) 選購者行銷

1. 分析選購者使命（Shoppers Missions Analysis）。
2. 店內機能分析（In-store Dynamics Analysis）。
3. 店內動線規劃（In-store Layouts and Design）。
4. 商品商化（Signage and Merchandising）。
5. 商品包裝設計（Product & Packaging Design）。
6. 巡店及報告分析（Store Checks and Analysis）。
7. 店內媒體設計（In-store Media Planning）。

(四) 通路行銷

1. 通路策略（Distribution Strategies）。
2. 通路區隔（Retain Channel Segmentation Stategies）。
3. 通路商交易條件及定價策略（Customer Trading Terms Pricing Strategies）。
4. 消費者關係（Customer Relationship Marketing）。
5. 專戶管理（Key Account Management）。
6. 品類管理（Category Management）。
7. 客戶業務訓練及互動（Client Sales Force Training Engagement）。
8. 通路訓練及互動（Retail Staff Training Engagement）。
9. 商展（Trade Shows）。

二十四、通路行銷服務公司：聯創公司

(一) 駐點 PT 管理（Promoter）

1. 商品銷售／商品資訊傳遞。
2. 通路課情建立維護。
3. 貨架整理／庫存清點。
4. 市場資訊調查。

(二) TA 派樣（TA Sampling）

1. Sample 派樣。
2. 商品資訊介紹。
3. 消費者意見蒐集。

(三) 商化管理（Merchandising）

1. 通路客情建立維護。
2. 貨架牌面管理／庫存清點。
3. 訂單跟催／提升存貨周轉率。
4. POSM 布置／大位陳列。
5. 市場（競業）資訊調查。
6. 神祕客訪查。

(四) 商品展示（Demonstration）

1. 商品操作示範。
2. 商品／優惠／通路訊息提供。
3. 商品適用介紹。
4. Sample 派發。

(五) 活動展演（Road Show）

1. 商品介紹／操作使用示範。
2. Sample 派發。
3. 民眾互動、刺激買氣。

(六) 產品發表會（Launch Event）

1. 商品介紹／操作使用示範。
2. 電視／平面／電子媒體曝光。
3. 創造議題。

 第 8 節　展場行銷

一、展場行銷日益重要

外貿協會主辦：

1. 各項對國內消費者的展覽會。
2. 聚集大量人潮，現場可以下單訂購。
3. 成為廠商一年一度重要的銷售場所。

二、對廠商：重要的幾個展覽會

1. 國際旅展。
2. 汽車展。
3. 資訊電腦展。
4. 線上遊戲展。
5. 國際書展。
6. 連鎖加盟展。
7. 數位 3C 展。
8. 珠寶 / 婚紗展。

三、參加展覽會，對廠商的好處

1. 品牌形象露出。
2. 銷售業績成交。
3. 企業形象強化。
4. 展示新產品。
5. 呈現市場領導品牌氣勢。

四、重要訂單業績來源管道

例如：國際旅展
1. 國外旅遊行程下單。
2. 國內旅遊住宿飯店下單。
3. 五星級大飯店餐券下單。

五、展覽會：對消費者的意義

1. 可以撿到便宜貨（有優惠促銷價）。
2. 可以看到新產品、新款型上市。
3. 滿足體驗行銷的五官感受。

六、參與展覽會的成本概估

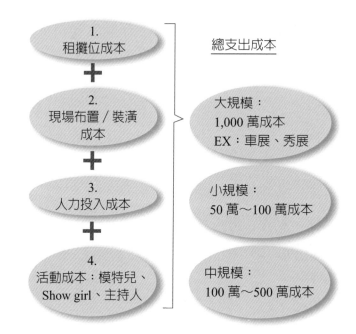

總支出成本

1.
租攤位成本

+

2.
現場布置／裝潢
成本

+

3.
人力投入成本

+

4.
活動成本：模特兒、
Show girl、主持人

大規模：
1,000 萬成本
EX：車展、秀展

小規模：
50 萬～100 萬成本

中規模：
100 萬～500 萬成本

七、大型廠商參展效益四大回收

1. 銷售業績有形效益。
2. 品牌展現無形效益。
3. 公關宣傳與報導的廣告無形效益。
4. 市場領導地位展現無形效益。

八、大型參展的事前準備工作

例如：車展

1. 最新款型轎車準備。
2. 宣傳 DM、影音播放帶及手提袋準備。
3. 現場設計、布置、裝潢、音響、舞臺準備。
4. 模特兒經紀公司 Show girl 洽談準備。
5. 現場接待人員及業務銷售人員準備。
6. 記者招待、新聞稿發布準備。

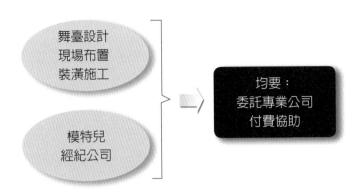

九、廠商參展主辦部門

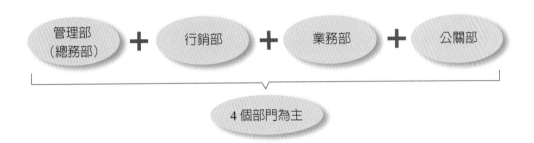

十、國內展覽規模第一大專業展覽公司：上聯公司

1. 國內／外展覽：展覽架化／徵展／執行、展覽行銷、媒體宣傳、議題操作、票務管理。
2. 議題操作／媒體公關操作：議題操作、公關行銷、策略擬定、執行管理、品牌形象、露出保證。
3. 專業展覽顧問：展覽評估、展覽規劃、展場管理、媒體公關操作、票務諮詢。
4. 整合行銷策略：廣告行銷、通路行銷、網路行銷、公共關係、企業行銷、展場設計。
5. 國際策展交流：跨文化／產業／平臺國際展覽交流活動、研討會／論壇。

第 9 節　旗艦店行銷

一、旗艦店行銷的五大優點、好處

1. 象徵品牌的氣勢與力量。
2. 象徵品牌在市場上的領先地位。
3. 以完整產品線，提供給顧客。
4. 店內有 VIP 專用房間、提供頂級服務。
5. 有效的經營 VIP 頂端會員。

二、對名牌精品旗艦店的五大要求

1. 坪數空間：盡可能的大（大坪數）。
2. 裝潢：盡可能的豪華、奢華。
3. 設計：盡可能與眾不同，令人眼睛為之一亮。
4. 店員素質：盡可能挑選俊男美女，以及高素質人員。
5. 服務等級：盡可能達到頂級水準。

三、旗艦店開幕的宣傳活動

1. 舉辦記者會。
2. 邀請知名藝人、貴賓、嘉賓等共同出席剪綵。
3. 邀請各媒體、各線記者出席採訪兼報導刊載。
4. 刊登蘋果日報娛樂版、精品版、消費版等廣告。
5. 當日邀請 VIP 顧客特惠價下單購買。

旗艦店耗資 ⟹ 可能都在：1,000 萬以上

- 設計費
- 裝潢費
- 打造費
- 招牌費

四、對名牌精品旗艦店銷售人員的要求

1. 具備優良的產品專業知識。
2. 具備對公司發展的了解。
3. 具備優良的銷售技巧。
4. 具備完善的服務態度與禮儀。
5. 讓顧客享有榮耀感。

 # 第 10 節　公益行銷

一、企業社會責任CSR高漲趨勢

CSR：Corporate Social Responsibility。

二、P & G寶僑公司：6分鐘護一生公益行銷

「6 分鐘護一生」是 P & G 寶僑家品長期關懷臺灣社會的具體實踐。16 年來，在政府及非盈利組織的大力協助下，有效幫助提高乳癌子宮頸癌篩檢率，降低婦癌帶來的威脅與恐懼。

P & G 寶僑家品也長期支持及捐助兒童福利基金會、心臟病兒童基金會、兒童癌症基金會、智障兒家長總會等福利機構。也是九二一震災中，最早實際參與救援工作的公司之一。

三、中國信託銀行：點燃生命之火，愛心募款活動

舉辦第 30 屆「點燃生命之火」全民愛心募款運動點燈起跑，點亮南港第一棵公益耶誕樹。

四、公益行銷的定義

以「公益」為主題

將公司及品牌形象
適度帶入參與

展現「取之社會，
用之社會」
的一種行銷活動

公益主題 **+** 行銷活動

= 公益行銷

五、公益行銷的效益、好處

1. 塑造企業優良形象。
2. 打造品牌優良形象。
3. 提升對品牌的好感度與認同度。
4. 間接有利於銷售業績的穩固。
5. 回饋社會、真心做公益。

六、公益行銷的二大類型

1. 救濟型：救濟弱勢族群、弱勢家庭、兒童等。
2. 贊助活動型：贊助或主辦有體育、健康、藝術、文化教育等活動。

七、成立慈善基金會

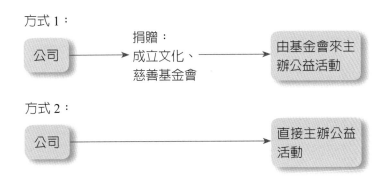

方式 1：

公司 → 捐贈：成立文化、慈善基金會 → 由基金會來主辦公益活動

方式 2：

公司 → 直接主辦公益活動

八、公益行銷要適當宣傳

1. 透過電視廣告。
2. 透過報紙廣告。
3. 透過媒體報導。
4. 透過官網及網路。

九、各大公司紛紛成立慈善基金會

富邦、國泰世華、中國信託、麥當勞、台積電、統一 7-ELEVEN、信義房屋、遠東、TVBS、東森、南山人壽、全聯福利中心

整合行銷 IMC ＋ 公益行銷 → 大力提升企業／品牌形象好感度！

第 11 節　異業結盟行銷（聯名行銷）

一、兩個品牌的異業結盟行銷（意涵）

1. 如果兩個品牌能做到既合作又互補，其所產生的綜效，的確會超過各自單打獨門（註：綜效 synergy 係指 1＋1＞2）

2. 異業聯合行銷是以最小的成本，透過雙方資源的整合，將一方的訊息或優惠，傳遞給另一方的顧客，以達到開拓新客源的目的，此亦為品牌能互相接軌的好方法。

3. 若能運用彼此既有優勢，找到雙方認可的操作槓桿作為合作的核心，就有機會創造 1＋1＞2 的互惠價值。

二、異業結盟行銷意義

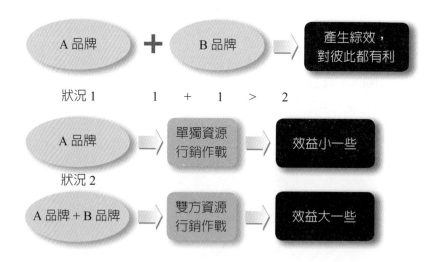

三、哪方面有利呢？

1. 對相互導客，帶來顧客互相流動有益。
2. 對雙方銷售業績增加有利。
3. 對雙方品牌宣傳曝光度有利。
4. 對雙方品牌力提升有利。
5. 對增加不同的新客群有利。

四、成功異業結盟行銷之前的評比七大要點

1. 行銷資源是否有加乘效果。
2. 品牌形象及產品知名度是否有提升。
3. 客戶名單數量及銷售量是否有增加。
4. 顧客族群是否擴大。
5. 合作案設定的品牌價值是否提升。
6. 長期合作關係的建立。
7. 投資效益大於品牌自有活動。

五、異業結盟行銷的七個理由

1. 結合雙方品牌資源與顧客資源。
2. 提高銷售業績。
3. 開拓新市場，新客源。
4. 互相背書，增強信任感。
5. 品牌形象提升。
6. 降低行銷成本。
7. 提供多樣性的產品及服務。

六、異業結盟行銷失敗的六個原因

1. 目標定位錯誤。
2. 準備不足。
3. 夥伴之間不信任。
4. 無法有效利用資源。
5. 雙方品牌形象無法產生連結。
6. 市場熱潮退燒。

七、異業結盟行銷的六個重點思考

1. 夥伴之間的信任。
2. 清楚的品牌溝通。
3. 融入活動。
4. 思考異業結盟的價值。

5. 積極的管理異業結盟。

6. 洞悉顧客需求與前瞻性眼光。

八、王品餐飲對異業結盟的評估

1. 王品餐飲內部有一套評估公式，能計算出營業客數貢獻度，也就是有多少客戶是經由異業結盟而產生的。

2. 另外，就是評估無形的品牌行銷效益，是否有提升。

九、異業結盟行銷案例

1. 可口可樂 × 智冠公司魔獸世界線上遊戲。

2. 花旗銀行信用卡 ×100 家餐飲店面。

3. 麥當勞 × 富邦銀行 ATM 提款機。

4. 統一超商 ×Hello-Kitty 公仔玩偶。

5. 統一超商冰沙 × 變形金剛電影。

6. 索尼手機 × 蜘蛛人電影。

7. 全聯超市 × 德國廚具。

8. 全家便利商店的鮮食便當與臺鐵便當及鼎泰豐聯名行銷。

十、案例：M & M巧克力對年輕服飾品牌的選擇條件

M & M×Bossini → M & M 授權商標成立 M & M 服飾專區。

(一) 異業結盟行銷的目的

1. 擴大年輕消費群。

2. 翻新品牌形象。

3. 與消費者做深度互動。

(二) 夥伴遴選條件

1. 必須具備類似的結盟經驗，使順暢進行。

2. 品牌定位及產品價位必須符合青少年族群與消費能力。

3. 必須有相對的通路優勢，利於和消費者接觸。

十一、異業結盟：公司內部主導單位

十二、異業結盟行銷：必須互利互蒙，才會長久

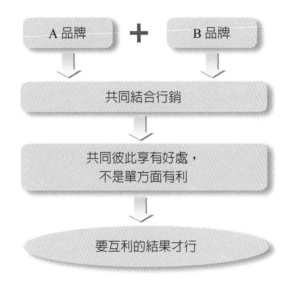

十三、異業結盟行銷的三種形式

1. 垂直合作：向上游或下游攜手合作。
2. 橫向合作：跨異業橫向合作。
3. 虛擬與實體業者的攜手合作。

第 12 節　網路行銷

一、網路時代已來臨

臺灣已有 1,400 萬人口會上網　➡　網路行銷的傳播

二、網路行銷的工具

1. 網路廣告（例如：橫幅 Banner 廣告、影音廣告等）。
2. 關鍵字搜尋廣告（例如：Google 及雅虎奇摩）。
3. 部落格行銷。
4. 網路活動規劃（例如：網路徵文贈獎活動、網路遊戲贈獎活動、網路好康下載等）。
5. 社群行銷（例如：Facebook 臉書、IG、與粉絲行銷等）。
6. YouTube 影音網站搜尋。
7. Google 聯播網。
8. 網紅行銷（Influencer Marketing）。

三、網路行銷的強項（優點）

1. 網路行銷依賴消費者在電腦滑鼠上的 link 點選行動；不必外出。
2. 網路行銷是高度互動性及一對一各式的。
3. 網路行銷若具有即時性行銷，其速度是快速的。
4. 網路行銷與傳統行銷的比較，其成本是較低的。

四、網路的九大特性

1. 具影像視覺（Visual）。
2. 具互動性及國際化（Intereative & International）。
3. 具低成本的（Cost）。
4. 具決策的（Speed）。

5. 具可下載及資料庫的（Download & Data Base）。

6. 具可以連結的（Link）。

7. 具線上即時性的（On line）。

8. 具個人對個人的（Person to person）。

9. 具強大搜尋性的（Searching）。

五、FB臉書粉絲團（Fans Page）行銷項目內容彙總

1. 發布新品上市訊息。

2. 發布促銷活動及優惠下載訊息。

3. 發布門市店面開幕訊息。

4. 發布各種舉辦活動訊息。

5. 舉辦粉絲專屬活動。

6. 加入下單訂購功能。

7. 照片欣賞。

8. 影片／廣告片欣賞。

9. 回應顧客留言意見。

10. 其他內容（按讚、留言、分享）。

六、雅詩蘭黛品牌粉絲團經營要訣

1. 文案要簡潔、貼心、親近、使粉絲樂意留言，加強雙方互動。

2. 粉絲人數已不是重點，而是參與討論程度，以及良好互動，才是最重要的。

3. 要找專業團隊來負責經營才行。每一次的發文內容、頻率、次數、品質等都要討論研究，必須讓粉絲按讚，而且很喜歡。

4. 針對目標顧客群投遞 FB 廣告。

5. 試用品或打折券下載可到專櫃去使用。

七、FB及IG粉絲專頁：廠商的自營媒體

1. Facbook 及 IG 粉絲專頁是企業與品牌的「自營媒體」，自己的舞臺自己經營，不必再仰賴其他外部媒體。

2. 由於粉絲有主動性，多添了粉絲專頁的互動功能，粉絲專頁變成企業在

Facbook 及 IG 上的「互動」名片。

八、FB粉絲團代操公司：「樂在其中」網站行銷公司

1. A 方案粉絲專頁經營
   - 代業主發文。
   - 代業主回覆。
   - 上傳產品／服務資訊。
   - 每月簡易分析專業資訊，每月 TWD40,000 元。
2. B 方案粉絲專頁經營
   - 代業主 PO 文、回覆、上傳產品／服務資訊。
   - 每月簡易分析專業資訊。
   - 原生設計品牌資訊圖片、版頭、大頭貼四則。
   - 每季規劃專頁活動一則。
   - 每季獨立設計活動頁面（至少簽訂三個月以上的合約），每月 TWD50,000 元。

九、威力網際媒體公司的服務項目

1. SEO 搜尋引擎優化服務（Google SEO、Yahoo SEO、百度 SEO）。
2. 關鍵字行銷（Google AdWords、Yahoo AdWords、Facebook AD）。
3. 網站建置服務（網址註冊、雲端虛擬主機租用、網站代管維護、網頁設計）。
4. 社群行銷（部落格建置、部落格 SEO、Blogger ADS、Facebook 粉絲團行銷）。
5. Yahoo 知識家口碑行銷、負面新聞稀釋方案（稀釋網路上對客戶商品的負面新聞）。

十、Yahoo、Google關鍵字廣告的六大優勢

1. 各大聯播網曝光：Yahoo、Google 關鍵字廣告服務能同時曝光在幾十，甚至幾百個聯播網。
2. 導入大量人潮：藉由 Yahoo、Google 關鍵字廣告網路行銷，讓大多數的客人都看到您的網站。

3. 首頁強勢曝光：Yahoo、Google 關鍵字廣告能讓您的網站主動曝光在最前線。

4. 廣告成本超低：奇摩關鍵字廣告可自行控制預算，並限制每日及每月上限。

5. 網站免費曝光：關鍵字網路廣告採用點擊計費，對於貴公司有興趣的使用者點選您的網站後，您才要付費。

6. 命中目標客群：關鍵字網路廣告則運用消費者「有需求才搜尋」，讓客戶主動來找您，直接導入您的目標客戶群。

十一、企業社群行銷的意義（Social Media Marketing）

所謂「社群行銷」不外乎是透過長期經營社群（部落格、粉絲團、論壇等），利用網路與消費者「交心、搏感情」。一般來說，企業網站內容通常是較嚴肅的一些，相較之下，社群行銷的內容和形式就較為多樣且生活化，因而更容易受到用戶的喜愛與注目。

聚集網友的網路服務系統：

1. 臉書　　　　　2. 部落格　　　　　3. 論壇（Dcard）
4. PPT　　　　　5. BBS　　　　　　6. IG
7. 微博

十二、明陽網路行銷公司的服務項目

(一) 擴充粉絲人數

1. 使用 Facebook 讓使用者成為您的客戶名單。
2. 主動找尋名單，不用擔心名單從何而來。
3. 快速邀請好友，擴大您的粉絲團，無限量倍增。
4. 粉絲團大量曝光，讓您的社群更加具有影響力。
5. 採合約制，有保障，迅速讓您的粉絲團好友快速增加。

(二) 比賽衝讚（圖片 / 貼文按讚）

(三) 官方粉絲專業 / 粉絲團建置

1. 公司 / 品牌粉絲團名稱建議。

2. 視覺形象設計（大頭貼、粉絲團封面設計）。

3. 公司品牌形象建議、公司介紹建立。

4. 內容資訊規劃、文章 / 動態規劃。

5. 立即增加粉絲團人數、讚數。

(四) 粉絲專業 / 粉絲團營運代管維護

1. 定期發文撰稿。

2. 文章附圖設計。

3. 發文內容規劃。

4. 粉絲留言互動。

5. 年度操作計畫。

十三、建置公司的品牌粉絲團之四大好處

1. 長期經營粉絲團，可打造公司品牌形象，建立長久客戶。

2. 訊息直接性傳達，客戶第一時間接收，可加強公司形象認知。

3. 降低廣告成本，利用塗鴉牆傳達新活動、新產品訊息。

4. 動態消息快速瀏覽，不需像點擊廣告還需要進入連結讀取。

十四、網路口碑行銷傳播

1. 消費者在接觸某產品或服務接觸後。

2. 因滿意或不滿意的經驗或評價。

3. 產生向他人散播之正、負面口碑之行為。

十五、社群行銷的定義

　　社群行銷（Social Media Marketing）需要透過一個能群聚網友的網路服務來經營。這個網路服務早期可能是 BBS、論壇，一直到最近的部落格、IG 或 Facebook。由於這些網路服務具有互動性，因此，能讓網友在一個平臺上，彼此溝通交流，進而提高企業形象與顧客滿意度，並間接達到產品行銷及消費。

十六、社群行銷三步曲

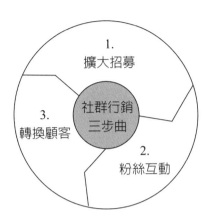

(一) 招募粉絲

1. 經營跟自己產業相關的內容、建立可持續溝通的社群媒體管道。
2. 讓現有的顧客成為種子粉絲。
3. 用潛在顧客感興趣的議題、舉辦活動招募新粉絲。

(二) 粉絲互動

1. 提高粉絲對品牌或產品認知。
2. 深化與粉絲的互動、了解粉絲偏好。
3. 尋找意見領袖、加強以客集客的擴散力。

(三) 變成顧客

1. 針對粉絲喜好、設計誘因引導消費。
2. 結合虛擬及實體活動、連結粉絲及顧客身分。
3. 鼓勵粉絲分享消費經驗、分享給朋友。
4. 在飲料連鎖店拍照上傳，就可買一送一。
5. 服飾品牌答題，就送新品到店試穿折扣券。
6. 特賣會透過打卡拿刮刮卡，增加到店人潮。
7. 遊戲平臺發送點數，吸引已開學的學生玩家。

十七、社群行銷術四大法則

(一) 聆聽法則

在社群的世界裡，人人都是主角，因此行銷者必須「少說多聽」。仔細觀察目標客群發表的內容、關心的事務和流行的話題，作爲創造內容的資源，如此才能引發他們興趣和討論。記住，與其用資訊塞滿他們的生活，不如點燃有價值的討論引線。

(二) 品質法則

無論是發布內容與參與人數，質都比量重要。擁有一萬個只按讚就消失的讀者，還不如擁有一千個黏度高的忠誠粉絲，他們會分享、討論和推薦，讓內容行銷的效率更高。因此，除了控管內容的品質，也要以創造有品質的忠誠客戶爲目標。

(三) 關係法則

社群網站的初衷是經營「關係」。企業以此作爲和顧客互動的工具，必須想像顧客在眼前的情境，以服務業的態度去回應顧客要求。對於每一篇文章都仔細回覆、參與討論、即時張貼，活絡關係的熱度，並展現你對社群經營的重視。

(四) 快速回應法則

最後，社群行銷必須掌握快速回應法則，不能拖延太久。

十八、社群行銷的兩大成功關鍵：「擴散」與「凝聚」

1. 擴散：讓你的內容透過社群，讓最多人看到。
2. 凝聚：利用擴散出去的好內容，把社群凝聚起來，並且把流量凝聚回來。

十九、八大社群網站

1. Facebook 社群王：跟消費者當「好麻吉」，說出 3 秒打動人心的好故事。
2. LINE 行動王：趣味貼圖，勝過千言萬語。
3. YouTube 影音王：給你全世界最精彩的 15 分鐘。
4. Instagram 圖像王：吸睛圖片秀出眞實的自己。
5. LinkedIn 人脈王：抓時機主動出擊，瞄準全球 280 萬家企業。

6. Twitter 傳播王：傾聽市場心跳，104 字的病毒快速傳播。

7. Pinterest 風格王：打造風格賣場，「釘」（Pin）出你的圖片百寶箱。

8. Tumblr 動畫王：GIF 爲動畫，讓社群動起來。

二十、社群媒體行銷有哪些常用的字彙

1. 部落格：部落格是個人或一群人發表意見及分享資訊的網頁。

2. 部落客：從事部落格內容發表的使用者。

3. Flicker：一個圖片及影像的管理網站。

4. 討論版：網路的訊息交流頁面。

5. Google：極富盛名的網路搜尋引擎。

6. Facebook：提供創造個人及商務頁面，與他人線上溝通聯繫的社群網站。

7. 讚：出現於 Facebook 及 YouTube，使用者可透過點選讚來表達對你所張貼訊息的認同。

8. LinkedIn：商業導向的社群媒體平臺。

9. 分享：提供使用者將資訊轉發給朋友的功能；你可以將你的 Benchmark Email 電子報進行分享，爲你增加訂閱客戶。

10. Skype：讓使用者能進行線上通話及影音交談程式。

11. Twitter：讓家人、朋友及同事能透過訊息互相聯繫的平臺。

二十一、經營社群行銷的七大策略要素

1. 原因（Why）：釐清核心業務目標。

2. 聆聽（Listen）：打破傳統思維包袱，聆聽客戶的聲音。

3. 對象（Who）：鎖定利害關係人，積極培養關係。

4. 地點／平臺（where/what）：善用各個媒體、廣大綜效。

5. 方式（How）：把社群成員變成品牌大使，並助其推廣品牌。

6. 成效（Result）：分析並評估行銷效果。

7. 持續經營（Maintain）：建立信任與互動關係，與客戶持續對話。

二十二、社群行銷四大趨勢

• 趨勢一：行動成爲主流，社群媒體仍是熱門入口 APP。

數字顯示，臺灣人每天看螢幕使用時間：515 分鐘，社交／即時通訊類的

APP 類型使用占其中將近 60%。

- 趨勢二：促動社群媒體愈來愈多元。

  Facebook、Instagram、LINE、Twitter、Pinterest 等各種社群媒體也離不開大家的生活。

- 趨勢三：網友對蒐集資料及消費愈來愈主導。

  88% 的網友會在網路查價格及評價後，再到實體店購買。

- 趨勢四：跨平臺行銷新思維：以「人」為中心。

  傳統大眾媒體行銷對所有人都講同樣訊息，跨媒體個人化行銷因個人階段不同，必須傳送不同的溝通訊息，掌握「人」，讓你能優化內容行銷。

二十三、五大原則寫出生動的粉絲專頁

- 原則一：顧客和員工是最好的廣告明星

  〈臺灣案例〉統一星巴克咖啡同好會

  臺灣星巴克咖啡企業所設立的粉絲專頁「統一星巴克咖啡同好會」，是臺灣粉絲專員排名第二的品牌，粉絲數超過七十八萬人，僅次於 7-ELEVEN。

  統一星巴克咖啡同好會擅長利用照片增加社群互動。統一星巴克咖啡在粉絲專頁上放上了來自各門市的員工照片或員工與顧客的合照，這是企業展現員工向心力的方法，也能拉近和顧客的親切感。其實，在每天門市點咖啡的例行公式中，許多認真仔細的星巴克員工早已經是顧客的貼心好夥伴，他們摸清楚顧客的咖啡喜好，會詢問：「今天還是喝拿鐵嗎？」

  1. 星巴克咖啡塑造了一種都會、年輕、精英、咖啡界的 Gucci 形象，除了是每日工作、生活的提振劑，也是一般人最容易聯想到和好友喝咖啡聊天的方便悠閒的聚會空間，產品本身已具備社交元素，再活用星巴克員工和粉絲的活力照片登上粉絲專頁，不僅輕鬆地充實專業的內容動態，也證明了星巴克企業成功打入城市社交生活的事實。

  2. 統一星巴咖啡同好會也喜歡讓顧客分享咖啡經驗，推出產品的同時，會邀請粉絲以相機記錄私有的咖啡時光，連結到粉絲專頁進行公眾分享，建立了品牌是和粉絲一起共有的強烈感覺。只要是有產品、有一小群顧客做為基礎的企業品牌，都可以善用照片的小撇步，增加和粉

絲互動、讓粉絲專頁每天看起來都神清氣爽。

- 原則二：讓幽默感上陣。
- 原則三：提供知識性的內容。
- 原則四：問問題。
- 原則五：揭開企業內部或產業內幕的神祕面紗。

 第 13 節　直效行銷

一、直效行銷宣傳工具

1. 電話行銷（Tele Marketing；簡稱 T/M）。
2. DM（單張 DM，或整本 DM 特刊）。
3. eDM（EDM）或 e-mall。
4. 手機簡訊 / 手機 Line。
5. 會員刊物發行。

二、直效行銷的三大優點

1. 直接傳達到個別、特定消費者手上及眼裡。
2. 成本花費相對便宜些（比電視、報紙廣告便宜很多）。
3. 是輔助型的整合行銷傳播手法之一種。

三、電話行銷的三種功能與目的

1. 服務目的：售後服務。
2. 宣傳目的：告知消費者。
   - 有促銷訊息。
   - 有產品訊息。
   - 有辦活動訊息。
3. 業務目的：以促進銷售業績為目的。

四、電話行銷的二大類型式

1. Call-In（In Bound）
   - 打入接聽行銷。

- 打入接聽服務。
  2. Call-Out（Out Bound）
    - 打出業務行銷。
    - 打出服務行銷。

五、Call-out電話行銷提高業績三要素

1. 要有有效的名單。
2. 電話行銷人員整體素質要很高。
3. 要有適當的產品選擇，要選對產品。

六、Call-out電話行銷業績成交率

1. 一般：3% ～ 5% 之間。
2. 較佳的：5% ～ 10% 之間。

七、經常使用電話行銷的行業別

1. 壽險業
   - 電視廣告及時打。
   - Call-Out 主動推銷。
2. 健康食品業、保健食品業
3. 信用卡借錢業
4. 零售業
   - 促銷活動期間，地區商圈對會員打電話。
5. 會員卡業
   - 大飯店會員卡。
6. 其他行業

八、DM行銷（Direct Mail）

1. 郵寄 DM 特刊：零售業週年慶、年中慶及各種節慶促銷大本 DM 特刊。
2. 夾報 DM：週六、日各種仲介公司、速食公司等的夾報 DM。

九、使用DM行銷的行業別

1. 房仲業。
2. 預售屋業。
3. 速食業。
4. 百貨公司業。
5. 零售業（量販店、超市業）。
6. 其他行業。

十、零售業每年DM支出費較多

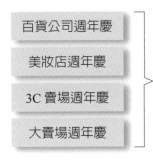

百貨公司週年慶

美妝店週年慶

3C 賣場週年慶

大賣場週年慶

DM 印製費支出較高

EX：SOGO 百貨公司週年慶
- 印 20 萬份 DM× 每本 20 元 = 400 萬元
- 若有部分為郵寄到家，加入郵資，支出更高

十一、郵寄DM的業績回應率

1. 平均一般：10% 以內。
2. 較佳的：10% ～ 20% 之間。

十一、使用DM行銷的重要點

1. 寄過好幾次，但都沒來消費購買的，就不要再寄了，免得浪費。
2. 促銷型 DM 有比較，有回應率。

十二、eDM（EDM）行銷的優缺點

1. 優點
   - 成本很低。
   - 可以群發。

- 可以針對特定目標族群。
- 即時、快速。

2. 缺點
- 易成垃圾郵件。
- 有些消費者未點選，即刪除。

十三、EDM行銷的要點

1. 要針對經常有開啓郵件的人發送，沒開啓的就不要送了，否則是浪費。
2. EDM 應該努力朝客製化，勿千篇一律，效果會較好。
3. EDM 要經過 Data-Mining，鎖定不同消費客群，寄不同內容的 EDM，會比較有效。

十四、手機簡訊行銷的優缺點

1. 優點
- 成本很低，每通約 0.8 ～ 1 元。
  10 萬通 ×1 元 = 10 萬元。
- 時效較快，有彈性。
- 消費者多少都會點選、看一下。

2. 缺點：有些消費者對不相關的簡訊，經常未看清楚就刪掉。

十五、手機簡訊行銷成功案例

1. 王品餐飲集團。
2. 各種促銷活動訊息、生日優惠訊息。
3. 簡訊告知會員，得到回應率還不錯。

十六、會員刊物行銷的公司

1. SK-II 刊物。
2. OSIM 刊物。
3. TOYOTA 汽車刊物。
4. 賓士汽車刊物。
5. 壽險公司刊物。

6. 健康食品直銷刊物。

以月刊、季刊方式寄達個人會員手上。

十七、會員刊物行銷功能

1. 維繫顧客關係。

2. 希望再購。

3. 告知新產品上市。

4. 告知促銷活動或產品知識訊息。

十八、小結：直效行銷成功五要點

1. 名單的有效性（刪除無效名單）。

2. 盡可能客製化，讓顧客有感受到是針對他。

3. 搭配促銷活動比較有效。

4. 每次要評估成本／效益如何（Cost/effect）。

5. 不斷檢討改善、精進。

十九、小結：直效行銷效益的評估指標

1. 有形效益

   • 回應率多少？

   • 投入成本回收業績及有無獲利。

2. 無形效益

   • 顧客良好關係的維持。

   • 對品牌的好感度及忠誠度維繫。

第 14 節　服務行銷

一、服務行銷的重要性

- 臺灣 GDP 產值比例：
  服務業：製造業：農漁牧業
  70%： 28%： 2%

最重要

二、服務業的行業別

1. 零售百貨業。

2. 虛擬通路業。

3. 餐飲業。

4. 五大媒體業。

5. 演藝業。

6. 觀光旅遊業。

7. 廣告業。

8. 文創業。

9. 設計業。

10. 網路業。

11. 線上遊戲業。

12. 航空路上交通運輸業。

13. 金融銀行業。

14. 保險業。

15. 直銷業。

16. 電信業。

17. 娛樂業。

18. 連鎖店業。

19. 專業人員業（律師、會計師）。

20. 進出貿易業。

21. 醫院業。

22. 保全業。

23. 一般商店業。

24. 其他。

三、服務業／製造業都需要服務行銷

四、各行業最佳服務的公司

1. 餐飲業：王品集團（王品、不二鍋、陶板屋、西堤、聚、夏慕尼等）。

2. 速食業：麥當勞、摩斯。

3. 便利商店：7-ELEVEN、全家。

4. 大飯店：日式加賀屋、晶華、君悅。

5. 銀行：玉山銀行、中國信託。

6. 美妝、藥妝：康是美、屈臣氏、寶雅。

7. 百貨公司：新光三越、SOGO、微風、遠百。

8. 房仲業：信義房屋、永慶房屋。

9. 汽車業：Lexus（凌志）、雙 B。

10. 精品業：LV、Chanel、Gucci、Cartier、Hermes。

11. 電信業：中華電信、台灣大哥大。

五、廠商與消費者接觸的服務點

1. 門市店內。

2. 加盟店內。

3. 大賣場內。

4. 客服中心（0800 專線）。

5. 網路線上回應。

6. 維修服務店。

7. 專櫃。

8. 消費者都能感受到廠商的服務行銷水準。

六、服務業與顧客接觸的關鍵時刻MOT（Moment of Truth）

MOT
服務接觸關鍵時刻

七、成功做好服務行銷黃金三角重點

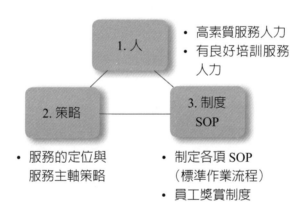

八、目標：服務行銷品質向上走

1. 高品質服務。	2. 高水準服務。
3. 頂級服務。	4. 專屬服務。
5. 貼心服務。	6. 精緻服務。
7. 安心服務。	8. 感動服務。
9. 驚喜服務。	10. 客製化服務。

11. 24 小時無休服務。　　　　12. 快速服務。

13. 解決問題服務。　　　　　14. 完美服務。

九、VIP顧客：最高頂級、客製化、專屬服務

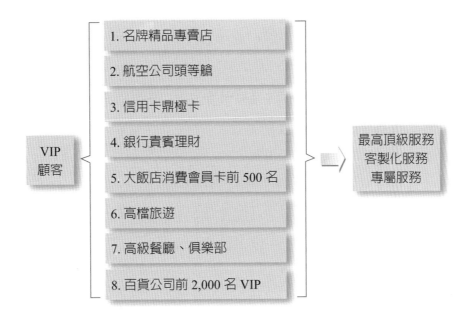

VIP
顧客

1. 名牌精品專賣店

2. 航空公司頭等艙

3. 信用卡鼎極卡

4. 銀行貴賓理財

5. 大飯店消費會員卡前 500 名

6. 高檔旅遊

7. 高級餐廳、俱樂部

8. 百貨公司前 2,000 名 VIP

最高頂級服務
客製化服務
專屬服務

十、做好服務人力規劃與管理五要項

1. 人力挑選。
2. 人力培訓。
3. 人力考核。
4. 人力獎賞。
5. 人力晉升。

十一、頂級、高級服務人力管理內容

1. 人力挑選：挑選發表、禮儀、態度、笑容、EQ、IQ、行為最佳者。
2. 人力培訓：行業知識、產品知識、公司知識、顧客知識、消費知識、銷售知識等。
3. 人力考核：會員滿意度調查、神祕客到店訪查。
4. 人力獎賞：服務獎金、年終獎金、業績獎金。

5. 人力晉升：升組長、店長、主任、區經理、督導。

十二、服務行銷的成績驗證

1. 高滿意度：顧客滿意度 90% 以上。

2. 好口碑：顧客口碑傳播。

3. 高忠誠度：顧客經常性再購再來。

4. 業績好：獲利賺錢高。

十三、王品顧客滿意度案例：每月回收80 萬張調查表

1. 每月 18 個品牌 300 多家店。

2. 每月有 200 萬人次顧客來用餐。

3. 每月收到店內 80 萬人次填寫顧客滿意度問卷調查表。

4. 作為該店店長及店員的績效考核成績。

十四、麥當勞服務行銷

1. 24 小時餐飲服務。

2. 得來速服務。

3. 24 小時歡樂送服務。

使命：成為世界上最佳的快速餐飲服務餐廳。

十五、momo網購服務

1. 免費客服專線。

2. 全臺 24 小時快速到貨（臺北市 5 小時到貨）。

3. 送貨免運費。

4. 退貨免運費。

5. 七天鑑賞期。

十六、新光人壽服務行銷

1. 0800 免付費 24 小時專線。

2. 24 小時免費道路救援服務。

3. ATM 現貸卡直接提領借款。

4. 網路線上客服。

5. 網路查詢服務。

十七、製造業同時做好4P/1S行銷策略

1. 產品力。

2. 定價力。

3. 通路力。

4. 推廣力。

5. 服務力。

十八、服務業同時做好8P/1S/1C行銷策略

1. 產品力。

2. 定價力。

3. 通路力。

4. 推廣力。

5. 人員銷售力（People Sales）。

6. 公關力 PR。

7. 作業流程 SOP。

8. 現場環境布置裝潢（Physical Environment）。

9. 服務力。

10. 顧客關係管理（CRM）。

十九、小結：服務行銷致勝，服務競爭力時代來臨

1. 服務力提升。

2. 服務行銷致勝。

 ## 第 15 節　記者會、發表會、媒體餐敘會

一、九個適用時機：記者會、發表會、媒體餐敘會

1. 新產品上市。

2. 既有產品改良。

3. 大型促銷活動。

4. 大型秀展。

5. 年度新代言人。

6. 異業合作行銷。

7. 大型公益活動。

8. 過年喝春酒。

9. 危機處理。

二、記者會、發表會預算（每一場）

1. 小型：10 萬～ 30 萬元（簡單型），自家主持人，無藝人出席。

2. 中型：30 萬～ 200 萬元。

3. 大型：200 萬～ 500 萬（隆重型），一線主持人、一線名模藝人出席，有時尚秀表演。

三、記者會、發表會預算項目

1. 花費較多的
   • 一線主持人費用。
   • 一線、二線藝人及名模費用。
   • 舞臺燈光布置。
   • 活動場地租金。

2. 其他費用
   • 記者禮品費。
   • 資料費、新聞稿、目錄、簡介。
   • 茶點費。
   • 錄影費。
   • 保全費。
   • 其他雜費。

四、記者會、發表會、活動會主持人

(一) 最貴的「綜藝牌」

1. 陶晶瑩、黃子佼、寇乃馨、侯佩岑等。

2. 價碼（一場）：15 萬～ 20 萬元。

(二) 第二貴的「主持牌」

1. 周明璟、何戎。
2. 價碼：6 萬～ 15 萬元。

(三) 第三的「美女牌」

1. 曲艾玲、李蒨蓉。
2. 價碼：5 萬～ 10 萬元。

五、一線活動主持人：費用較高

1. 寇乃馨。
2. 賈永婕。
3. 謝震武。
4. 侯佩岑。
5. 陶晶瑩。
6. 黃子佼。

六、新產品上市、新代言人記者會：企劃案撰寫項目

1. 活動地點。
2. 活動日期、時間。
3. 活動主持人。
4. 活動節目流程（Run-down）。
5. 活動主題、名稱。
6. 活動 Slogan。
7. 活動邀請的代言人、嘉賓、貴賓。
8. 活動舞臺、背板布置圖示。
9. 邀請電視、報紙、雜誌、網路各線記者出席名單。
10. 新聞稿資料準備。
11. 錄影準備、保全準備。
12. 活動預算概估。

13. 活動效益概估。

14. 其他準備。

七、記者會、發表會活動四大效益評估

效益如何
1. 當天及隔天有新聞露出（露出則數愈多愈好，版面愈大愈好）
   - 電視播出
   - 報紙刊出
2. 當天媒體記者到的很多、很踴躍
3. 整個活動流程很順暢、很成功
4. 有效提升本公司企業形象或品牌知名度

八、自辦或委辦

1. 小型規模：通常自辦，有時候也委外辦理。

2. 中大型規模：委託公關公司辦理的居多。

九、為什麼要委託公關公司辦理

1. 較為專業、熟悉、容易有成果。

2. 他們認識的媒體記者及主編較多，邀請較容易。

3. 他們認識的藝人及名模經紀公司較多，邀請較易。

4. 廠商也缺乏足夠人手辦理（行企部沒有足夠的人手自辦）。

十、大型記者會、發表會：高階主管出席

1. 公司董事長。

2. 公司總經理。

3. 外國原廠代表。

4. 國內通路商代表。

5. 政府主管單位。

6. 公會、協會理事長。

十一、媒體餐敘會的三大目的

請媒體記者在大飯店或知名餐廳餐敘：

1. 感謝過去一年來的支持與幫助。

2. 維繫與媒體記者、主編、總編輯、中心主任等之間良好關係。

3. 對新產品上市多予報導支持。

十二、媒體餐敘會時間表

1. 年底時（一年快結束時）。

2. 過年後（喝春酒）。

3. 新產品上市前。

4. 重要活動前。

5. 機動舉辦。

十三、媒體餐敘的對象

1. 國內各大新聞臺相關記者、主編、總編輯。

2. 國內各大報紙相關記者、主編、總編輯。

3. 國內各大專業雜誌相關記者、主編、總編輯。

4. 國外媒體。

十四、媒體餐敘會：記得送禮品

餐敘結束離去時：

1. 贈送公司產品。

2. 或另外買禮盒贈送。

 # 第 16 節　人員銷售組織行銷

一、為什麼需要人員銷售

很多行業需要靠人員銷售：

1. 化妝品專櫃。

2. 名牌精品店。

3. 汽車經銷店。

4. 服飾專櫃。

5. 鞋品門市店。

6. 人壽保險。

7. 銀行理財專員。

8. 房屋仲介、預售新屋。

9. 直銷人員。

10. 手機店、3C 店、家電店。

11. 藥妝店。

12. 眼鏡店。

二、人員銷售的據點

1. 百貨公司專櫃。

2. 各型態連鎖店（門市店、加盟店）。

3. 經銷店。

4. 人員面對面。

三、IMC不能忽略銷售人員端

（行銷是前端，而銷售是後端）

四、如何提高「銷售力」之五大要點

1. 挑選、徵聘具銷售、業務的人才。
2. 組成一個強而有力的銷售組織團隊。
3. 定期給予培訓、再訓練。
4. 制定具有誘因及鼓舞性的業績獎金制度、辦法。
5. 深化每一個「店長」經營能力。

五、銷售人員培訓五大內容

六、櫃長、店長強；全公司業績就會好

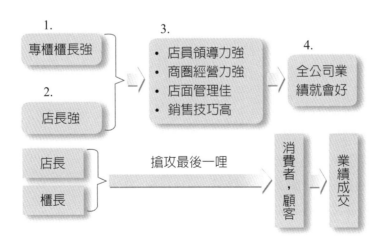

七、店面、專櫃業績好四大因素

1. 人：高素質銷售人力。
2. 制度：獎勵制度。
3. 地點：Location 好。
4. 領導與管理：店面經營管理。

八、直營通路＋人員銷售重要性提升

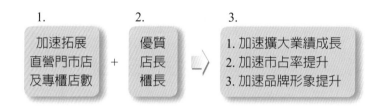

第 17 節　各式業務行銷活動

一、高級洋酒產品業務行銷

1. 高級洋酒。
2. 品酒會 Party。
3. 促進業績銷售。

二、品酒會說明

品酒晚會 Party：
1. 邀請特定、高級身分、有喝洋酒的 VIP 顧客參加。
2. 於高級場所舉辦晚會 party。
3. 有高級藝文、娛樂性表演節目。
4. 有餐點及飲酒提供。
5. 現場可下訂（購買）。
6. 有公司高級業務代表貼身服務。
7. 邀請出席人數在 100 人以內，都是 VIP 人士。

三、展售會、賞鑑會

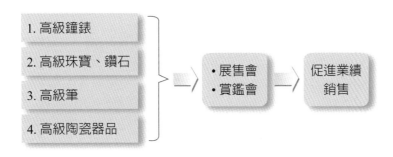

四、封館秀

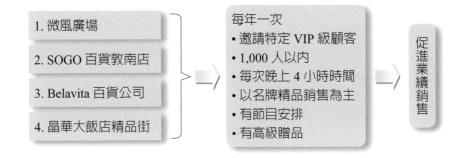

五、封館秀：是有效果的

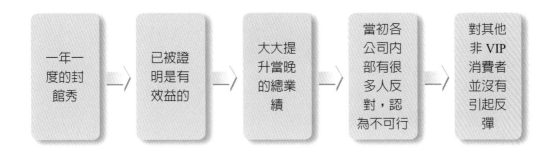

六、成功封館秀的要素

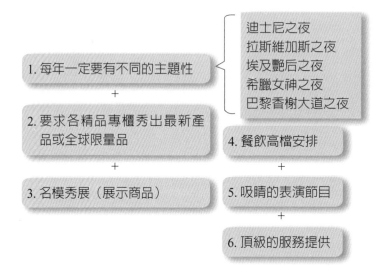

1. 每年一定要有不同的主題性
   - 迪士尼之夜
   - 拉斯維加斯之夜
   - 埃及艷后之夜
   - 希臘女神之夜
   - 巴黎香榭大道之夜

2. 要求各精品專櫃秀出最新產品或全球限量品

3. 名模秀展（展示商品）

4. 餐飲高檔安排

5. 吸睛的表演節目

6. 頂級的服務提供

七、VIP邀請條件

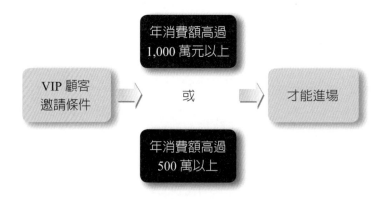

VIP 顧客邀請條件 → 年消費額高過 1,000 萬元以上 或 年消費額高過 500 萬以上 → 才能進場

八、封館秀行銷效益數據檢討

- 當夜業績額：5 億（假設）。
- 精品專櫃抽成：30%。
- 微風廣場收入：1.5 億。
- 當夜籌備費用支出：5,000 萬元。

- 當夜獲利：1 億元
  vs.
- 平常每天獲利：1,000 萬元

封館秀之夜帶來：獲利增加 9,000 萬元，值得！

九、試乘會

1. 汽車行業 ⇒ 2. ・週六、日舉辦
・有抽獎活動
・有贈品
・不限 VIP
・有折價優惠
・長年限分期付款
⇒ 3. 促進業績銷售

 ## 第 18 節　公仔行銷

一、公仔（玩偶）行銷的主要對象

二大對象：

1. 年輕上班族女性。
2. 學生女性。

二、公仔（玩偶）行銷的目的

1. 透過：累積點數或購滿額，可換贈喜歡的公仔（玩偶）。
2. 達成：
   - 多次來店消費購買。
   - 提高總業績。

三、公仔（玩偶）行銷注意點

1. 公仔（玩偶）設計須不斷創新才能吸引人，否則會疲乏。
2. 訂製數量要準確，有時太紅會缺貨，被消費者抱怨。
3. 配合促銷活動。
4. 要廣告宣傳。

四、公仔（玩偶）行銷數據檢討效益評估

業績成長多少

減掉：公仔訂製成本

減掉：廣宣費用
_____

　　　效益增加

EX：

　　業績成長 4.5 億

× 毛利率 30%
_____

　　毛利額 1.35 億

－ 公仔生產成本 1 億

－ 廣宣費用 2,000 萬
_____

　　增加淨賺 1,500 萬

五、公仔（玩偶）行銷舉辦次數

1. 以一年一次為宜或半年一次為宜。
2. 不能每月舉辦，太頻繁會疲掉，效益不大。

六、便利商店：公仔行銷成功因素

1. 公仔是否有特色？
2. 公仔是否受歡迎？
3. 是否有代言人加持？
4. 集點送的門檻是否太高？
5. 公仔成本的控制。

七、公仔行銷有四種造型

1. Q 版真人造型：像王建民或郭泓志等知名運動球星，賦予可愛的卡通造型。
2. 現有卡通人物：像 Hello Kitty 給予多種不同造型，或是如迪士尼有眾多人物。
3. 自創卡通人物：由廠商自創或請設計公司創造的卡通人物。

4. 可愛動物或昆蟲：如統一純喫茶推出的瓢蟲公仔。

八、受歡迎的卡通肖像

九、委外設計費用

 第 19 節　吉祥物行銷

一、成功案例：吉祥物行銷

1. 7-ELEVEN
   - OPEN 小將。
   - 黑貓宅急便的黑貓白貓。
2. 多拿滋甜甜圈：波提獅。

二、吉祥物行銷的好處

1. 創造話題，故事行銷。
2. 深化品牌印象。
3. 產生企業好感。
4. 間接創造及提升業績。
5. 利於做行銷活動的操作。

三、OPEN小將吉祥物的兩大效益

7-ELEVEN OPEN 小將：

1. 每年創造出近 5 億元的 OPEN 小將自有品牌產品銷售金額。
2. 臉書粉絲團募集到幾十萬名粉絲。

四、每年一次：7-ELEVEN OPEN小將戶外遊行園遊會

五、成功案例：長榮航空＋Hello Kitty彩繪機

長榮航空彩繪機的兩大效益

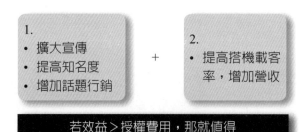

第 20 節　體驗行銷

一、體驗行銷定義

透過：
1. 產品使用
2. 活動舉辦
3. 現場環境裝潢、布置、音樂

→ 使消費者有親身與美好的感受

二、體驗行銷「活動舉辦」

1. 彩妝大師在百貨公司專櫃免費為消費者化妝活動。
2. 食品、飲料、酒類在大賣場試吃、試喝活動。
3. 汽車公司在週六、日舉辦試乘活動。
4. 出席大型時尚秀展活動。
5. 洗髮品試用包免費贈送。
6. 其他現場體驗的感受活動。

三、體驗行銷的五感美好

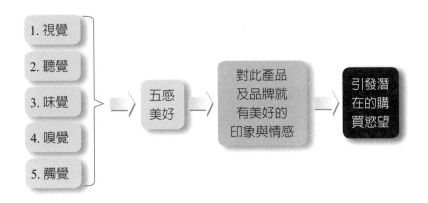

1. 視覺
2. 聽覺
3. 味覺
4. 嗅覺
5. 觸覺

→ 五感美好 → 對此產品及品牌就有美好的印象與情感 → 引發潛在的購買慾望

四、體驗行銷成本花費

視規模大小而定：

1. 一般不算昂貴。
2. 大概：幾十萬～幾百萬元！

五、大品牌建立自己直營店，體驗行銷也是功能與目的之一

(一)	(二)
數位 3C 品牌	電信服務品牌
Apple SudioA	中華電信直營店
三星直銷店	台哥大直營店
HTC 直銷店	遠傳直營店
SONY 直營店	

增強了體驗行銷

六、「日常消費品」的體驗行銷作法

1. 週六、日大賣場設點試吃、試喝、試用。
2. 在熱鬧的街道發送免費試用包。
3. 在戶外人潮群聚處搭舞臺，辦免費享用活動。
4. 在官網或 FB 臉書上舉辦活動送試用品。

七、傳統行銷＋體驗行銷

1. 傳統行銷：強調產品本身的特性、品質、利益點。
2. 體驗行銷：為顧客創造出更多的感受與體驗。

總體而言，「體驗行銷」重視的是顧客的經驗體會、情緒感受、興趣等，而非一直談品質。

八、各式體驗行銷

1. 利用假日逛逛大型量販店，剛好遇到店裡舉辦「臺灣週」活動，在賣場裡體驗搗麻糬、跳原住民舞蹈的樂趣；走出店外，抵不住洗髮精、電動牙刷等體驗試用車的熱情邀約，則是另一種新感受。

2. 來到市區，走進宜家家具（IKEA）溫馨空間，開始想像自己的客廳是否也能這樣布置。走出賣場拐個彎、看見 7-ELEVEN 裡「童年福利社」的王子麵、棒棒冰等懷舊商品，想念起過去美好的童年歲月。

3. 逛夠了，到隔壁星巴克，在濃濃咖啡香中看書、聊天、消磨時光。

 # 第 21 節　主題行銷

一、主題行銷定義

1. 依不同特殊節慶之活動（例如：苗栗桐花季、屏東黑鮪魚季、北海道螃蟹季、宜蘭童玩節等）。

2. 依不同時事議題活動（例如：健康、八卦話題、小資女、潮話題等）。

3. 依懷舊主題活動（例如：鐵路便當、懷舊歌曲等）。

4. 依文化、地點為主題活動。

二、7-ELEVEN主題行銷活動

1. 國際啤酒節。
2. 懷舊鐵路便當。
3. 草莓季。
4. 日本北海道螃蟹季。
5. 7-ELEVEN 音樂季。
6. Hello Kitty 公仔行銷。
7. OPEN 小將主題商品。
8. 奮起湖便當。
9. 新經濟政策行銷活動。
10. City Café 整個城市就是我的咖啡館。
11. 年菜預購。

12. 母親節蛋糕預購。

13. 中秋節月餅預購。

三、臺北市政府主題行銷

1. 臺北購物節。

2. 臺北牛肉麵節。

3. 臺北咖啡節。

4. 臺北跨年晚會。

5. 臺北年貨大街。

6. 臺北時尚秀。

四、百貨公司定期舉辦主題活動之目的

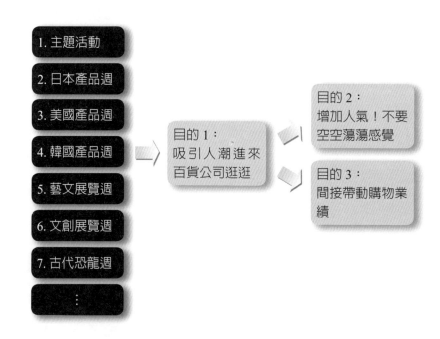

五、較常舉辦主題行銷活動的行業

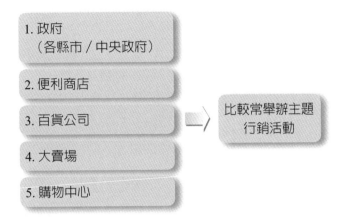

1. 政府
   （各縣市／中央政府）

2. 便利商店

3. 百貨公司

4. 大賣場

5. 購物中心

比較常舉辦主題
行銷活動

六、主題行銷目的

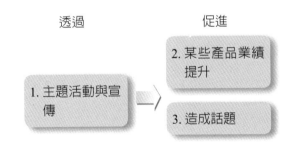

透過　　　　　　　　　促進

1. 主題活動與宣
   傳

2. 某些產品業績
   提升

3. 造成話題

 第 22 節　福袋行銷與運動行銷

一、大年初一：福袋行銷

大年初一到百貨
公司搶福袋

一年好運「袋」
著走

二、SOGO百貨：福袋優惠方案

大年初一～初三
祭出 3 萬只福袋
（到專櫃採購福袋）

專櫃福袋全面 1 折起

另可參加抽獎，首獎
為 60 萬元汽車一部

三、新光三越：福袋優惠方案

推出 8 千組福袋

大獎包括
• 40 萬元黃金
• 40 萬元鑽墜
• OSIM 按摩椅

四、運動行銷的類型

1. 贊助個人選手（年度合約）
   例如：曾雅妮、王建民、盧彥勳。
2. 贊助球隊
   例如：法拉利車隊、統一獅棒球隊。
3. 贊助賽事（贊助商）
   例如：奧運、世足賽、F1 賽車、美國職籃賽、國內職棒賽。

五、運動行銷的目的

1. 增加品牌的國內或全球曝光度。
2. 提升品牌知名度與企業形象度。
3. 間接有助於產品銷售。
4. 也算是回饋社會、公益行銷的一種。

六、運動行銷較適合的行業

1. 電腦外銷業。
2. 運動用品業。

3. 金融業。

4. 手機業。

5. 飲料業。

七、案例：acer運動行銷贊助

時間 （年）	運動贊助	投入金額 （市場估算）
2003	贊助 F1 一級方程式賽車，成為法拉利車隊資訊產品供應商	約 1 億美元
	贊助義大利足球名門國際米蘭隊	數百萬元英鎊
2005	贊助旅美棒球選手王建民，擔任品牌代言人	每年約 1,000 萬元
2007	贊助西班牙足球名門巴塞隆納隊	數百萬英鎊
2010	成為溫哥華冬季奧運全球合作夥伴	約 1 億美元
2012	成為倫敦夏季奧運全球合作夥伴	
	邀請曾雅妮擔任 acer 全球品牌代言人	每年約 150 萬美元

八、運動行銷最大的效益

塑造／打造／持續：品牌力（品牌知名度、好感度、指名度、忠誠度）。

九、運動行銷打造全球性品牌形象

1. 打造：全球性品牌形象　或　2. 打造：國內品牌形象

第 23 節　降價行銷

一、全面／部分降價

廠商（品牌商）→ { 全面性 / 部分產品線 } → 全面降價

二、降價行銷的目的

1. 迎合市場平價趨勢。
2. 不景氣時，提振買氣與業績。
3. 希望擴大市占率，搶占市場大餅。
4. 因為製造成本也下降。
5. 希望超越領導品牌，大反攻。

三、降價戰的優點

一旦降價：
1. 可望提高、增加銷售量／銷售額。
2. 可望提升市占率。
3. 可望提升品牌地位排名。

四、降價戰也有不利點

一旦降價：
不利點 1：價格就回不來了。
不利點 2：損失毛利！也同時損失最後的獲利。
不利點 3：可能影響品牌形象。

五、有些品牌不適合降價戰

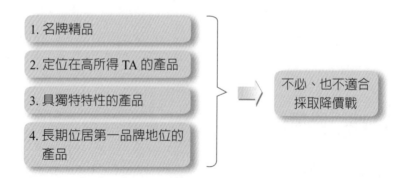

1. 名牌精品
2. 定位在高所得 TA 的產品
3. 具獨特特性的產品
4. 長期位居第一品牌地位的產品

→ 不必、也不適合採取降價戰

六、廠商降價的適當時間點

1. 處在產品生命週期的成熟、飽和期及衰退期。

2. 整個產業結構及市場結構的成本都在下降中，同時，產品市場售價也跟著下降。

3. 第二品牌要爭奪第一品牌地位，展開降價戰。

4. 進口原料成本大幅下降，同時，售價也跟著降。

5. 臺幣匯率升值，同時，進口成本下降，售價也跟著下降。

七、常見的降價行銷的行業別

1. 資訊電腦產品：PC、NB、iPad。

2. 手機產品：智慧型手機。

3. 家電產品：液晶電視。

 ## 第 24 節　口碑行銷（Word of Mouth Marketing, WOM Marketing）

一、創造正面口碑

二、消費者口碑的由來

1. 好的體驗。

2. 好的感受。

3. 物超所值的。

4. 超出預期的。

三、消費者對廠商感受的口碑來源

1. 產品很棒。

2. 服務很好。

3. 定價很合理。

4. 通路購買很方便。

5. 通常有促銷推廣活動。

6. 送貨宅配很快。

7. 品質很高。

8. 退換貨很方便。

9. 現場購物及消費環境很好。

10. 服務人員水準很高。

11. 很好的體驗過程。

四、口碑的十大傳播管道

(一) 人員傳播

- 自己
- 同事之間
- 同學之間
- 家人之間
- 親朋好友之間
- 事業人事
- 意見領袖

(二) 網路傳播

- FB 及 IG（粉絲團）
- 部落客
- 公開論壇
- 各種專頁網站內容
- 各種社群網站
- 網紅

(三) 手機傳播

- LINE
- 簡訊

(四) 各種媒體報導傳播

- 報紙
- 雜誌
- 網路
- 廣播
- 書籍
- 電視

五、企業／品牌口碑好壞要靠企業全體部門的努力

好口碑：

1. 研發部（商品開發部）。
2. 設計部。
3. 採購部。
4. 生產部。
5. 行銷部。
6. 業務部。
7. 客服中心（服務中心）。
8. 門市店。

六、口碑為王

好處 1：可以降低行銷廣宣預算支出。

好處 2：可以鞏固既有穩定的業績及利潤。

七、好產品

1. 是口碑的來源及發動機。
2. 在網路及手機高度普及時代。
3. 口碑好與壞，將傳播得更快！更大！影響力更全面。

八、4P/1S須同步做好

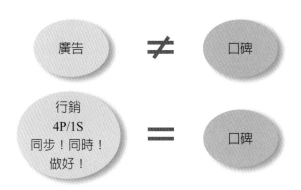

九、好口碑才會有回購率

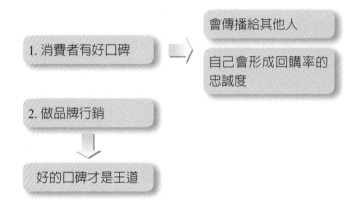

 第 25 節　Line 行銷、贊助行銷、置入行銷

一、APP行銷內容

1. 資訊傳達。
2. 品牌宣傳。
3. 活動舉辦。
4. 上架銷售。
5. 廣告片內容。

二、LINE主動式官方帳號廣告優勢

1. 品牌形象：圖文並用，且可清楚看到公司名稱及 logo，加深消費者對品牌的認知。
2. 深度了解：可直接連結至官網做資訊蒐集，若文字內容有留下電話，客戶可馬上直播，將所有過程簡化，提高顧客洽詢意願。
3. 強制接收：需瀏覽所接收到的資訊後，再決定刪除或保留，此時 EDM 即可發揮作用。
4. 高曝光率：短期製造高曝光量，若採用加價購方案，一個月內將有 100 萬個使用者能接收到產品資訊。
5. 高投資報酬率：藉由手機社群通訊便利性的優勢，接收者可將廣告再次

擴散出去，分享人數不需要多，只要多分享給一個人，那麼廣告效益可倍數成長。

三、LINE官方帳號的效益

1. 善用貼圖的高人氣，吸引大眾加入好友。
2. 消費者「主動」加入好友，企業抓住潛在客戶。
3. 像朋友般貼近消費者生活，接受度較高。
4. 容易得知商家最新動態，提升促銷的效益。

四、LINE官方帳號及貼圖廣告成本

LINE 廣告成本：

1. 每月至少 100 萬元起跳。
2. 只有大廠牌、大品牌才負擔得起。

五、贊助行銷的類型

1. 藝文活動。
2. 體育活動。
3. 宗教活動。
4. 娛樂活動。
5. 教育活動。
6. 弱勢團體。

六、贊助行銷的目的

1. 塑造良好企業形象。
2. 塑造良好品牌口碑。

七、案例

賓士汽車贊助　　富邦金控贊助　　台積電贊助

Lexus 汽車贊助

八、置入在哪裡

1. 電影。
2. 偶像劇。
3. 8 點檔劇。
4. 綜藝節目。
5. 新聞節目。
6. 廣播。
7. 報紙。

九、置入到哪些方面

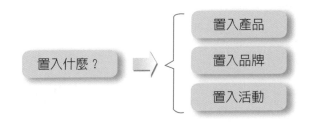

十、置入效益

置入行銷 最大效益 → 打造、提升品牌 印象度與知名度

十一、置入成本概估

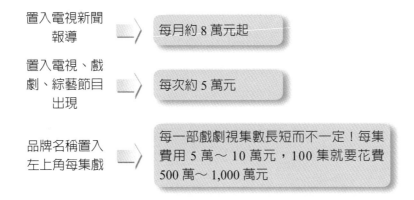

置入電視新聞 報導 → 每月約 8 萬元起

置入電視、戲 劇、綜藝節目 出現 → 每次約 5 萬元

品牌名稱置入 左上角每集戲 → 每一部戲劇視集數長短而不一定！每集 費用 5 萬～ 10 萬元，100 集就要花費 500 萬～ 1,000 萬元

十二、置入報紙報導

需搭配廣告刊登 多少預算 ＋ 報紙置入報導

第 26 節　社群行銷

一、「社群」是什麼？

1. 從早期的 BBS、部落格，到現今流行的 Facebook、Instagram、LINE 等，
   這些社群已然成為大家創作、分享及互動的網路平臺，更逐漸成為另一
   種熱門的網路趨勢。

2. 所謂的社群，就是：「網路社群是社會的集合體，當足夠數量的群眾在

網路上進行了足夠的討論，並付出足夠情感，形成以發展人際關係的網路社會，則虛擬社群因而形成。」

3. 簡單來說，一群具有相同興趣的人，聚集在一起的地方，像是 Facebook、Instagram、LINE、Twitter、YouTube 等有人群聚的平臺，都可稱之為「社群」。

4. 社群的本質是人，而 Facebook、Instagram、LINE 這些媒體都只是經營社群的工具。

二、三大社群平臺的比較

根據臺灣網路報告，目前國內社群平臺使用率最高的是三大平臺，即 Facebook、Instagram、LINE，再加上 YouTube 等四者。

下表是呈現三大社群平臺的比較：

	Facebook	Instagram	LINE
1. 使用率	90%	55%	87%
2. 年齡層	20～65 歲	12～35 歲	全客層（12 歲～75 歲）
3. 呈現方式	• 以文字為主，照片及影片為輔。	• 以照片及影片為主，文字為輔。	• 文字、照片、影片等多種格式並用。
4. 特色與經營建議	• 透過粉絲專頁經營品牌，可投入少許預算，宣傳店家形象或推廣產品。	• 可拍攝精美的產品宣傳照片或影片，利用限時動態吸引目光。	• 可發起群組或社群聚集顧客群，或是建立官方帳號，可即時宣傳品牌、提供折價券或解決顧客問題。

三、什麼是「社群行銷」？

1. 根據臺灣網路報告，國內 12 歲以上上網人數多達 1,900 萬人之多，整體上網率高達 85%。

2. 所謂「社群行銷」，就是在聚集群眾的網路平臺上，經營網路服務或行銷產品的過程。有別於電視臺廣告、大型看板、DM、報紙廣告、公車廣告等傳統行銷的範疇，而透過 Facebook、Instagram、LINE 等社群媒體的傳播途徑，網路社群行銷的型態，不僅多樣、創新、效率高、曝光時間

長，更可以將行銷能量發揮到最大效益。

四、社群行銷的優點

網路社群行銷的優點，可以包括以下三點：

1. 即時溝通，靈活度高：

   可即時發表新品或是優惠訊息，再根據顧客的反應與變化來調整行銷方式。

2. 受眾精準，投遞最佳化：

   可以只針對目標受眾或是區域擬定行銷策略，讓你的貼文或廣告更精準的投遞，創造最合適的內容及產品來獲得更多的回應與好感度。

3. 預算彈性，成效數據化：

   行銷花費門檻較低，投遞時間時調整也更有彈性，每次投遞的過程都可以化成數據，清楚得知到目前為止有多少人看過這則廣告，以及後續的互動行為，讓你可以更明確的分析廣告成效，為企業挖掘更多潛在顧客。

 第 27 節　網紅（KOL）行銷

一、網紅的定義（之1）

1. 狹義定義：係指網路美女、產值高、擅長自我行銷，靠媒體傳播炒作而爆紅。
2. 媒體定義：由於受到網友有追捧，而迅速走紅的人。
3. 網路百科定義：在現實及網路生活中，因為某個行為或某件事受到廣大網友的關注，因此而走紅的人。
4. 經營管理定義：可以對粉絲的特定行為產生影響力及決策力的意見領袖。

二、網紅的定義（之2）

網紅（Influencer）即為「網路紅人」，又被稱為 KOL（Key Opinion Leader，關鍵意見領袖），指的是在網路上活躍、具有知名度的人物，大多透過經營 Facebook、Instagram 等社群軟體或 YouTube 與粉絲互動。

在這個人人離不開手機的時代，關注網紅逐漸成為人們日常生活中不可或缺的一部分，吃飯時一邊收看直播，通勤滑手機時看他們的 po 文，早已成為人

們接收資訊的重要管道，也因此各大企業積極發展網紅行銷（Influencer Marketing），希望藉由網紅的影響力，推廣產品、創造品牌在網路上的聲量，進而促進轉換率。

三、網紅為什麼會出現

1. 社群媒體時代，人人都能成為網紅。
2. 社群媒體時代的到來，將網紅帶入爆發期。
3. 網紅成名後，可以有一些收入來源，成為一種職業工作。

四、網紅爆紅的背後大眾心理

1. 因為網友的好奇心。
2. 表現慾。
3. 偷窺慾。
4. 話語權。
5. 價值觀。

五、網紅爆紅背後科技支撐點

1. 網際網路訊息科技的發展。
2. 智慧型手機及 4G、5G 網路的普及。
3. 訊息量快速成長。
4. 訊息傳遞方式的演進。

文字 → 圖片 → 聲音 → 視訊 → 直播

六、網紅的類別

1. 意見型。
2. 表演型。
3. 話題型。
4. 專長型。

七、網紅靠什麼而紅

1. 靠高顏值紅
2. 靠表演而紅。
3. 靠寫作、插圖而紅。
4. 靠說而紅。
5. 靠才藝、知識而紅。
6. 靠炫而紅。
7. 靠事件而紅。
8. 靠出名而紅。
9. 靠直播而紅。

八、網紅產業鏈

1. 網紅經紀公司（經紀人）。
2. 社群平臺。
3. 供應鏈生產商或平臺。

九、培養忠實粉絲要注重三感受

1. 利用參與度提出粉絲忠誠度。
2. 以個人化體驗提高粉絲成就感。
3. 眞心尊重粉絲，粉絲就會尊重你。

十、網紅獲利（收入）來源

1. 廣告收入。
2. 電商收入。
3. 拍片收入。
4. 站臺收入。
5. 商業服務收入。
6. 直播收入。
7. 會員收入。

十一、國內知名網紅

例如：蔡阿嘎、阿滴英文、HowFun、這群人、千千、谷阿莫、古娃娃等。

十二、KOL是什麼？

KOL 是 Key Opinion Leader 的縮寫，意指關鍵意見領袖，舉凡部落客、網紅、YouTuber、甚至是明星藝人，只要在某個領域或應議題具有影響力，並有不少粉絲追隨，都是 KOL。

十三、為什麼要做KOL行銷？

當我們在滑 IG（Instagram）或 FB（Facebook）時，常看到 KOL 為某個產品拍短影片、或寫使用心得，藉由粉絲對 KOL 的信任感，提升消費者對產品的興趣。而在行銷時，KOL 可以用使用者的角度分享，為品牌製造大量曝光度，甚至拉轉換成訂單，這就是 KOL 行銷的力量。

綜言之，做 KOL 行銷的二大目的，就是：

1. 增加消費者對我們品牌的信任感、知名度與好感度。
2. 希望間接增加對我們品牌未來的購買機會。

十四、KOL的各種類型

KOL 的類型很多，包括：旅遊類的、美食類的、美妝類的、知識類的、語言類的、3C 類的等十多種。

十五、KOL的露出平臺

KOL 的露出社群平臺主要有四種：(1)Facebook(2)Instagram(3)YouTube(4) 部落格。這四種都是目前 KOL 行銷常使用的平臺。

十六、KOL的粉絲人數

KOL 依粉絲人數來看，可有二種，一是大 KOL，其粉絲人數在 100 萬以上；二是小 KOL，其粉絲人數在 5 萬～10 萬之間。

十七、如何挑選合適的KOL？

如何挑選合適的 KOL，主要有三大原則：

1. 確定您 KOL 行銷的目的：如果您要的是曝光品牌，那就要找粉絲數較多的 KOL；若是想提升業績促進銷售，那就需要找粉絲黏著度較高的 KOL。

2. 了解您所挑選 KOL 的擅長領域及個人風格：我們並不是隨便找一個有名氣的網紅，花錢請他做業配就會成功，我們還須注意到每個 KOL 擅長的領域及風格都不盡相同。我們一定要找到跟我們家產品或品牌相符合、相一致的 KOL，如此較容易成功。

3. 分析曝光平臺優劣，以及 KOL 粉絲的年齡：我們也必須了解受眾最常使用哪個平臺，並且把 KOL 粉絲年齡考量進去。例如：你的產品是高單價的保養品，但卻找了一個粉絲受眾為 17 歲～25 歲的 KOL，那效果恐怕就很小了。

4. 所以，不要為了跟風隨意挑選網紅，必須了解 KOL 在不同平臺的狀況及帶給粉絲的價值，也是選擇網紅的重要條件之一。

十八、線上+線下二者強力曝光

例如：某餐廳曾舉辦試吃活動，並邀請知名大廚蒞臨現場，有效的實體活動，搭配 KOL 以及新聞策動，引發近 5,000 則分享，影片觀看次數達 23 萬。

十九、預算考量

公司預算多少，也是必須考量的，百萬大網紅曝光當然高，但公司有那麼多預算可以花在這邊嗎？其實，KOL 行銷不一定要找高價位、高曝光的網紅才會成功，要的是要遵循前面所說的，找到適合我們品牌的 KOL，才能達到有力的曝光及效益力最大化。

 第 28 節　臉書粉絲專頁經營要訣

一、iFit愛瘦身（按讚人數超過71萬）

1. iFit 粉絲團經營術：

(1) 漫畫式貼文（可愛有趣圖案）。

(2) 可愛吉祥物操作。

(3) 每次貼文、回文的可看性及吸引力。

(4) 真心愛你的粉絲。

(5) 女負責人親自即時回應。

(6) 滿足粉絲的需求，解決她人的問題。

(7) 能為她們創造價值。

(8) 要即時回應粉絲，不能讓她們等太久。

2. iFit 對小編的要求：

(1) 能夠提供減肥、瘦身、健康的專業資訊。

(2) 要讓讀者認為小編和她們站在同一陣線，了解她們的需求與問題。

3. iFit 網友要的貼文：

(1) 簡短。

(2) 有趣。

(3) 容易讀。

(4) 圖片化、影片化、插畫、漫畫。

(5) 能將心比心。

(6) 又有收獲。

4. iFit：一天只發文 5 次。

(1) 重質不重量。

(2) 用心經營貼文。

(3) 要寫出你自己都想分享給別人的好貼文。

5. iFit：轉寄分享出去的數據，列入小編部門的工作績效。

6. iFit：發文品質控管。

(1) 女負責人親自審核。

(2) 嚴格發文品管。

(3) 重視小編與網友之間的互動品質。

7. iFit：小編的角色是企業的公關及發言人。

8. iFit：商品上架前，自己親自試用，好產品才會推廣給粉絲。

二、提提研面膜（按讚人數超過26萬）

1. 提提研面膜：經營粉絲成功之道。

(1) 真誠與交心。

(2) 營造話題。

(3) 話題促銷活動。

(4) 貼近互動。

(5) 產生價值。

(6) 情感連結。

三、Big City遠東巨城購物中心（按讚人數超過65萬）

1. 有 20 多人團隊成員負責粉絲團經營、數位行銷及活動舉動。

2. 成功經營粉絲要點：

(1) 一年舉辦 300 場活動，現場打卡數累計超過 220 萬人次。

(2) 客人留言，一分鐘內，小編必須即時回覆給粉絲。

(3) 每位小編發文一篇，必須要有 3,000 個按讚才行。

(4) 每有公布小編們的英雄榜，看看那位小編得到最高讚數，並加以分析理由，激盪創意及靈感。

3. 要將按讚粉絲人數轉換為實際營收數據效益。

四、星巴克粉絲經營（按讚人數222萬）

1. 星巴克粉絲經營術

(1) 要有互動性，強化歸屬感。

(2) 要有更多參與，更多涉入，更多情感連結。

(3) 要辦更多實體活動。

(4) 發文要有趣、簡單、活潑、分享及有互動感。

(5) 組成咖啡同好會，凝聚同好向心力。

(6) 適時提供夠份量的好康。

五、86小舖（按讚人數超過141萬）

1. 86 小舖粉絲經營術

(1) 講真話效果比廣告好。

(2) 置入味道少一點。

(3) 產品必須好用，才會口碑相傳。

(4) 不好的產品，對品牌傷害很大。

2. 由部落客寫手帶動銷售業績，有效部落客每篇文章可以帶來幾百、幾千

組美妝產品銷售成績。

3. 86 小舖成功方程式：

(1) 先在官網上宣傳。

(2) 引導臉書上討論。

(3) 辦活動讓人試用。

(4) 再由部落客點火。

(5) 同時推出折扣。

4. 86 小舖全方位操作，以口碑行銷爲主，經營 FB、入口網站、Google、PTT、部落客、論壇等，並開設實體店。

六、統一7-11（按讚人數超過265萬）

1. 7-11 粉絲經營術

(1) 定期推出有感的促銷優惠活動。

(2) 隨時有好康可得，吸引新顧客加入 FB 粉絲。

(3) FB 經營要注入感情，不要太多商業促銷。

(4) 專人小編及時發文及回覆。

(5) 進一步分析那些 FB 促銷活動較有效，做爲未來參考。

七、立頓紅茶（按讚人數超過18萬）

1. 立頓紅茶粉絲經營術

(1) 問句式 PO 文，增加留言互動。

(2) 時事議題搭配巧妙。

(3) 促銷活動訊息吸引。

(4) 將產品運用多元面向呈現，增加互動性。

第 29 節　高忠誠度行銷（Loyalty-Marketing）

一、引言

現代最重要、最具挑戰性，即是：顧客忠誠度爭奪戰！

二、如何鞏固及提高顧客忠誠度

〈作法 1〉發行會員卡、貴賓卡、紅利集點卡

    ➤ 給會員折扣優惠或集點優惠。

    ➤ 各大零售業、服務業均有發行。

    （例如：全聯、COSTCO、家樂福、7-11、屈臣氏）

〈作法 2〉定期舉辦促銷活動，優惠顧客、回饋老顧客

    （例如：星巴克咖啡買一送一活動）

〈作法 3〉產品不斷推陳出新，提高附加價值

    ➤ 產品不斷升級、不斷改良。

    ➤ 包裝及設計不斷更新。

〈作法 4〉行銷預算不能減少，要持續投入電視廣告宣傳，以提醒（reminding）老顧客，維持品牌曝光量。

〈作法 5〉堅守高品質的一貫性，贏得顧客對我們品牌的信任度及信賴感。

〈作法 6〉要持續提高服務品質及服務滿意度，顧客才會回流。

〈作法 7〉要有專人經營好 FB、IG、LINE 上的粉絲群。

〈作法 8〉必要時，推出第二個、第三個區隔化的不同品牌，以多品牌策略爭取忠誠度的消費者。

〈作法 9〉對 VIP 級高端老顧客，要有 1 對 1、客製化、頂級的服務對待。

〈作法 10〉多做公益行銷，以塑造企業優良形象，建立在消費者心中一家好公司及好品牌的認同感。

〈作法 11〉要努力以最優質的「產品力」贏得所有顧客的好口碑，好的「產品力」是忠誠度的根基。

〈作法 12〉要不斷創造「品牌力」，鞏固老顧客對品牌的高知名度、高指名度、高喜愛度及高好感度。

第 30 節　集點行銷（Collect Point Marketing）

一、集點行銷的意涵

> 超市、便利商店、量販店、藥妝店常用到

> 消費多少元，可換得一點，累積多少點以上，即可換得可愛公仔，或換購某些精美的廚具和小家電產品

二、集點行銷成功案例

1. 7-11	2. 全聯
集點換贈 Hello Kitty 公仔等周邊	集點換購德國知名品牌刀具鍋子等

三、集點行銷的效益

> 如果換贈產品具有吸引力的話，可以刺激一些消費者努力消費續累積點數，促使在此期間內業績的有效提升

> 但不能常用，會疲乏，最好一年只能一次

第 31 節　VIP 行銷

一、VIP行銷的意涵

消費金額達到某種一定額度，即可
列為重要 VIP 的會員

- 百貨公司、大飯店、歐洲品牌精品及一些高級服務業場所，經常有此作法
- VIP 對業績貢獻占比很大，故要特別的對待及伺候

二、VIP行銷的優惠

會給 VIP 會員特別折扣優惠措施，特別高級
會館使用、或一對一高級客製化服務提供

例如：SOGO 百貨、101 百貨均有
VIP Room（VIP 購物休息房間）

 ## 第 32 節　戶外（家外）廣告行銷（OOH Marketing）

一、戶外（家外）廣告的英文

OO	OH
Out of Home Media Advertising （戶外廣告）	Digital Out of Home Media （數位戶外廣告）

二、戶外（家外）廣告較常用到的地方

1. 公車廣告　　2. 捷運廣告　　3. 戶外看板廣告

4. 包牆式戶外廣告　　5. 臺鐵、高鐵、機場看板廣告

三、臺北市較佳戶外廣告的商圈

1. 信義區百貨公司、電影院商圈　　2. 臺北車站商圈

3. 西門町商圈　　4. 忠孝東路商圈

四、戶外（家外）廣告的呈現原則

1. 戶外廣告看板的字不能太多，只能彰顯品牌名稱幾個大字。
2. 具有品牌力打造效果。

第 33 節　會員卡行銷

一、會員卡就是忠誠卡

1. 會員卡是很普遍在零售業及服務業使用的。
2. 它具有使顧客再回來購買的功能，故又被稱為「忠誠卡」，亦即會有高的回購率及回店率。

二、各大零售業普遍發行會員卡

1. 全聯
（福利卡）
（800 萬卡）

2. 家樂福
（好康卡）
（500 萬卡）

3. 屈臣氏
（寵愛卡）
（450 萬卡）

4. 寶雅
（寶雅卡）
（300 萬卡）

5. 7-11
（icash）
（700 萬卡）

6. 新光三越百貨
（新光三越卡）
（200 萬卡）

- 給予 95 折、9 折優惠
- 或給予紅利集點優惠

 第 34 節　高 CP 值行銷

一、高CP值的意涵

1. 高 CP 值 $= \dfrac{Performance}{Cost} > 1$

$= \dfrac{效益}{成本} > 1$

$=$ 物超所值感

2. 高 CV 值 $= \dfrac{Value}{Cost} > 1$

$= \dfrac{價值}{成本} > 1$

$=$ 物超所值感

3. 高性價比 $= \dfrac{性能}{價格} > 1$

二、高CP值的功能

1. 顧客會再回來消費。
2. 顧客有好的口碑傳出。
3. 顧客心中的忠誠度會提升。

 ## 第 35 節　高品質行銷（High Quality Marketing）

一、高品質行銷的意涵

1. 高品質是強大產品力的最根基及代表性。
2. 有部分收入較高的消費群，會找質感較高、價格也稍高的品牌，反而不要低價低品質的產品。

二、高品質行銷的成功案例

日本家電品牌在民眾心中是高品質的代表

- 例如：Sony、Panasonic、日立、大金、象印、Canon、虎牌、膳魔師、東芝、夏普、Nikon 等等

三、高品質行銷的效益

1. 可以穩固營收及獲利。
2. 品牌忠誠度可以較高。
3. 定價可以高一些。

 ## 第 36 節　飢餓行銷

一、飢餓行銷的意涵

以限時、限量、限購方式，刺激消費者加快下單購買，否則會賣完了！

二、飢餓行銷適用行業

1. 電視購物業。
2. 網格購物業。
3. 速食店業。
4. 精品店（全球限量）。
5. 各零售業。

 第 37 節　冠名贊助行銷

一、冠名贊助的意涵

1. 意指將產品品牌名稱或品牌 Logo 置放在電視戲劇或綜藝節目播出畫面的左上角處，讓消費者看到。
2. 每集冠名贊助費約 5 萬～10 萬不等。
   若 100 集 ×8 萬 = 800 萬支出贊助費。
3. 也相當於廣告費播出的另一種形式。

二、冠名贊助的效益

因為品牌名稱及 Logo 長時間露出，對純品牌力打造，具有明顯效果。

 第 38 節　嚴選行銷

一、嚴選行銷成功案例

COSTCO	7-11 全家
好市多大賣場只嚴選 3,000 項商品，是家樂福量販店的 1/10 而已！但業績卻一樣	每年都替換 30% 品項，把賣不好的下架，引進新產品、新品牌

二、嚴選行銷效益

1. 幫消費者篩選好產品及需要的產品，便利消費者。
2. 可以提高坪效。

 第 39 節　多元價格行銷

一、多元價格行銷成功案例

1. 王品餐飲	2. TOYOTA 汽車	3. 其他品牌
• 高價：王品、夏慕尼 • 中價：陶板屋、西堤 • 平價：石二鍋、品田牧場	• 高價：Lexus • 中價：Camry、Wish、SIENTA • 平價：Yaris、Vios	• 三星手機 • 捷安特自行車

二、多元價格行銷的助益

可以爭取各個區隔市場的生意，以擴增營收額及獲利額。

Part 4

廣告概述、媒體企劃與媒體購買篇

Chapter 4

廣告概述

第 1 節　廣告的基本認識

一、廣告定義

　　廣告就是一個組織和它的產品透過大量的傳播媒體，例如：電視、廣播、報紙、雜誌、網路、郵寄、戶外展覽或大眾運輸工具或智慧型手機，來傳送訊息給目標觀眾或聽眾。

二、廣告種類

1. 產品廣告。
2. 企業形象廣告。
3. 促銷廣告。
4. 選舉廣告。
5. 公益廣告。
6. 政府廣告。
7. 購物廣告。

三、廣告功能（作用）

(一) 功能

1. 具資訊（訊息）傳達功能。
2. 具說服功能。
3. 具提醒功能（Reminding）。

(二) 作用

1. 一般作用：
   - 使消費者辨明此產品與其他產品之差異。
   - 提供產品的消息、特色以及購買的地點。
   - 引導消費者免費使用試用品，以期增加產品使用量。
   - 建立產品喜好與忠誠度。
2. 市場作用：
   - 銷售通路。

- 推廣。
- 傳播作用。
- 教育作用。
- 經濟發展作用。
- 社會作用。

四、4A廣告代理商定義

根據 4A（American Association of Advertising Agencies，美國廣告代理商協會）定義，是一群有創意及經營者所組成的公司，為了廣告主利益而發展廣告企劃及行銷工具，並向媒體購買版面及時段。臺灣地區也有自己的 4A 組織，係由數十家廣告代理商所組成。

五、廣告主運用廣告代理商原因

1. 代理商各部門均專心及專業從事廣告工作。
2. 代理商吸引創意人員有發揮空間。
3. 代理商與媒體之間互動良好。
4. 廣告主可節省廣告作業支出。
5. 可隨時更換廣告代理商，選擇更具創意的代理商。

六、廣告公司型態

1. 綜合廣告代理業。
2. 專門廣告代理業。
3. 媒體購買公司（發稿公司）。

七、廣告代理商功能

1. 幫助客戶提案及企劃廣告。
2. 幫助客戶製作廣告（CF、平面稿、廣播稿、戶外）。

八、選擇廣告公司條件

1. 廣告公司的規模與經驗。
2. 廣告公司的創意與服務。

3. 廣告公司的服務費用。

九、廣告公司內部組織

1. 業務部（AE）。　　　　　　　　2. 公關部。

3. 創意部（Creative）。　　　　　　4. 企劃部。

5. 媒體部（媒體企劃、媒體購買）。　6. 財務部。

7. 製作部。

十、廣告公司提案的流程

廣告公司對廣告廠商的簡報提案流程，大致如圖 4-1 所示：

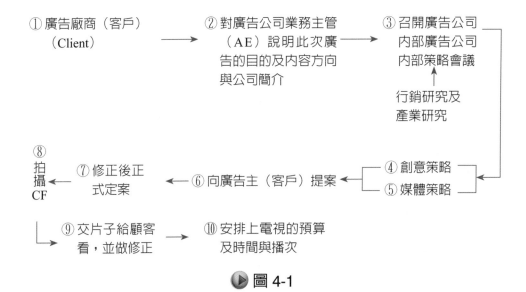

圖 4-1

十一、廣告公司媒體與創意策略的八大要素

1. 創意策略
   - 消費者未來性策略。
   - 創新的點子。
   - CF 戲劇性的執行拍攝。
2. 媒體策略
   - 對正確的人（目標群）。

- 在正確的時間刊播。
- 以正確的地點呈現。
- 注視正確的事件。
- 正確的預算控制。

第 2 節　廣告主（廠商）與廣告代理商、媒體購買商、媒體公司、公關公司及整合行銷公司五者間之關係圖示

一、關聯架構圖示

　　一般來說，廠商行銷工作經常要與外界的專業單位協力進行才可以完成，有不少事情，並不是由廠商自己做就可以做好的，如果找到優良的協力廠商，借助他們的專業能力、創意能力、人脈存摺能力及全力以赴的態度之下，反而會做得比廠商自己要好很多。例如：做廣告創意、做媒體購買、做公關報導、做大型公關活動、做置入式行銷等工作，就經常需要仰賴外圍協力公司的資源，才能發揮更大的行銷成果。如次頁圖示這五者之間的關係。

二、為何需要廣告代理商

1. 因為他們有比較好的創意展現。
2. 因為他們有這方面的專業能力。
3. 公司（廠商）缺乏這方面的專業。
4. 當然，廠商必然選擇優質的廣告代理商，才會做出叫好又叫座的成功廣告片出來，播放之後，也才會有好的成效。

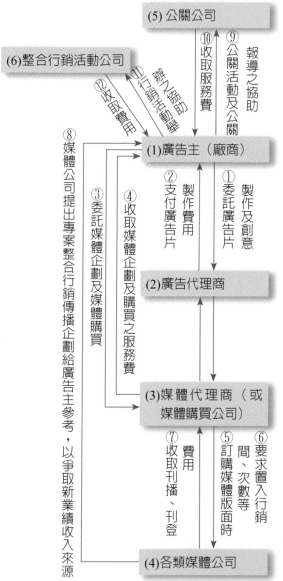

- 例如：奧美公關、21世紀公關、精英公關、先勢公關等

- 例如：統一企業、統一超商、TOYOTA汽車、中華汽車、Apple手機、中華電信、箭牌口香糖、光泉、味全、金車、東元、日立、SONY、Panasonic、acer、Asus等

- 例如：李奧貝納、奧美、智威湯遜、臺灣電通、上奇、麥肯、電通國華、BBDO黃禾、達彼思、聯廣、太笈策略、華威葛瑞、東方、陽獅等

- 例如：貝立德、凱絡、傳立、媒體庫、宏將、優勢麥肯等

- 電視公司：無線四臺、有線電視臺，如TVBS、中天、三立、緯來、福斯、東森、八大等
- 報紙：蘋果、聯合、中時、自由
- 雜誌：商業周刊、今周刊
- 廣播：飛碟、中廣、臺北之音、Kiss radio等
- 網路：雅虎奇摩、Google、You-Tube、東森新聞雲等
- 戶外廣告代理公司

資料來源：戴國良（2020）。

三、為何需要媒體代理商

1. 因為他們可以集中向媒體公司採購，因此在規模經濟效應下，可以買到比較便宜的媒體時段託播成本。如果廠商自己去買的話，其成本必然會增加，而且媒體公司也不一定會配合。

2. 因為，他們具有媒體組合規劃與媒體預算配置的專業能力。

四、媒體代理商收多少服務費

1. 就目前市場現況行情來說，如果廠商的廣告製作是由 A 廣告公司做，而媒體購買公司是由 B 媒購公司做，則廠商假使支出一筆 3,000 萬元廣告預算，則大概必須支付 10% 的服務費給 A 及 B 公司。其中，廣告代理商約可以得到 7% ～ 8% 的服務費，即 210 萬～ 240 萬元，而媒體代理商約可以得到 2% ～ 3% 的服務費，即 60 萬～ 90 萬元之間不等。

2. 另外，就現況來說，媒體代理商又經常向有線電視公司索取退佣，這種退佣率大致在 10% ～ 20% 之間，這也是媒體代理商另一份的收入來源，助益蠻大的。

3. 總結來說，如果某廣告主（廠商）這一筆 3,000 萬元的廣告預算，要扣掉這 10%，即 300 萬元支付給廣告公司及媒體代理公司，因此，只剩下 2,700 萬元可以刊播廣告。但是，也可以是外加的，即指 3,000 萬 300 萬元，即廠商支出 3,300 萬元，3,000 萬元為純刊播廣告，而 300 萬元則為支付服務費。這就是內含或外加的不同狀況。

4. 雖然，媒體代理商只拿到 2% ～ 3% 的服務費，但由於他們的委託刊播客戶會比較多，故累積起來，其營業額也不小，例如：凱絡媒體公司的年度營業額為 70 億元，若乘上 2% ～ 3% 的服務費，即有 1.4 億～ 2.1 億的獲利收入。相反的，廣告代理商雖然拿到 7% ～ 8%，但他們的客戶數比較少，因為大大小小的廣告公司太多了，因此，他們反而營業額很小，例如：李奧貝納及奧美廣告公司的營業額就只有 2 億～ 3 億元之間而已。顯然，廣告公司由於進入門檻很低，自行創業者很多，因此，要賺大錢是不太容易的。

五、為何需要公關公司

1. 因為他們與各媒體公司（包括電視臺、報社、廣播、網站、雜誌社等）的人脈關係比較熟悉，隨時可以請求這些媒體公司出 SNG 車（電視立即轉播車）、出人員採訪、上報、上電視新聞等露出的機會，而這可能是廠商自己比較不易做到的。

2. 因為他們辦各種公關活動（例如：新產品發表會、法人說明會、新裝上市展示會、展覽會、戶外大型活動、晚會活動、歌友會等）的經驗及專業比廠商本身要來得強，故委託他們做比較好。

3. 公關費如何收費，則視狀況而論：

    • 有些是年度常態性收費的，例如：一年收 240 萬元，即一個月收 20 萬元，則公關公司固定要做那些事情。

    • 有些則是按件計酬的，例如：舉辦一場新產品發表記者會是 20 萬～ 30 萬元之間。或是更大型的活動，也可能在 100 萬～ 300 萬元之間不等。

六、為何需要整合行銷公司

1. 因為，整合行銷公司辦專業活動的經驗及能力比較豐富。

2. 現在也有愈來愈多的中小型（5 人～ 50 人）整合行銷公司出現，專門為廠商協助辦理一些室內或室外的行銷活動。例如：廠商的週年慶、廠商的事件行銷活動、廠商的公益活動、廠商的新產品免費發放樣品活動、廠商的大型促銷活動、廠商的會員關係加強活動、廠商的展示活動等，這些也可能委外處理。

3. 至於如何收費，則要看案子的大小規模而決定。

七、廠商（廣告主）本身應該做的事

如前述所言，廠商在各種行銷過程中，不免會委託外圍專業單位來協助公司各項行銷活動的推展，這是必然的，也是必須的。但是，廠商在這些過程中，也應該保有一些原則與能力才行，包括：

1. 廠商要有良好的抉擇判斷力。能判斷出這些公司的提案及創意好不好，然後提出討論修正的意見及做最後最好的抉擇。

2. 廠商應注意這些外圍行銷夥伴的下列能力好不好、強不強：

- 「創意」能力如何？
- 案子推動的「執行力」好不好？
- 過去配合的「成果」及「效益」好不好？
- 他們是否把我們當成是「重要的客戶」，因此能專心一意的投入在本公司？
- 他們是否是一家「穩定」的及「有口碑」的行銷夥伴公司？
- 過去我們跟他們雙方的各項合作記錄，是否「順暢」、「愉快」及具有「默契」？

第 3 節　最主流媒體電視廣告分析

一、電視廣告

迄今仍是廠商最主要的首選刊播媒體；但近年來已快要被數位媒體廣告追上了。2020 年電視廣告業為 220 億元，而數位廣告業為 150 億元，已快逼近電視廣告業。

二、電視廣告的優點

1. 具有影音聲光效果，最吸引人注目。
2. 臺灣家庭每天開機率高達 90% 以上，是最高的觸及媒體，代表每天觸及的人口最多，效果最宏大。
3. 屬於大眾媒體，而非分眾媒體，各階層的人都會看電視。

三、電視廣告的正面效果

1. 短期內，打產品知名度（或品牌知名度）效果宏大。
2. 長期內，為了維繫品牌忠誠度，並具有提醒（remanding）效果。
3. 促銷活動型廣告與企業形象型廣告，均有顯著效果。

四、電視廣告的缺點：成本最高

1. 刊播成本是所有各大媒體中的最高者。一般中小企業負擔不起，只有中大型公司才有能力上廣告。
2. 如果 CPRP 價格為 7,000 元（每 10 秒），則 30 秒 TVCF 在收視率 1.0 節

目播出一次，要價2.1萬元，如連續播出200次，則要價420萬元廣告費。

五、電視廣告刊播預算估算

(一) 新產品上市

至少要 3,000 萬元以上才夠力，一般在 3,000 萬～ 6,000 萬元之間，才能打響新產品知名度。

(二) 既有產品

要看產品的營收額大小程度，像汽車、手機、家電、資訊 3C、預售屋等，營收額較大者，每年至少花費 5,000 萬～ 2 億元之間。一般日用消費品的品牌，約在 3,000 萬～ 6,000 萬元之間。

六、電視廣告的頻道配置選擇

第一：要看產品的屬性與電視頻道及節目的收視觀眾群，要具有一致性

EX：

- 汽車
  藥品 ──→ 上新聞類頻道節目
  信用卡
- 預售屋 ──→ 上新聞類頻道節目
- 洗髮精
  沐浴乳 ──→ 上綜合臺、電影臺頻道節目

第二：要選擇較高收視率的頻道及節目

EX：

- 新聞臺→ TVBS 新聞、三立新聞、東森新聞
- 綜合臺→三立臺灣臺、民視綜合臺
- 電影臺→東森國片、洋片臺
- 新知臺→ Discovery、國家地理頻道

七、國內主要電視頻道家族

無線臺	有線電視家族頻道（計 10 家）
• 臺視	• TVBS
• 中視	• 三立
• 華視	• 東森
• 民視	• 中天
	• 緯來
	• 年代
	• 非凡
	• 福斯（FOX）
	• 八大
	• 壹電視

八、電視頻道類型（分眾）

1. 綜合頻道
2. 新聞頻道
3. 國片頻道
4. 洋片頻道
5. 戲劇頻道
6. 新知頻道
7. 兒童卡通頻道
8. 音樂頻道
9. 日片頻道
10. 體育頻道
11. 宗教頻道
12. 其他類頻道

→ 各有不同的收視族群與適合的產品廣告

九、電視收視族群的五種輪廓與樣貌（Profile）

1. 地區別（北、中、南、東）。
2. 年齡層（0-7；8-11；12-18；19-21；22-30；31-35；36-40；41-50；51-60；61 以上）。
3. 性別（男、女）。
4. 學歷別（國小、國中、高中、大學、研究所）。
5. 工作性質（白領、藍領、退休、家庭主婦、學生）。
6. 所得別（低、中、高所得）。

十、決定電視廣告花費效果的五大因素

1. 吸引人的電視廣告片（TVCF）。
2. 適當且足夠的電視廣告預算編列，讓廣告曝光度足夠。
3. 有效的媒體組合（Media-mix Planning）規劃，讓更多的 TA 看到這支廣告片。
4. 合理的媒體刊播購買價格。
5. 還有，不要忘了：產品力。

十一、品牌廠商處理電視廣告作業流程十步驟

1. 廠商有廣告製拍行銷需求，並與廣告代理商聯絡

2. 廣告代理商赴廠商處聽取需求簡報

3. 廣告代理商了解需求後，回公司討論及分工，即準備對廠商客戶的廣告企劃提案

4. 準備完成後，即赴廠商客戶處做簡報，討論及修改
簡報內容：策略、腳本、分鏡畫面、代言人選擇及導演聘請；必要時，導演也會出席

5. 經修改後，第二次廣告創意提案，討論並定案腳本、畫面、代言人
討論 TVCF 製拍費用（每支約 100 萬～ 300 萬元之間）
另代言人費用約 100 萬～ 1,000 萬元之間

6. 導演展開拍攝，約需 2 週～ 1 個月
A 拷帶 TVCF 完成

7. 廣告代理商攜帶 A 拷帶到廠商客戶處播放，討論及修改地方

8. 導演經修改後，B 拷帶完成，給客戶看過並討論，確定 OK 完成

9. 準備依媒體代理商所提出的電視廣告播出時間表（Cue 表）上檔播出

10. 播出 1 週後，馬上由廠商客戶與廣告代理商及媒體代理商展開效益評估

END

十二、電視廣告片內容訴求方式與強調重點

1. 強調：產品獨特性與產品差異化特色	2. 強調：心理滿足與訴求
3. 強調：產品功能與效用	4. 強調：服務
5. 強調：促銷活動內容	6. 幽默有趣訴求
7. 強調：帶給消費者的利益點	8. 唯美畫面訴求
9. 名人、藝人證言式廣告內容	10. 反面恐怖訴求

十三、電視廣告片（TVCF）的最主要五種型態

1. 促銷活動型廣告片

2. 新產品上市型廣告片

3. 新代言人型廣告片

4. 品牌維繫、提醒型廣告片

5. 企業形象型廣告片

 第 4 節　廣告決策內容（Advertising Decision）

　　行銷人員在發展及規劃廣告方案（Advertising Program）時，須考量幾項決策：

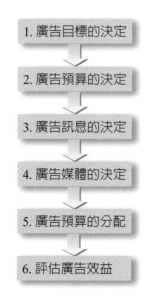

1. 廣告目標的決定
2. 廣告預算的決定
3. 廣告訊息的決定
4. 廣告媒體的決定
5. 廣告預算的分配
6. 評估廣告效益

▶ 圖 4-2　廣告決策內容

一、廣告目標的設定（Setting the Advertising Objective）

廣告目標為達成其目的，可區分為三項：

(一) 告知性目標（Informative Advertising）

此項作用是希望產品在開發的初步階段中，能夠讓消費者明瞭產品之特質並引發其需求。例如：嬌生嬰兒洗髮精在初上市時，其產品廣告之訴求目標，即在告知成人與嬰兒所使用的，是不一樣的，為了保護嬰兒的髮質，必須使用專門用於嬰兒的特別配方洗髮精。

(二) 說服性目標（Persuasive Advertising）

此項作用是希望產品在成長期的多家競爭中，能夠提出有力的訴求與證據，以支持並說服消費者認同與信賴本公司產品。

說服性廣告，常透過「比較廣告」，來突顯自己的品牌；也常透過專家或實際使用人出面做口頭印證。

例如：花王日用品的廣告，每一次均出現街頭或家庭中實際訪問花王產品的使用者感想，透過這種非廣告明星之表達，可以增加一般人的接受性，而事實也證明花王與白蘭的廣告都相當成功。

(三) 提醒性廣告（Reminding Advertising）

此項作用適用於成熟期階段，主要作用是希望提醒消費者對品牌的忠實、對品牌隨時知悉，或者是一些促銷性活動之參與；例如：國泰人壽公司的電視廣告就屬於此種性質。

(四) 促銷性廣告（SP Advertising）

為配合降價、週年慶、節慶或是打折等活動，而做的廣告宣傳片。

二、廣告預算之決定（Deciding the Advertising Budget）

廠商廣告預算的決定，大致有五種方式：

1. 銷售額占比率法。
2. 競爭公司對照法。
3. 目標達成法。
4. 長期投資法。
5. 市占率法。

三、媒體的決定（Deciding on the Media）

(一) 媒體的形式（Major Media Types）

1. 電視（Television）：無線電視與有線電視。
2. 報紙（Newspaper）。
3. 雜誌（Magazine）。
4. 廣播（Radio）。
5. 直接郵寄（Direct Mail）。
6. 戶外廣告（Outdoor Display）。
7. 網路廣告（On Line Advertising）。
8. 行動廣告（Mobile Advertising）。

(二) 如何選擇媒體

選擇媒體必須依循三個主要的項目進行：

1. 分辨哪個媒體會吸引什麼樣的群眾。
2. 從中選擇最理想的媒體。

3. 確定預算做最好的利用，並獲致最大效益。

如何選擇媒體，要看產品和它的廣告需求。關鍵在於：現在若要廣告這項產品，哪個媒體最有效？當然，要先定義什麼叫做「最有效」？有效的廣告需要以下條件的廣告媒體：

1. 可以盡可能爭取目標大眾。
2. 可以賦予欲傳遞的訊息最大的能見度。
3. 可以在預算內，盡量的節省傳遞訊息的費用。
4. 可以在一個適合產品和群眾的環境裡傳遞訊息。

(三) 媒體時機之決定（Deciding on Media Timing）

1. 廣告時機類型
   - 密集式的。
   - 連續式的。
   - 間歇式的。
2. 時機類型考慮因素：
   - 廣告溝通之目的。
   - 產品的性質。
   - 購買頻率。
   - 目標顧客之流動率。
   - 分配通路。
   - 目標顧客之遺忘率。

(四) 媒體組合

媒體組合意即在廣告中運用兩種以上媒體，有其下列原因：

1. 增加觸及率：因消費者對媒體的接觸不一樣，多一種媒體可增加接觸範圍。
2. 互補效果：各類型媒體有其特性，電視有聲光效果，廣播有聲音效果，報紙和雜誌可提供詳細內容，互相使用比僅使用單一媒體來得有印象效果。
3. 發揮綜效：集合上述二項優點而獲得最大的廣告效果。媒體組合是要利用各種媒體的特性，作最佳的組合，因此在組合上必須考慮量與質的有效運用。

四、廣告預算分配

(一) 媒體間

做廣告預算時，決定採用何種媒體，並依廣告的目標來採用媒體比例的高低，其中的媒體包括報紙、電視、網路、廣播、DM、傳單、戶外廣告及手機等的分配。

(二) 媒體內

在相同的媒體內，廣告預算會依據媒體的性質、強弱以及時段而來選擇電臺或時段。

(三) 地域別

廣告主會對整個銷售區來做廣告預算的分配，銷售較弱的地區會使用較多的廣告預算來鼓勵經銷商銷售，而銷售良好的地區，只須用到足以維持該產品競爭地位的廣告預算即可。

(四) 月別

廣告主會依據產品在一年時節中對產品需求量的多寡，來分配廣告預算。有些廣告主在淡季時仍會推出該品牌的廣告，因為要維持大眾對該品牌的認知及印象。

五、評估廣告效果（Evaluating Advertising Effectiveness）

所謂廣告效果，簡單地說，就是廣告主把廣告作品透過媒體揭露之後，產生的影響。這影響包括：「有沒有看過這個廣告」（所謂的「廣告認知效果」）、「這個廣告在傳達什麼訊息」、「喜不喜歡這個廣告」（所謂的「偏愛效果」）、「會不會受廣告影響而購買這個產品」（所謂「廣告促購效果」）等。在實施廣告效果評估時，通常會針對這幾個指標進行調查。

一般來講，廣告效果評估可分為「事前測試」（Pre-Testing）與「事後評估」（Post-Evaluating）。「事前測試」的目的在於廣告未正式播出之前，先行觀察對象的反應，是否能達到預期的廣告目的，以免未來投入大量廣告費用後，效果不彰，甚至是反效果時，白白浪費了行銷資源。而透過「事後評估」，以檢測媒體安排的好壞，並再度了解該廣告對視聽大眾的影響程度。

　　「事前測試」的素材可以是 Storyboard、Motionboard 或 CF 帶，一般多採用焦點團體座談（Group Interview）或設一定點進行調查（Central Location Test）。而「事後評估」，則多採用電話調查的方式，但當有些廣告表現難以透過電話進行詢問時（有音樂沒有旁白的 CF、廣告情節片段零碎）或差異性不夠時，此時就會採用定點調查，讓受測者再看 CF，以切確掌握消費者廣告認知情形。

(一) 廣告效果評估作業模式（正規模式）

產品概念測試 Product Concept Test	廣告概念測試 Creative Concept Test	廣告效果前測 Advertising Pre-Test	廣告效果追蹤調查 Advertising Post-Test

【目的】	【目的】	【目的】	【目的】
• 先透過相關的市場分析與產品分析，再透過合適的調查設計，以找出該項產品所適合的消費群與產品概念。	• 從消費者對每一個廣告概念的評價中，找出最適合的一個廣告概念。 • 從測試過程獲得資訊，作為廣告策略發展的參考。 • 找出每個概念在競爭環境中的定位。	• 藉此了解是否有溝通上的盲點及負面影響等，以指引發展出更出色的創意表現。 • 預知將來廣告露出的結果，並作為最後修正的參考。	• 了解廣告活動的實施效果與當初所設定的廣告策略是否需作調整？ • 了解消費者態度改變的情況、購買動機、試購與續購的行為。 • 對競爭者所造成的影響如何、競爭者的相對情形如何？
☞找出產品的市場定位 To Whom Should I Talk？ What Should I Say？	☞找出與消費者最有效的溝通方式 How Should I Say？	☞將與消費者的溝通方式達到最佳狀態 How Well Have I Said It？	☞與消費者的溝通是否達成？ How Well Have I Said It？ Am I Achieving My Objoctive

▶ 圖 4-3　廣告效果評估作業模式（正規模式）

資料來源：國華廣告公司網站（行銷小寶典）。

(二) 廣告效果評估作業模式（簡易模式）

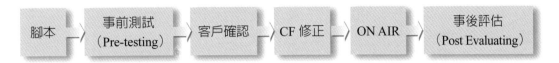

重點在藉此了解
該廣告是否有溝
通上的盲點及負
面影響。

事前評估的內容以廣
告訊息傳遞的有效
性、廣告喜好度、廣
告促購度、廣告建議
等為主。

一般多以質化調查的
方式進行。

重點在檢視該廣告
是否有效到達視聽
群眾。

事後評估的內容包括廣告知名
度、廣告訊息理解度、廣告喜好
度、廣告促購度、品牌形象等。
通常在第一波廣告播出結束前（此
時要求 GRP 需至少達 500%，如
此廣告知名度約可達 30%，才有
足夠的樣本數進行訪問），實施
廣告效果調查。

一般多以電話訪問的方式進行。

▶ 圖 4-4　廣告效果評估作業模式（簡易模式）

資料來源：國華廣告公司網站（行銷小寶典）。

〈案例 1〉印象深刻與最喜歡廣告排行榜
——廣告效果事後測試民調

▶ 表 4-1　8 月分消費者「印象深刻」電視廣告排行

(一)18～24歲（N=109）	比例	排名
eBay 拍賣網「花瓶」篇	4.6	1
可口可樂香草口味「電話亭」篇	3.7	2
海尼根啤酒「名人」篇	2.8	3
約翰走路威士忌「人魚」篇	2.8	3
SK-II 晶澈煥白精華「雷射手術」篇	2.8	3
無印象深刻者	69.7	
(二)25～34歲（N=156）	比例	排名
eBay 拍賣網「花瓶」篇	7.7	1
約翰走路威士忌「人魚」篇	5.1	2
三菱 Savrin 汽車「夫妻藍牙篇」	3.2	3
無印象深刻者	66.7	
(三)35～50歲（N=235）	比例	排名
三菱 Savrin 汽車「夫妻藍牙」篇	2.6	1
eBay 拍賣網「花瓶」篇	2.6	1
約翰走路威士忌「人魚」篇	2.1	3
無印象深刻者	79.1	

資料來源：潤利公司電訪全臺三大都會區 500 位民眾。

▶ 表 4-2　8 月分消費者「最喜歡」電視廣告排行

(一)18～24歲月（N=109）	比例	排名
約翰走路威士忌「人魚」篇	1.8	1
可口可樂香草口味「電話亭」篇	0.9	2
eBay 拍賣網「花瓶」篇	0.9	2
Nokia 3300 手機「轉盤」篇	0.9	2
行政院衛生署國民健康局「武裝自己」篇	0.9	2
無喜歡者	93.6	
(二)25～34歲（N=156）	比例	排名
約翰走路威士忌「人魚」篇	2.6	1
海尼根啤酒「名人」篇	1.9	2
無喜歡者	89.7	
(三)35～50歲（N=235）	比例	排名
約翰走路威士忌「人魚」篇	0.9	1
eBay 拍賣網「花瓶」篇	0.9	1
無喜歡者	94.5	

資料來源：潤利公司電訪全臺三大都會區 500 位民眾。

六、創意執行類型

廣告創意的執行，通常有下列七種方式表現：

1. 證明法（代言人，例如：醫生、演藝人員、專家、意見領袖等）。
2. 問題解決法（洗髮精，例如：海倫仙度絲解決頭皮屑）。
3. 示範法（洗潔精，例如：多芬洗面乳、洗髮乳之上班族示範）。
4. 幻想型（例如：英雄救美、穿 Levi's 牛仔褲）。
5. 幽默法（例如：用古裝手法拍攝茶飲料）。
6. 生活片段法（例如：統一左岸咖啡、御便當）。
7. 直接銷售法（例如：台灣固網電信與百貨公司促銷打折廣告）。

圖 4-5　廣告創意執行類型

七、不一樣創意廣告的觀點策略

(一) 強調類別需求的策略

不要去突顯廣告的品牌只要做一般性的廣告，通常是產品類別界的龍頭，不打品牌，只突顯類別需求，例如：康寶濃湯。

(二) 先發制人的策略

產品之間無特殊性，品牌之間亦無太大差異，但是每一品牌都具有這個功能，別的品牌無法 Copy。

(三) 品牌形象策略

讓消費者在心理上、生理上，去認同、去區分這個產品的品牌形象，跟其他品牌產品不一樣，也就是藉廣告讓產品品牌的個性與其他產品不一樣。

(四) 定位策略

產品定在什麼位置？先考慮競爭對手、消費族群如何去跟競爭對手做比較，本項策略是以競爭對手取向的作法。

(五) 共鳴策略

將廣告與消費者或看廣告的受眾之間產生共鳴之策略，所謂共鳴就是身歷其境。

(六) 情緒策略

通常用在涉入程度不高的情況下，區分理性、感性兩類。

八、幽默式廣告效用

幽默在廣告中的效用：在美國廣告中，大約 25% 的廣告是以幽默來訴求，英國則是占 35%，幽默會影響態度及反應，讓客戶馬上有反應是非常有效的。在廣告中運用幽默訴求是否真的有用，相關研究指出幽默的東西能夠引起人相當的注意力：

- 幽默通常是引起人注意的有效廣告方式。
- 幽默通常較無傷大雅。
- 幽默不會真正傷害到整體的情況。
- 幽默不見得會比不幽默的東西更有說服力。
- 幽默不見得會加強資料、資源的信用度。
- 產品本身用適當的幽默可引起注意力，但有時候要多用於對產品感覺的方式，即感覺上好的方式，如果運用幽默的話，效果很大。

 第 5 節　廣告製作的步驟

廣告代理商對廣告製作的完整架構及流程，應包括七個縝密的步驟，才能做好對廣告主的廣告策略活動。

廣告製作的全部過程包括七個步驟：

第一步：決定行銷目標或目的

在發展明確的行銷策略和計畫以前，必須知道應該要完成的任務。客戶必須明確告知行銷的目標是在行銷金額、單價上，或是目標市場的占有率。

第二步：發展行銷策略與貫徹行銷目的

行銷策略說明了行銷目的，如何透過一連串多樣的手段來完成。

1. 設計、重新設計、修飾產品或服務。
2. 訂出產品或服務的價格。

3. 決定產品（或服務）線及其相關組合。

4. 加強直接銷售（Direct Selling）。

5. 規劃並執行產品促銷及商品化計畫。

6. 設計及執行廣告計畫。

7. 用其他的行銷活動來達成行銷目的。

第三步：發展明確清晰的廣告策略

廣告策略是一種「如何透過廣告來達成行銷目標」的精確描述。

明確的廣告策略，必須注意四個要素：

1. 決定核心廣告訊息

所謂核心廣告訊息，是以「消費者的言語來表達廣告中產品或服務的精華」。產品或服務的簡單陳述，對一般消費者而言最有意義。有時候，這些精髓稱為產品或服務的「定位」，有時則稱為產品或服務的「創意策略」。

2. 認清廣告的目標觀眾

目標觀眾（Target Audiences）是指一群人或公司企業，核心廣告訊息對他們而言是有意義的，他們在接收核心訊息之後會產生一種行動結果。

廣告代理商必須找出目標觀眾。

3. 決定如何將核心廣告訊息傳達給目標觀眾

這時候最常聽到的問題是：如何將核心廣告訊息傳遞給目標族群？選擇合適媒體可接觸到精準的目標觀眾。

廣告公司必須藉由媒體，將核心廣告訊息傳遞給目標觀眾。

4. 發展目標閱聽群傳達訊息的基調

這種基調的種類很多：它可能是演說方式的、尖銳的、爭論的、武斷的、直接的、精美的、抽象的，甚至是冷酷的。每一個廣告活動應同時適合其核心廣告訊息及目標族群。

廣告公司必須針對每個廣告活動發展不同的基調。

以上這四項具體的廣告策略，訂定了廣告中將要說什麼、對誰說、何時說，和如何說。廣告策略是形成明確廣告計畫的基本原則，而策略性企劃則是廣告代理商對客戶基本服務的第一項。

第四步：製作廣告

一旦廣告策略得到廣告主同意，代理商就開始進行廣告創作。

首先，以草案方式提出構想，這些初期的廣告構想必須和所有廣告策略相輔相成。也就是說，這些草案必須表達出核心廣告意念，它們必須和目標族群匹配，它們須可以傳遞核心意念給目標族群，同時也必須和廣告主所希望傳遞的廣告訊息的性質相符，廣告發想最重要的是以什麼媒體呈現最好的效果。

第五步：發展媒體計畫

廣告媒體由媒體代理公司負責，在創意工作之前或同時進行。媒體計畫說明購買哪些廣告媒體時段或版面，以達到接觸目標族群。這計畫也包括了廣告播出時間表，表中詳細列出該時間的媒體廣告預算，全部計畫由媒體代理商公司向客戶提出，並經其核准授權支出費用。

第六步：與媒體談判交涉購買媒體合約

媒體計畫經核准後，媒體代理商公司就會盡量以最有利的媒體價格來為客戶洽談廣告版面及時段。

第七步：確認刊播並支付帳單

當廣告已確定出現在媒體上時，廣告代理商會收到帳單。確定無誤後，代理商就向客戶請款，最後由媒體代理商付費給媒體。

第6節　戶外媒體：躍升中的第五大媒體

一、戶外媒體OOH新勢力

走出家門，你將和網路、電視、報紙、雜誌等媒體暫時告別，可能也遺忘了這些在家中接觸的媒體廣告。有沒有算過，從家門口到目的地途中，你接收過多少廣告訊息？當你進入賣場，伸手拿起要購買商品的瞬間，一直到收銀檯結帳的那一刻，你又接觸到多少廣告？……這些都屬於「第五大媒體」的範圍。

在傳統的四大媒體：電視、報紙、雜誌、廣播之外，有一股新媒體勢力和網路媒體一樣，正快速崛起，甚至引發更多話題與民眾注目。

舉凡大臺北街頭流動的計程車、大型的戶外壁貼、在夜晚閃爍光芒的霓虹塔、匯聚人潮的戶外電視，甚至在貨架上不停召喚你多看一眼的小模型，都再再觸及消費大眾的購買慾望，進而將之轉換為實際行動。這股新勢力，稱為「OOH

戶外媒體」（Out of Home Media）。

在 2003 年潤利調查公司統計的資料中，雖然傳統四大媒體的有效廣告量，仍占了總媒體的七成以上，但其中最令人驚艷的，就是總產值達 41 億元、成長幅度高達 28% 的戶外媒體。

二、包羅萬象的戶外媒體（四大類）

目前臺灣的戶外媒體可約略分為下列幾項：

(一) 戶外看板

除了加油站看板外，最常見的戶外看板就是一般大樓牆壁張貼的帆布廣告。就算只有公司行號及電話，也是最簡單的戶外看板。另外像高速公路兩旁的 T Bar，也可劃分於戶外看板當中。

人潮愈多的地方戶外看板也愈多，新據點廣告公司業務部協理陳曉輝認為，商圈中戶外看板是消費者進入商圈購物前最末端的媒體，因此以臺北地區而言，西門町、東區、信義區等商圈，是目前戶外看板聚集最明顯的地方。抬頭一看，隨時可見各式各樣的大型廣告看板。

(二) 交通媒體

交通媒體是目前成長力道最強勁的戶外媒體，2003 年的廣告量高達 19 億多元。所謂交通媒體，指的就是以交通運輸工具作為傳播媒介的廣告，透過這些媒體訊息，傳遞給搭乘這些運輸工具的消費者。依運輸工具的不同，交通媒體可再分為：

1. 公車

最早從公車內張貼的廣告，到現在車體外的廣告，公車的廣告形式也愈來愈多變化。從早期正正方方的車體外廣告，現在則有更多廣告主選擇以「破格」方式呈現：廣告圖樣延伸至窗戶，也有更多活潑的呈現方式。

公車廣告進入「車體外廣告」後，目標族群也從搭乘公車的民眾，擴展到凡「能看到」公車的族群皆屬之。公車有一定的行駛路線，因此對於廣告主而言可以有很清楚的選擇範圍。而在 AC Nielsen 的調查中，公車車箱的接觸率高達八成，也顯示出未來公車媒體的前景看好。

由於公車媒體之前分別由不同代理商負責，在競爭激烈下，為人所詬病的情

形就是在削價競爭下，為持平成本的「偷車」，也就是假設合約上明定 100 輛公車，但卻可能只有七、八成的公車貼上廣告主的廣告。但這樣的情形，在目前由柏泓媒體取得大臺北地區 3,000 多輛、近八成數量的公車之後，將可杜絕此情況發生。

2. 捷運

因為火車和捷運的運輸工具，通車形式接近，所以將兩者歸為同一類別。早期車廂內廣告、捷運車體彩繪廣告，或是各站內燈箱廣告，發展到現在於捷運站內也可以大做文章：手扶梯上的長型廣告，牆壁兩旁，甚至連結天花板和地板的巨型壁貼海報，或是從天花板垂掛而下的布幔，每一個地方的呈現，都是為了要吸引路人的目光。

捷運一天的人潮進出量有 200 萬人次，一個月就有 6,000 萬，加上以上班族和學生族群的客層定位非常清楚，廣告主能清楚地知道目標族群就在這裡！因此除了食品類的廣告外，精品、金融、數位、保養品等較高消費的產品，也都很適合捷運廣告的刊登。

3. 計程車

計程車與公車相較之下活動力高，除了往來於重要街道外，同時能穿梭於大街小巷，並能不斷來回於人潮聚集處，更加提高其曝光度，近來已成為新興的戶外媒體。

最早的計程車廣告僅是簡單幾行字的貼紙，而目前則有更活潑的作法，除了車頂燈箱經由交通部車研所測試合格，具有安全和合法性，另外車體兩側、側窗、後窗的廣告貼紙，也能讓路過的人、車一眼就能看到。

計程車媒體也能和消費者產生「互動式行銷」，方式就是利用車座背面 DM 盒中的廣告 DM 或試用品，讓乘客自由拿取。而這種與消費者有更多互動方式的行銷手法，未來成為媒體的附加價值後，也更能獲得廣告主的青睞。

4. 機場

機場媒體的應用不外乎是燈箱看板和手推車廣告。李世揚指出，由於機場廣告行之有年，所以目標族群的應用非常清楚。機場同時是國家大門，因此企業於此做形象廣告非常適合。

(三) 街道家具

所謂「街道家具」就是利用候車亭、電話亭等所做的看板，在歐、美大都市發展較成熟，臺灣目前重要城市如臺北、臺中、高雄等地也都有。

(四) 其他

其他如街道上的 DM 發送或是報紙中的夾報，也有人將之歸納在戶外媒體當中。

三、戶外廣告之特點

1. 具有很廣的接觸率和頻次：經過者皆可看到，故設置地點十分重要，通車族、旅遊者都會看到。且戶外廣告到期，如沒有其他廣告主購買，不會拆掉，也會增加曝光率。
2. 接觸到地區性的人：可以針對某社區的人作訴求。
3. 長期揭露於固定的場所，易造成印象累積效果，其反覆訴求的效果大。
4. 如果被長期固定於戶外時，可成為該地區的象徵。
5. 由於照明之設置，夜間放出多彩光芒，注意力易於集中。
6. 夜生活者，精神處於鬆懈狀態，較容易接受廣告。
7. 面積大，廣告醒目，注意度高。
8. 以簡單文字、特殊構圖取勝。
9. 價格便宜。

四、戶外廣告的四項創意特色

戶外媒體發展至今，方方正正的廣告形式已經無法滿足其無限的創意。

第一個明顯的例子為「破格」，也就是原本位於車體兩旁、車窗下方空間的廣告，現在圖案已經向上延升至車窗部位，不管是公車、計程車、捷運等都有此應用。

第二個現象為「巨大」。一面側面牆壁還不夠，現在已經要一整棟大樓才夠看！似乎愈大就愈能吸引所有人的視線。最明顯的例子就是位於南京東路和敦化北路的大樓，從荷蘭銀行的梵谷畫作、福特 ESCAPE、HONDA、CR-V、蘋果日報、VISA 白金卡等，到臺北銀行的「曉玲嫁給我吧」，莫不吸引著每個路過消費者的目光。

　　第三個現象爲「立體」。以西門捷運站出口的金融大樓等爲例，曾設計過 Durex 的立體保險套精子娃娃，及 CONVERSE 的立體帆布鞋，創意的發想令人拍案叫絕！

　　第四個是「聲光」。經過 Moto 看板旁，怎麼這麼湊巧就有手機旋律傳出？別驚訝，這是廣告背後所放置的音樂效果，只要有人經過就會有音樂聲；經過捷運車站，身旁怎麼傳出有人打噴嚏的聲音？原來是伏冒錠的燈箱看板所傳出的聲音。這些效果讓原本的視覺廣告更多了聽覺的刺激，難怪會讓人留下深刻的印象。

　　這些創意的確讓戶外媒體的變化更多元，但有不一樣聲音認爲，「創意」是戶外媒體一大加分，這是一個現象，卻不見得是未來的趨勢。

五、過去一週內看過的戶外廣告

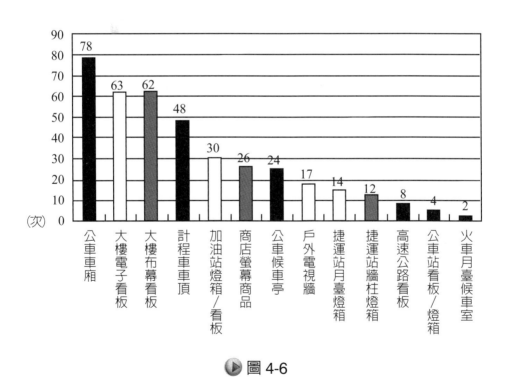

◉ 圖 4-6

六、三大類媒體的用途不同

　　凱絡媒體總經理朱詣璋曾指出，面對消費者生活的多樣化，現階段的媒體可

根據消費者在家接觸的媒體、在路上看到的媒體與進入店頭三種狀況，分別區分為「在家媒體」（Home Media）、「在途媒體」（On the Way Media）、「店頭媒體」（Point of Purchase Media），每種媒體有它的角色與功能（請見表4-3）。

▶ 表 4-3　各類媒體類用途不同

媒體類別／屬性	在家媒體	在途媒體	店頭媒體
① 電視	★		
② 廣播	●	★	●
③ 電影		★	
④ 報紙	★		
⑤ 雜誌	★		
⑥ DM 傳單	★	●	
⑦ 夾報	★		
⑧ 郵購目錄	●		★
⑨ Coupon 廣告	●	●	★
⑩ Publicity 廣告出版物	★		
⑪ 公車、捷運內外廣告		★	
⑫ 機場車站廣告		★	
⑬ 街頭燈箱電視牆		★	●
⑭ 戶外看板霓虹塔		★	
⑮ 試用品		★	●
⑯ 造勢活動		★	★
⑰ 店內陳列			★
⑱ 包裝上廣告		●	★

★表示主要價值　●表示輔助價值

資料來源：朱詣璋。

七、三類媒體的不同效果重點

　　以廣告效果來看，在家媒體在「知名度」的貢獻度高，但促成「行動」的貢獻度低；在途媒體主要的貢獻為「知名度」與「行動」，但對「理解」、「偏

好」、「確信」、「意願」這四部分較低。而店頭媒體在「知名度」與「偏好」的貢獻度較弱，但在「確信」、「意願」與「行動」的貢獻度，都高於在家與在途媒體（見圖 4-7）。

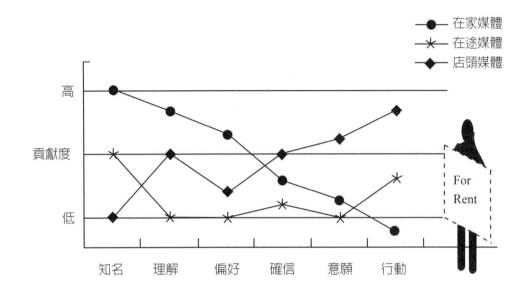

圖 4-7 在家、在途、店頭媒體廣告效果各有擅長

資料來源：朱詣璋。

 第 7 節 電視廣告提案實務案例——東森房屋電視廣告提案（BBDO 黃禾廣告）

一、仲介所扮演的角色

二、買方

1. 買房子是大事，可以花時間慢慢找，不想將就（3～6 個月）。
2. 家庭成員的改變、人生規劃的新局
   - 新婚、新生兒、新學區、新工作、退休。
3. 價格可以負擔、符合需求
   - 地段、學區、生活機能、格局、鄰居、屋況、產權。
4. 大筆金錢交易，會忐忑不安，慎重反覆考慮實際面（甚至親友、風水師再反覆看）。
5. 想買的不只是一個房子，而是一個理想的生活
   - 每次看房子，我們都會說：這裡可以放個小咖啡桌喝下午茶，這裡可以給小狗狗住等，有了這些夢想在裡面，房子才因此活了起來。

Unmet Needs：真正為我著想的房仲公司，一直都知道我要的和不想要的是什麼，幫我找到符合理想的房子。

三、賣方

1. 賣房子是急事，賣得快、價錢 OK 最重要
   - 通常是有大筆的資金需求、換屋或出國。
2. 講求實際理性，錢落袋為安
3. 但仍有些感性的成分
   - 賣房子的心情五味雜陳，怕受騙，怕賣得不好，怕麻煩，很想趕快把事情處理好，但又很捨不得。
   - 賣房子等於是回憶出讓，但對房子仍有感情，希望可以找到一個一樣享受、欣賞這裡的居住環境的買主。

Unmet Needs：房子是我珍貴的資產，希望仲介把房子當成自己的房子在賣，賣到好價錢，也找到好屋主。

四、我們聽見了

店東訪談
- 士林捷運　林煥斌副會長
- 新莊中平　簡榮耀會長

- 永和　　　　黃天助副會長
- 七期新光　　傅枝火會長
- 和美加盟　　姚禎祥總會長
- 高雄大豐　　吳國隆會長

五、東森房屋是……

1. 歷史悠久（強化信賴感）、區域深耕的老店，但有著創新觀念、新氣象。
2. 每家店都是獨立個體，在地踏實經營，安全值得信賴。
3. 注重人性關懷，了解顧客的需求，客製化的服務。
4. 品牌最大、案源廣；全省分店最多，服務密集。
5. 受負面新聞影響消費者信心、形象被質疑，需不斷進行消毒與澄清，重建消費者信心。
6. 經過說明與釐清，還是能取得信任（熟客），關鍵仍然在於：是否有能夠滿足顧客的物件。

六、對廣告的看法

1. 應持續與消費者溝通，沒有聲量，消費者就不知道東森是大品牌的優勢。
2. 展現東森房屋的服務熱誠。
3. 溫馨、感性的。

七、各房仲品牌傳播訴求

品　牌	支持點	主　張
信義	信任、四大保障	信任帶來新幸福
永慶	20 週年 真實案例故事	因為永慶更加圓滿
	網路功能與服務（超級宅速配）	家的夢想就在眼前
太平洋	20 年與時並進的服務	最久最好的朋友
住商	責任感（顧客服務最優先）	有心最要緊（你希望的家，安心交給我）
有巢氏	社區深耕熱心	你家的事，我們的事
中信	大小關鍵都嚴謹 無微不至的服務	用心

八、競爭者觀察

1. 持續溝通一個廣告訴求，在消費者心中累積印象。
2. 二大品牌（信義、永慶），占住品類訴求（成家的幸福）。
3. 其他品牌（住商、中信、有巢氏）談人員服務尋求差異性。
4. 廣告手法
   - 平實、生活題材的廣告具信賴感。
   - 過去一些誇張特效超寫實的廣告表現已不復見，多打感性、溫馨牌。

九、檢視東森房屋：優劣勢分析

Strengths優勢	Weaknesses弱勢
• 全國最多加盟店，規模第一 • 高知名度（NO.3-4） • 總部資源：人員訓練與資源支持（分會制度、e化、連賣制度） • 在地深耕，人脈與經驗非其他房仲輪調性業務能及	• 在更名後，相較競品，廣告投入資源較少，品牌形象與識別度較弱 • 力霸東森的負面新聞影響消費者對品牌的觀感，造成非熟客的流失
Opportunities機會點	Threats外在威脅
• 物件本身以及房仲人員的服務是消費者最在意的條件 • 房仲人員的服務中，了解需求的排名逐年上升	• 房仲品牌增加，但房仲服務的同質化，造成競爭更加激烈 • 房市不景氣，房仲市場萎縮 • 信義、永慶、住商不動產等品牌積極投資品牌廣告，累積品牌資產

十、廣告目標

讓東森房屋成為令人尊敬及感動的領導品牌。

十一、策略思考點

1. 專注在買賣房屋的行為。
2. 跟其他競爭品牌有差異的，別家沒有講的。
3. 對買賣雙方都有利的。
4. 一個可以長久經營的廣告主張。

十二、廣告主張

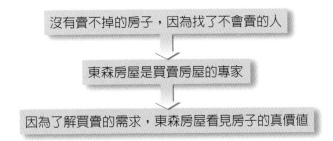

沒有賣不掉的房子，因為找了不會賣的人

東森房屋是買賣房屋的專家

因為了解買賣的需求，東森房屋看見房子的真價值

十三、檢視廣告創意的重點

1. 不只訴求賣方，更要兼顧買方。
2. 不只表現東森房屋的優勢，更要從競爭者中突顯。
3. 不只是建立品牌，更要有直接的促動力。
4. 不只感動消費者，更要贏回消費者的信任。

Chapter 5

媒體企劃與媒體購買

第 1 節　媒體分析（Media Analysis）

一、廠商較常使用的行銷八大宣傳媒體

1. 電視廣告 TV。
2. 報紙媒體 NP。
3. 雜誌媒體 MG。
4. 廣播媒體 RD。
5. 網路媒體 Internet（數位媒體）。
6. 戶外（交通）媒體 OOH（Out of Home）。
7. DM、刊物媒體。
8. 手機媒體（行動媒體）。

二、七大媒體的未來趨勢重要性及產值

	媒體類別	主要／輔助	未來趨勢	2020年廣告規模
1	電視媒體	最主要媒體	・目前為第一大媒體 ・未來仍是重要（中年人為主力）	200 億
2	網路媒體（含手機）	與電視並列第一大媒體	・未來日益重要 ・15 歲～35 歲年輕族群為主力	200 億
3	報紙媒體	輔助媒體	・閱報率下滑 ・重要性漸下降	30 億
4	雜誌媒體	輔助媒體	・持續下滑	20 億
5	夾報 DM、刊物媒體	輔助媒體	・持平發展	20 億
6	戶外媒體	輔助媒體	・持平發展	40 億
7	廣播媒體	輔助媒體	・持續下滑	15 億

三、電視媒體分析

TV = 無線電視臺 + 有線電視臺（Cable TV）

• 臺視	主要頻道家族：
• 中視	• TVBS（3 個頻道）
• 華視	• 東森（8 個）
• 民視	• 三立（4 個）
• 公視（無廣告）	• 中天（2 個）
	• 八大（3 個）
	• 緯來（5 個）
	• 年代（3 個）
	• 非凡（2 個）
	• 福斯（4 個）
	• 壹電視（1 個）
	• 民視（1 個）
	（從 25 頻道～ 70 頻道）

四、收視占有率分析

無線臺	有線臺
10%	90%
1. 以晚間綜藝節目及八點檔戲劇節目為較高收視率。	1. 以新聞節目、電影節目、戲劇、綜藝節目為較高收視率。
2. 全國 600 萬戶家庭均可收看到。	2. 全國普及率 80%，約 490 萬戶家庭可收看到。

五、有線電視主要頻道類型（十種）

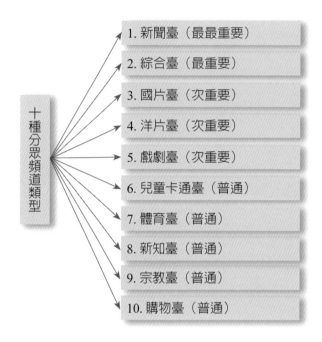

十種分眾頻道類型

1. 新聞臺（最最重要）
2. 綜合臺（最重要）
3. 國片臺（次重要）
4. 洋片臺（次重要）
5. 戲劇臺（次重要）
6. 兒童卡通臺（普通）
7. 體育臺（普通）
8. 新知臺（普通）
9. 宗教臺（普通）
10. 購物臺（普通）

六、國內收視率調查公司——外商A.G.B尼爾森公司（Nielsen）

1. 在全國 2,200 個家庭（北、中、南、東部），約 8,000 人，裝置收視記錄器，以電腦記錄收視戶收看每臺節目的狀況。

2. 各電視媒體公司每月均會向尼爾森公司付費幾十萬，購買每日的節目收視率狀況，以作為節目精進分析及廣告業務用途之用。

3. 一般來說，收視率 1.0 以上的節目，就算是不錯的收視率節目。1.0 平均代表該節目全國有 20 萬人口同時在收視，2.0 代表有 40 萬人口在看，0.5 代表有 10 萬人口在看。

   收視在 0.1 以下的收視率，就算是比較差一點的節目。

4. 高收視率節目，代表著：
   • 有較多的收視觀眾。
   • 可以訂較高的廣告價碼。
   • 可以有較多的廠商想上這個節目的廣告時段。
   • 電視公司可以從此節目中賺到較多的利潤。

七、收視觀眾輪廓／樣貌（Profile）

從尼爾森每日收視資料庫，可以整理出每個節目的每分鐘收視率之外，還可以整理出收視觀眾的輪廓內容，包括：

1. 在哪一個縣市、或地區別。
2. 男性或女性。
3. 年齡層別。
4. 工作性質別（白領上班族、藍領）。
5. 學歷別（國小、國中、高中職、大學以上）。
6. 家庭所得別：以作為廣告業務推廣之用。

廠商上哪個節目廣告的基本原則

節目收視觀眾輪廓	要符合，等於	產品 TA（目標消費族群）

八、電視仍是最主流的媒體

(一) 近一週及昨日，您曾經看過（尼爾森調查）

1. 電視：88%。
2. 網路（含手機）：92%
3. 報紙：18%。
4. 雜誌：15%
5. 廣播：10%。
6. 戶外：60%

(二) 電視臺經營到目前為止，仍是屬於賺錢的

每年獲利額大致在 1 億～ 8 億元之間，視不同臺而定。三立、東森及 TVBS 電視臺，是目前收視率領先及獲利較多的前三名電視臺。

九、報紙媒體（NP）

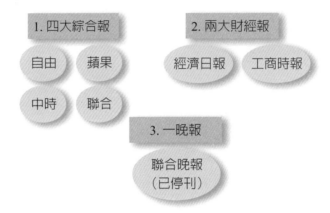

十、報紙概況（Newspaper）

1. 報業經營普遍困難，這幾年來，陸續結束：中時晚報、聯合晚報、星報、大成報、臺灣日報等。主因是發行量大幅下滑，閱報率下滑，致使廣告量收入不足，故虧損關門。

2. 閱報率排名：
   第一：蘋果日報　　第二：自由時報
   第三：聯合報　　　第四：中國時報

3. 發行份數：
   • 自由時報（30 萬份）　• 蘋果日報（15 萬份）
   • 聯合報（20 萬份）　　• 中國時報（15 萬份）

4. 年輕人不看報紙的趨勢增加中，閱報率衰退，而閱報者多為中老年人，故廣告不易拓展，也跟著不易賺錢。但報紙仍有其價值及分眾族群，並不會完全消失不見。

5. 迄目前，四大報蘋果、自由、中時及聯合報均處於虧損狀況，只有虧大或虧小的問題。中時報系被旺旺集團所收購，更名為旺旺中時傳媒集團，擁有中視、中天及中國時報。

6. 房地產業及汽車業，仍是報紙廣告客戶主要來源。

7. 蘋果日報廣告量較多，以房地產專版支撐最有力，其次為娛樂綜藝版的廣告量較多。

十一、Internet媒體

6. 其他網站
• FG（Fashion Guide）

5. 購物網站
• 雅虎奇摩　　　• PChome
• 博客來　　　　• 蝦皮
• momo 網

1. 入口網站及搜尋網站及平臺
• 雅虎奇摩　　　• yam
• 百度　　　　　• Google 聯播網
• Google 關鍵字

4. 新聞內容網站
• 聯合新聞網
• 中時電子報
• Nownews
• ETtoday 新聞雲

3. 專業網站
• 巴哈姆特（遊戲）
• Mobile 01（手機）
• 親子母嬰網站
• 其他

2. 社群網站
• Facebook 臉書
• IG
• YouTube
• 推特（Twitter）
• 痞客邦
• TikTok（抖音）
• Dcard

十二、網路行銷（數位行銷）方式

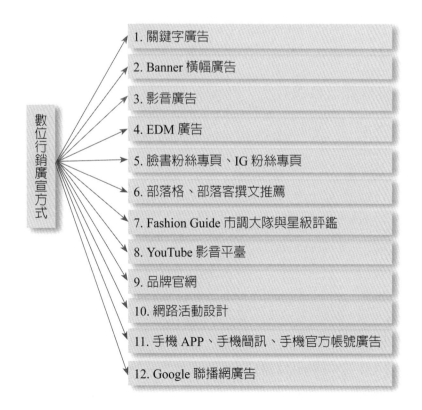

數位行銷廣宣方式

1. 關鍵字廣告

2. Banner 橫幅廣告

3. 影音廣告

4. EDM 廣告

5. 臉書粉絲專頁、IG 粉絲專頁

6. 部落格、部落客撰文推薦

7. Fashion Guide 市調大隊與星級評鑑

8. YouTube 影音平臺

9. 品牌官網

10. 網路活動設計

11. 手機 APP、手機簡訊、手機官方帳號廣告

12. Google 聯播網廣告

1. 數位廣告總量，2020 年已達 200 億元左右，與電視廣告量（200 億）相當，並列爲第一大媒體。
2. 網路廣告量目前仍以 Facebook（臉書）、IG、Google、YouTube、雅虎奇摩及新聞網站爲前六大，占有率高達 80%！

十三、廣播媒體（Radio）

1. 廣播媒體近幾年來，並無成長，持續衰退狀況，屬於搭配性輔助媒體。
2. 目前收聽率及廣告量較多集中在：中廣、飛碟、臺北之音、Kiss Radio、News 新聞網、高雄港都、臺中大眾等。
3. 廣播廣告收聽群仍以開車上班族群及國高中學生夜間聽廣播爲主。
4. 廣播電臺目前只有小賺錢，經營也很辛苦，公司規模及員工人數均不大。

十四、雜誌媒體（Magazine）

1. 雜誌媒體近年經營亦不易，收起來的也不少，但出版社仍爲數眾多。
2. 雜誌屬於分眾及小眾閱讀者，區分爲：商業財經性、語言、電腦、遊戲、親子、女性、服飾、美妝等二、三十種分類雜誌。
3. 雜誌廣告仍屬於輔助性媒體。
4. 商業財經性雜誌，較知名者有：商業周刊、今周刊、天下、遠見。

十五、戶外媒體（OOH）

1. 大樓看板、包牆廣告。
2. 都會公車廣告。
3. 都會捷運廣告。
4. 高速公路 T-Bar 廣告。
5. 辦公大樓電梯門口 LED 廣告。
6. 機場廣告。
7. 火車廣告。
8. 高鐵廣告。

十六、DM、刊物媒體

1. 夾報 DM 及宣傳 DM（房地產、賣場）。

2. 百貨公司、大賣場週年慶活動大本 DM。

3. 會員刊物、VIP 刊物。

4. 便利商店預購 DM。

5. 宅配到家訂購 DM。

 第 2 節　媒體企劃與媒體購買

一、「媒體企劃」的意義

1. Media Planning：

「係指媒體代理商依照廠商的行銷預算，規劃出最適當的媒體組合（Media-Mix），以有效達成廠商的行銷目標；為廠商創造最大的媒體效益；此謂之媒體企劃」。

2. 行銷預算→規劃有效果的媒體組合→展開執行。

二、「媒體購買」的意義

1. Media Buying：

「此係據媒體代理商依照廠商所同意的媒體企劃案，以最優惠的價格向各媒體公司（例如：電視臺、報紙、雜誌、廣播、戶外、網路公司等），洽購好所欲刊播的日期、時段、節日、版面、次數及規格等。」

2. 廠商行銷預算→交給媒體代理做媒體企劃及媒體購買→向各種媒體公司購買時段及版面以刊播廣告出來。

三、媒體代理商存在的原因

1. 媒體代理商因為具有集中代理較大廣告量的優勢條件，因此可以向各媒體公司取得較優惠的廣告刊播價格。

2. 如果是廠商自己去刊播，則必會花費更的成本；故廠商大都透過媒體代理商代為處理媒體購買及刊播這一類的事。

3. 媒體採購量大→有議價、殺價優勢→取得較低的廣告費用。

4. 廠商廣告主→直接向各種媒體公司購買版面、時段→較貴、成本較高。

5. 廠商廣告主→透過媒體代理商購買→各種媒體公司→成本較低！較便宜。

四、媒體代理商三大任務

1. 媒體企劃（Media Planning）。　　　2. 媒體購買（Media Buying）。

3. 媒體研究（Media Research）。

五、媒體企劃規劃的6步驟

1. 蒐集基礎資料（產品及市場）。　　　2. 訂定媒體目標及目的。

3. 考量目標視聽眾（TA）。　　　　　4. 決定媒體策略及媒體分配。

5. 編制媒體預算分配表。　　　　　　6. 安排媒體排期（Cue 表）。

六、媒體策略的6大考量

1. 各媒體選擇（choice）。　　　　　2. 媒體組合（Mix）。

3. 媒體比重（Ratio）。　　　　　　4. 媒體創意（Invention）。

5. 觸及率及頻次策略。　　　　　　　6. 產品生命週期（PLC）。

7. 有效傳達廣告訊息。　　　　　　　8. 有效擊中目標對象。

七、媒體研究的7大工作

1. 研究媒體概況（傳統媒體及新媒體）。

2. 研究消費者樣貌、輪廓及媒體行為。

3. 研究產業經濟與市場狀況。

4. 研究市場競品媒體策略。

5. 觸及率及頻次策略。

6. 支援媒體企劃部門。

7. 幫助客戶釐清行銷問題與方向。

八、媒體企劃人員的工作與專業

(一) 研究消費者及研究產品：這個產品的目標消費群是誰？幾歲？幾點在做什麼事？消費能力如何？在哪裡買這個東西？自己買嗎？決定買的因素為何？一次買多少？多少價格才會買？是否經常換品牌？經常接觸什麼媒體？產品的現況為何？

(二) 研究媒體：各媒體的收視率多少？閱讀率多少？點閱率多少？收視群是誰？男女比例多少？每天收視次數多少？在哪個區域？閱聽人希望

獲得什麼事？在哪些時間收看？工作性質爲何？哪些天是收看的高峰期？

九、對媒體購買的要求：Cost Down

廠商客戶→永遠追求市場媒體最低價格 Cost Down（降低成本）→才算成功的媒體購買。

十、為何要有「媒體組合」？

(一) 單一媒體→觸及的目標消費群，可能會有一些侷限性。

(二) 組合媒體運用→觸及到更多的目標 TA，傳播溝通效果可能會較佳。

十一、媒體組合（Media Mix）配比概念

(一) 全方位媒體配比比例

例如：電視 60%，網路 20%。報紙 5%，雜誌 5%，廣播 5%，戶外 5%

(二) 單一媒體配比比例（例如：只做電視廣告）

例如：新聞臺 40%，綜合臺 40%，國片臺 10%，洋片臺 10%

(三) 單一媒體配比比例（例如：報紙）

例如：蘋果日報 80%，聯合報 10%，中國時報 10%

(四) 單一媒體配比比例（例如：財經雜誌）

例如：商業周刊 60%，天下 20%，今周刊 20%

十二、媒體組合配比意義

1. 配比愈多的媒體→表示該媒體的重要性及效益性就更高，要花多一些錢在該媒體。

2. 配比愈小的媒體→表示該媒體的重要性及效益性就更低。

十三、近來「媒體組合」的占比改變趨勢如何

1. 電視媒體：占比大致維持不變（一般而言，大致占 50%～60%）。

2. 數位媒體（網路＋手機）：占比顯著性上升（大致占 20%～30% 不等）。

3. 報紙媒體：占比持續顯著下滑、減少（大致占 5%～10%）。

4. 廣播媒體：占比持續顯著下滑、減少（大致占 0%～5%）。

5. 廣播媒體：占比略微下滑、減少（大致占 0%～5%）。

6. 戶外媒體：占比上升（大致占 5%～10%）。

十四、GRP的意義

1. GRP = Gross rating point

    = 總收視點數

    = 收視率之累計總和

    = 總曝光率

    = 總廣告聲量

2. GRP 即此電視廣告播出之的收視率累計總和或總收視點數之和的意思。

3. 例如：某波電視廣告播出 300 次，每次均在收視率 1.0 的節目播出廣告，故此波電視廣告之 GRP 即為 300 次 ×1.0 收視率 = 300 個 GRP 點數。

4. 又如：若在收視率 0.5 的節目播出 300 次，則 GRP 僅為 150 個（300 次 ×0.5 = 150 個）。

5. 再如：若想達成 GRP300 個，均在收視率 0.2 的節目播出廣告，則總計應播出 1,500 次之多，才可以達成 GRP300 個（GRP = 1,500 次 ×0.2 = 300 個）。

6. 總結，GRP 愈高，則代表總收視點數愈高，此波電視廣告被目標消費族群看過的機會及比例也就愈大，甚至看過好多次。

7. 一般來說，每一波兩個星期播出電視廣告的 GRP 大概平均 300 個左右，就算適當了。此時，這一波的電視廣告預算大約在 500 萬元左右。

8. GRP300 個，若在 0.3 收視率的節目，可以播出 1,000 次（檔）電視廣告的量，1,000 次廣告播出量應算是不少了，曝光度也應該夠了。

9. 每一波電視廣告 GRP 達成數只要適當即可，若太多了，可能只是浪費廣告預算而已。

十五、CPRP的意義

1. CPRP = Cost per rating point

    即每一個收視率 1.0 之廣告成本，每 10 秒計算。簡化來說，即每收視點數之成本。

2. CPRP（每 10 秒），即指電視廣告的收費價格。

3. 目前,大部分電視臺均採用 CPRP(每 10 秒)保證收視率價格法;也就是,廠商有一筆預算要播在電視廣告上,則會保證播出後,會依各節目收視率狀況,保證播到 GRP 總點數達成的原訂目標值。

4. 目前各電視臺的 CPRP 價格,大致在每 10 秒 3,000 元~7,000 元之間,也就是說,每在收視率 1.0 的節目播出一次要收費 3,000 元~7,000 元不等。若電視廣告片(TVCF)是 30 秒的,則要再乘以 3 倍。

5. 究竟 CPRP(每 10 秒)多少價格,主要要看兩個條件:

(1) 頻道屬性(收視率高低):

例如:新聞臺及綜合臺的 CPRP 收費就會較高,每 10 秒大約在 5,000 元~7,000 元之間。這是因新聞臺及綜合臺的收視率較高之故。其他,像兒童卡通臺、新知臺、體育臺、日本臺則 CPRP 就較低,約在 1,000 元~4,000 元左右。若是國片臺、洋片臺、戲劇臺則介於這兩者之間,及 4,000 元~5,000 元之間。

(2) 淡旺季

例如:電視臺廣告旺季時,電視臺廣告業務部門就會拉高 CPRP 價格,反之,若廣告淡季時,CPRP 價格就會降低。因為旺季時,大家搶著上廣告;淡季時,空檔就很多。電視臺廣告旺季約在每年夏季(6 月、7 月、8 月)及冬季(12 月、1 月、2 月);而淡季則在每年春季(3 月、4 月)及秋季(9 月、10 月)。

6. 廠商(廣告主)通常都希望電視廣告價格可以下降,其意指 CPRP 的報價可以下降,例如旺季時,CPRP(每 10 秒)從 7,000 元降到 6,000 元,則廠商的電視廣告支出就可以節省一些。

十六、行銷預算、CPRP、GRP三者關係

(一) GRP = Gross rating point = Reach × Frequence = 觸及率 × 頻次

1. 此即廣告收視率之累計總和,或總收視點數之意、總曝光率之意。因為每個節目有不同收視率,故為累積總合。

2. 即廣告播出之後我們應該可以達到多少個總收視點數之和。

3. GRP 愈高,代表總收視點數愈高,被消費者看到或看過的機會也就愈大,甚至看過好次。

(二) CPRP = Cost per rating point

1. 此即每達到一個 1.0 收視點之成本，亦指電視廣告的收費價格之意。目前，每 10 秒之 CPRP 價格均在 3,000 元～7,000 元之間。

2. 目前，大部分業界均採 CPRP 保證收視率價格法。即廠商若有一筆預算要刊播在電視廣告上，則會保證播出後會依收視率狀況，保證播到 GRP 達成的目標值。

(三) 公式

1. CPRP = 總預算 / GRP

2. GRP = 總預算 / CPRP

例如：CPRP = 5,000 元 / 每 10 秒

總預算：500 萬元；則 GRP = 500 萬元 / 5,000 元

= 1,000 個 / 30 秒廣告 = 333 個 GRP

故收視點數要達到 1,000 個 GRP，但須除以 30 秒一支廣告片，故為 300 個 GRP。如果放在收視率 1.0 的節目播出，則可以播出 300 次，若分散在 5 個新聞臺，則每臺播出 60 次。

(四) 目前 CPRP 價格在 3,000 元～7,000 元 / 10 秒之間。

廣告淡季時，空檔多，故會降價到 3,000 元～3,500 元 / 10 秒。廣告旺季時，大家搶著上，故會上升到 7,000 元 / 10 秒。

(五) 廣告旺季：每年 5 月、6 月、7 月、8 月、9 月為夏天旺季；每年 12 月、1 月、2 月為冬天旺季。廣告淡季：過年後的 3 月、4 月及夏天後的 10 月、11 月等。

(六) 一般而言，廠商每一波的電視廣告支出，不能少於 500 萬元，太少則消費者看不到幾次。大約 500 萬～1,500 萬元之間為宜。

(七) 故如果每年有 3,000 萬元的電視廣告支出預算，則可以分配在二波～四波之間播出，平均每季一次，計四次；或上半年、下半年各一次。

(八) 另外，對於一個「新產品」正式上市推出，如果沒有花費 3,000 萬元以上電視廣告費，也會沒有足夠的廣告聲量出來，效果不會太大。因此，行銷要花錢的。

十七、電視廣告收費：何謂保證CPRP法？

1. 媒體代理商：

   向廣告主保證 GRP 總收視率達到，如果未達到，就繼續補廣告檔次，直到補滿，此即爲收視率的 CPRP 定價法。

十八、電視廣告計價方法

方法一：主流方式：**CPRP 保證總收視率定價法**

1. 不能指定每次廣告都在高收視率節目播出，且播出第幾支也不能指定。
2. 但會保證播出的 GRP 會達到原先的承諾，否則將加補檔次播出。

方法二：**檔購法（Spot Buying）**

1. 即可以指定在較高收視率的節目播出，以及在第幾支廣告播出。
2. 但，成本會比較高。

十九、目前CPRP定價多少

(一) **廣告旺季時**：6 月、7 月、8 月等夏季及 12 月、1 月、2 月等冬季

每 10 秒收費：5,000 元～7,000 元。

若爲30秒的廣告片，則收費乘上3倍，即15,000 元～21,000 元；在收視率1.0 的節目播出 1 次。若以收視率 0.5 的節目，則可播出 2 次。

(二) **廣告淡季時**：3 月、4 月、5 月等春季及 9 月、10 月、11 月等秋季

每 10 秒收費：1,000 元～4,500 元。

若爲30秒的廣告片，則收費乘上3倍，即9,000 元～13,500 元；在收視率1.0 的節目播出 1 次。

二十、目前電視臺廣告計價採套裝組合賣的方式

1. 將各節目依收視率高到低區分爲：S 級節目，A 級節目，B 級節目，C 級節目。
2. 組合銷售方式：

   例如：1S + 1A + 2B + 2C（每 10 秒收費 40,000）

   S 級節目播 1 次，A 級節目播 1 次，B 級節目播 2 次，C 級節目播 2 次合計播出 6 次。

3. 每次播出 30 秒廣告帶的成本多少？

　　40,000×3 倍 = 12 萬元。

　　12 萬元 ÷6 次播出 = 2 萬元 / 次。

二十一、媒體廣告刊播的效益衡量指標

(一) 廠商廣告主最在乎的是：

1. 業績是否提升？提升多少？

2. 品牌力是否提升？提升多少？

(二) 媒體代理商只能保證：

1. GRP 達成了沒有？

2. 有多少人看過了廣告？平均看過幾次？

3. 看過廣告的好感度、記憶度、印象度如何？

二十二、廠商（廣告主）對媒體廣告效益評估案例

　　EX：以統一茶裏王飲料為例

(一) 假設去年：

　　年營收 20 億元→廣告費支出 4,000 萬元。

(二) 今年目標：

　　年營收預估成長 10%，即 22 億元→廣告費支出增加到 6,000 萬元。

(三) 效益評估：

　　營收增加 2 億 × 毛利率 30% = 毛利額增加 6,000 萬元。

　　廣告費淨支出增加 2,000 萬元。

　　6,000 萬元 − 2,000 萬元 = 4,000 萬元，淨利潤增加，故效益是好的。

二十三、廣告投入增加後

1. 要看毛利額增加扣除廣告額增加後，是否有正數的獲利增加？

2. 除了利潤是否增加之外！

3. 品牌知名度、指名度、喜愛度、忠誠度及形象等是否較以往有所增加？

4. 總之，媒體組合投入後要看 (1) 業績量及獲利是否增加？(2) 品牌力是否增加？

二十四、通力合作：廠商＋廣告公司＋媒體代理商

1. 廣告（廣告主）。
2. 廣告公司。
3. 媒體代理商。

二十五、廣告預算、GRP、CPRP三者間關係及算式案例

(一) 三者關係之公式

1. 廣告預算＝CRP×CPRP。
2. GRP＝廣告預算／CPRP。
3. CPRP：廣告預算／GRP。

(二) 案例計算

案例 1

預算多少

- 假設 CPRP（每 10 秒）＝6,000 元
- 希望 GRP（30 秒）達到 300 個點
- 有一支 TVCF（30 秒）播放
- 則此波預算為：
  - → 6,000 元 ×3×300 點＝540 萬元
  - →即預算＝CPRP×3（30 秒）×300 點（GRP）＝540 萬元

案例 2

預算多少

- 若 TVCF（40 秒），則此波預算為：
  - → 6,000 元 ×4（40 秒）×300 點＝720 萬元

案例 3

GRP 多少

- 若預算 600 萬元
- CPRP（10 秒）為 7,000 元
- TVCF（30 秒）
- 則此 GRP（30 秒）可達多少個？
    - → GRP（10 秒）＝ 600 萬元 / 7,000 元 ＝ 857 點
    - → GRP（30 秒）＝ 857 點 / 3（30 秒）＝ 285 點
- 故此時 GRP（30 秒）可達 285 個點

案例 4

GRP 多少

- 若 CPRP（10 秒）為 5,000 元，TVCF 為 30 秒
- 則 CRP（10 秒）＝ 500 萬元 / 5,000 元 ＝ 1,000 個點
    - →則 CRP（30 秒）＝ 1,000 個點 / 3 ＝ 333 個點
- GRP 為 333 個點，表示 TVCF 可在收視率 1.0 的節目，播出 333 次（檔）；或在收視率 0.5 的節目裡，播出 666 次（檔）

二十六、電視廣告行銷預算應多少？

1. 一般來說，打一波兩個星期的電視廣告，所花的行銷預算大約 500 萬元左右。若一年在 3,000 萬元預算，則可以按需要分開打六波廣告。

2. 一般來說，電視廣告要有聲量，一年度至少應準備 3,000 萬元以上到 1 億元的預算才行，這是至少的額度。

3. 至於打多少預算，則要看各行業的狀況及競爭對手的狀況而定了，沒有一定的標準金額。

4. 但是，國內一些知名的領導品牌，像 P&G、聯合利華、花王、7-11、統一企業、全聯、麥當勞、黑人牙膏、Panasonic、桂格、TOYOTA、中華電信、SONY、萊雅等，每年度的電視廣告預算，大致均花費 1 億～4 億

之間，這些公司都是持續性、長期性的投資品牌。

二十七、電視廣告計價的2種方式

1. 電視廣告的計價方式，主要有二種：一是 CPRP 法，及保證收視率價格法；此爲最常見的。二是檔購法（spot buy）；即可以指定專門在收視率較高的節目時段播出，例如八點檔連續劇，但價格會貴一點。

2. 一般來說，CPRP 計價法是較常見的；而檔購法比較少見，但也有搭配檔購法的，其主要目的，是爲了保證在高收視的節目裡，可以看到廣告播出。但檔購法價格比 CPRP 法貴一點。

二十八、電視廣告購買相關問題

(一) 電視廣告要求播出時段

依收視率來看，逢週五、週六、週日時的收視率是較高的；另外，晚上（18：00～23：00）及中午（12：00～13：00）黃金時段的收視率，是比早上及下午時段的收視要高的。因此，通常廣告主會要求在這些黃金時段播出的廣告量，至少要占 70%，以確保更多的目標族群看到廣告播出。

(二) 看過廣告的人占比及看過多少次

1. CPRP 價格法，應會計算出此波廣告 GRP 達成狀況下，您的目標消費群會有多少比例看過此廣告，以及平均會看過幾次。

2. 一般來說，大概在目標消費群中會有 75% 的人會看過此支廣告，而且平均看過 4 次以上。故，GRP = R×F = 75%×4 次 = 300 個收視點。

(三) 每小時廣告可以多少？

依據廣電法規規定，目前電視每 1 小時可以有 10 分鐘播出廣告，及占比爲六分之一。通常，晚上時段會是夠 10 分鐘廣告量，白天早上及下廣告量會不足，故電視臺會播出一些節目預告內容以補充時間。

(四) 收視率是如何來的？

1. 電視收視率是美商尼爾森公司（Nielsen）在臺灣找到 2,200 個家庭，與他們家庭協調好在家中裝上尼爾森公司一種收視率計算盒子，只要開啓電視，即會開始統計收視率。

2. 當然，這 2,200 個家庭分布也是考量全臺灣的不同收入別、不同職業別、男女別、不同年齡層別而合理化裝置的。

(五) 收視率 1.0 代表多少人收看？

1. 收視率 1.0，代表全臺灣同時約有 20 萬人在收看此節目。

2. 計算依據是：

   1/100：代表 1.0 的收視率。

   2,000 萬人口：代表全臺灣扣除小孩子（嬰兒）以外的總人口。

   故 1/100×2,000 萬人 = 20 萬人。

(六) 電視頻道的屬性類別

1. 目前電視的頻道類型，主要有下列：(1) 新聞臺；(2) 綜合臺；(3) 戲劇臺；(4) 國片臺；(5) 洋片臺；(6) 日片臺；(7) 運動臺；(8) 新知臺；(9) 卡通兒童臺。

2. 其中，以新聞臺及綜合臺為較高收視率的前 2 名，其廣告量已較多，CPRP 的價格也較高，大致每 10 秒在 4,500 元～7,000 元之內。

3. 新聞臺的收看人口屬性，以男性略少些，年齡大一些居多。而有連續劇及綜藝節目的綜合臺則以女性人口略多些，年齡較年輕些。

4. 根據預估，新聞臺（有 8 個頻道）及綜合臺（有 15 個頻道），這兩大重要頻道的廣告量及占全部的 70% 之多，故是最主流的頻道類型。

(七) 有線電視頻道家族

1. 目前國內主要的有線電視頻道家族，包括有：(1)TVBS；(2) 東森；(3) 三立；(4) 中天；(5) 八大；(6) 緯來；(7) 福斯（FOX）；(8) 民視；(9) 非凡；(10) 年代。

2. 若以年度廣告總營收來看，三立及東森、TVBS 居前三名。

(八) TVCF 廣告片秒數多少？

1. 電視廣告片（TVCF）是以 5 秒為一個單位的，但一般來說 TVCF 的秒數，平均是 20 秒及 30 秒居多；10 秒及 40 秒的也有，不過少一些。

2. 由於 TVCF 是依 CPRP 每 10 秒計價，因此，秒數愈多，就愈貴；因此，考量價格及觀看人的收看習性，TVCF 仍以 20 秒及 30 秒最為適當。

(九) 電視廣告的效益如何？

1. 一般來說，電視廣告播出後，主要的效益仍是在「品牌影響力」這個效益上。包括：品牌知名度、品牌認同度、品牌喜愛度、品牌忠誠度等提高及維繫。

2. 其次的效益，則是對「業績」的提升，也有可能帶來一部分的效益，但不是絕對的。

3. 因為，業績的提升是涉及到產品力、定價力、通路力、推廣力、服務力以及競爭對手與外在景氣現況等為主要因素，絕不可能一播出廣告；業績馬上就提升的。

4. 但，如果長期都不投資電視廣告，則品牌力及業績都可能會逐漸衰退的。

(十) 電視廣告代言人效益

1. 一般來說，如果電視廣告搭配正確的代言人，通常廣告效益會提高不少。

2. 因此，如果廠商行銷預算夠多的話，最好能搭配正確的代言人為佳。

3. 目前，最受歡迎且有效益的代言人有：(1) 蔡依林；(2) 周杰倫；(3) 楊丞琳；(4) 林依晨；(5) 金城武；(6) 王力宏；(7) 林心如；(8) 田馥甄；(9) 曾之喬；(10) 林志玲；(11) 張鈞甯；(12) 桂綸鎂；(13) 謝震武；(14) 吳念真；(15) 吳慷仁；(16) 陶晶瑩；(17) 隋棠；(18) 盧廣仲及其他人等。

 第 3 節　○○房屋○○○年電視購買計畫

一、企劃要素

1. 廣告期間：○○○年 3/12(四)～3/25(三) 共計 14 天。

2. 媒體目標：持續提升企業知名度及好感度。

3. 目標對象：30 歲～49 歲全體。

4. 預算設定

   • 電視 500 萬元（含稅）。

   • 素材。

   • 40" TVC。

二、節目類型購買設定

- 新聞節目 65%。
- 戲劇節目 13%。
- 綜合節目 22%。

三、目標群頻道收視率

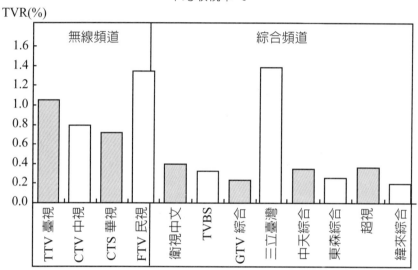

平均收視率 -1

資料來源：AC Nielsen, 2/24-3/2, TA: All 30-49 歲。

平均收視率 -2

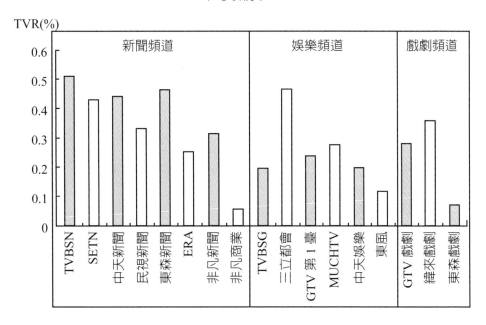

資料來源：AC Nielsen, 2/24-3/2, TA: All 30-49 歲。

平均收視率 -3

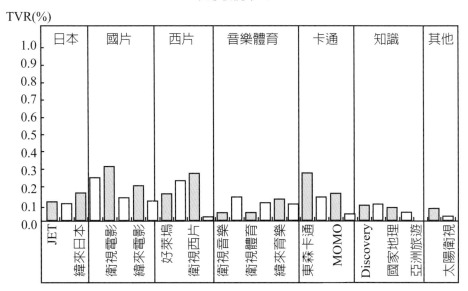

資料來源：AC Nielsen, 2/24-3/2, TA: All 30-49 歲。

四、排期與聲量規劃建議

　　本波聲量預估可購買 291GRPs（不含東森部分），爲快速建立目標群記憶，建議採取策略如下：

　　1. 兩週內密集播放。

　　2. 聲量規劃採前重後輕操作。

3月													
四	五	六	日	一	二	三	四	五	六	日	一	二	三
12	13	14	15	16	17	18	19	20	21	22	23	24	25
3/12 ～ 3/17（6 天）聲量比重分配 60%						3/18 ～ 3/25（8 天）聲量比重分配 40%							

五、類型頻道預算分配

頻道家族	頻道名稱	平均收視率%	頻道預算分配（含稅）			
			頻道預算（含稅）	類型頻道預算（含稅）	各頻道預算占比	類型頻道預算占比
新聞	TVBS-N	0.51	$672,000	$3,262,800	13%	65%
	TVBS	0.33	$252,000		5%	
	三立新聞臺	0.43	$588,000		12%	
	中天新聞臺	0.44	$554,400		11%	
	東森新聞臺（客戶直發）	0.46	$600,000		12%	
	非凡新聞臺	0.31	$294,000		6%	
	民視新聞臺	0.33	$302,400		6%	
綜合綜藝類	三立臺灣臺	1.39	$110,880	$1,113,080	2%	22%
	三立都會臺	0.46	$168,000		3%	
	東森綜合臺（客戶直發）	0.27	$200,000		4%	
	中天綜合臺	0.36	$252,000		5%	
	中天娛樂臺	0.19	$67,200		1%	

頻道家族	頻道名稱	平均收視率%	頻道預算分配（含稅）			
			頻道預算（含稅）	類型頻道預算（含稅）	各頻道預算占比	類型頻道預算占比
戲劇	年代 MUCH 臺	0.27	$315,000		6%	
	八大戲劇臺	0.27	$210,000		4%	
	東森戲劇臺（客戶直發）	0.06	$200,000	$624,120	4%	12%
	緯來戲劇臺	0.35	$214,120		4%	
總計			$5,000,000		100.0%	

資料來源：AC Nielsen, 2/24-3/2, TA: All 30-49 歲。

六、家族頻道預算分配

頻道家族	頻道名稱	平均收視率%	頻道預算分配（含稅）			
			頻道預算（含稅）	頻道家族預算（含稅）	各頻道預算占比	頻道家族預算占比
TVBS 家族	TVBS-N	0.51	$672,000	$924,000	13.4%	18.5%
	TVBS	0.33	$252,000		5.0%	
三立家族	三立新聞臺	0.43	$588,000	$866,880	11.8%	17.3%
	三立臺灣臺	1.39	$110,880		2.2%	
	三立都會臺	0.46	$168,000		3.4%	
中天家族	中天新聞臺	0.44	$554,400	$873,600	11.1%	17.5%
	中天綜合臺	0.36	$252,000		5.0%	
	中天娛樂臺	0.19	$67,200		1.3%	
非凡家族	非凡新聞臺	0.31	$294,000	$294,000	5.9%	5.9%
年代家族	年代 MUCH 臺	0.27	$315,000	$315,000	6.3%	6.3%
民視新聞	民視新聞臺	0.33	$302,400	$302,400	6.0%	6.0%
八大家族	八大戲劇臺	0.27	$210,000	$210,000	4.2%	4.2%
緯來家族	緯來戲劇臺	0.35	$214,120	$214,120	4.3%	4.3%
東森家族	東森家族（客戶直發）		$1,000,000	$1,000,000	20.0%	20.0%
總計			$5,000,000		100.0%	

資料來源：AC Nielsen, 2/24-3/2, TA: All 30-49 歲。

七、Cue表檔次分布

雖採 CPRP 購買方式，但 Cue 表所安排之計費檔次保證播出，並保證總執行檔次至少 1,200 檔以上（不含東森家族）。

NO.	頻道屬性	頻道別	四	五	六	日	一	二	三	四	五	六	日	一	二	檔次
1	新聞類	TVBS-N	3	4	2	2	1	2	1	1	3	2	2	0	1	24
2		TVBS	5	4	1	0	2	1	0	3	1	1	0	0	0	18
3		三立新聞臺	7	8	7	6	3	4	4	3	5	5	4	0	0	56
4		中天新聞臺	3	3	7	5	1	3	3	3	1	6	4	0	1	40
5		非凡新聞臺	7	6	0	0	5	4	3	3	3	0	0	1	0	32
6	綜合綜藝類	民視新聞臺	2	2	4	3	0	1	1	0	2	2	2	0	0	21
7		三立臺灣臺	0	0	1	2	1	0	0	0	0	0	2	1	0	7
8		三立都會臺	1	0	2	2	0	1	0	1	0	2	2	0	1	12
9		中天綜合臺	3	4	2	1	1	1	0	0	2	2	1	1	0	18
10		中天娛樂臺	1	1	1	1	0	0	0	1	1	0	1	0	0	7
11		年代 MUCH 臺	5	4	5	5	4	4	3	4	3	5	5	2	2	52
12	戲劇類	八大戲劇臺	4	6	3	2	4	4	3	2	3	1	1	2	0	36
13		緯來戲劇臺	4	5	0	0	4	4	4	2	3	0	0	1	0	28
Cue 表檔次			45	47	35	29	26	29	22	23	27	26	24	8	5	351
東森家族（客戶直發）檔次			17	19	15	12	13	9	7	4	4	4	3			107
總檔次			62	66	50	41	39	38	29	27	31	30	27	8	5	453

八、電視執行效益預估

排期	3/12～3/25（共計14天）
預算	4,000,000（含稅）
素材	40"TVC
40" GRPs	291
10" GPRs	1,164

排期	3/12～3/25（共計14天）
1＋Reach（看過 1 次以上的人百分比）	70.0%
3＋Reach（看過 3 次以上百分比）	40.0%
Frequency（平均看過幾次）	4.4
10" CPRP（含回買）（每 10 秒價格）	3,273
P.I.B.（首二尾支）GRP%	60%

Prime Time GRP%（晚上黃金時段）	週一～五	12:00～14:00	70%
		18:00～24:00	
	週六～日	12:00～24:00	

九、新聞報導與節目配合（免費）

置入	頻道名稱	節目	秒數	則數
新聞報導	TVBS-N	新聞	20"～50"	1
	三立新聞臺	新聞	20"～50"	2
	中天新聞臺	新聞	20"～50"	2
	年代新聞臺	新聞	20"～50"	2
	非凡新聞臺	新聞	20"～50"	1
	民視新聞臺	新聞	20"～50"	1
節目專訪	TVBS	Money 我最大		1
	八大第一臺	午間新聞		1
	緯來綜合	臺北 Walker Walker		1
總　　計				12

Part 5

其他篇

Chapter 6

整合行銷（廣告）預算概述

第 1 節　行銷（廣告）預算的意義、功能、目的、提列及花在哪裡

一、何謂「行銷預算」？

所謂行銷預算，就是指公司每年都會提撥一定金額，作為行銷部門的工作支用，為公司發揮行銷方面的作用。英文稱為 Marketing Budget。

二、行銷預算的功能、目的

實務上來說，行銷預算的功能、目的、主要有三點：

1. 打造及維繫公司主力產品的品牌力、品牌資產（諸如品牌知名度、好感度、信賴度等）。
2. 希望維持或提高既有的年度營收額或業績額。
3. 希望有助於塑造整合企業的良好形象、優良形象。

▶ 圖 6-1　行銷預算的三大功能

三、行銷預算應該列多少？

公司的年度行銷預算應該提列多少呢？主要看下列三點因素而定。

(一) 看競爭對手多少

第一個因素，要看市場上主力競爭對手提列多少，就提列多少。例如：第

一品牌每年提列 8,000 萬元行銷廣宣費，那麼第二品牌每年提列的金額也不能離 8,000 萬元太遠，必須跟上去，才有機會變成第一品牌。

(二) 看年度營收額多少百分比

第二個因素，則要以營收額的多少比例為依據，而換算出每年提列多少行銷預算。

例如，下列品牌：

1. 茶裏王飲料

每年 20 億營收 ×2% = 4,000 萬行銷預算。

2. 林鳳營鮮奶

每年 30 億營收 ×3% = 9,000 萬行銷預算。

3. City Café

每年 130 億營收 ×5‰ = 6,500 萬元行銷預算。

4. 統一超商

每年 1,500 億營收 ×1% = 1.5 億元行銷預算。

5. 黑人牙膏

每年 20 億營收 ×5% = 1 億元行銷預算。

6. 麥當勞

每年 200 億營收 ×1% = 2 億元行銷預算。

一般來說，營收額提撥比例，大致在百分之一到百分之十（即 1%～8%）之間，再高比例，則偏高了，會使公司獲利減少太多了。

(三) 看公司目標設定

第三個因素，則是看公司是否有訂定一些挑戰性目標而決定了；例如：公司訂定一些高目標市占率、高目標品牌影響力、高目標業績達成等；此時的行銷預算金額可能也會拉高很多，以求能達成公司要求目標。

(1)看競爭對手提列多少

(2)看公司年營收額的固定比例（1%～8%之間）

(3)看公司目標的設定及戰略性

▶ 圖 6-2　行銷預算應提列多少

四、行銷預算花在哪裡？

1. 那麼每年提列的行銷預算，主要是花在哪裡呢？如下：

   (1) 媒體廣宣（廣告）：花費占 80%。

   (2) 活動舉辦：花費占 20%。

2. 而 80% 的媒體廣宣，又花在哪裡呢？主要如下示：

	傳統媒體廣告	對	數位媒體廣告
過去：	9	：	1
現在：	7	：	3
未來：	6	：	4
	5	：	5

　　過去傳統媒體廣告量幾乎占了九成之多，但這十多年來，數位廣告量成長快速，已經占了三成、四成多了。而使傳統媒體廣告量大幅下滑，產生廣告結構上很大變化。

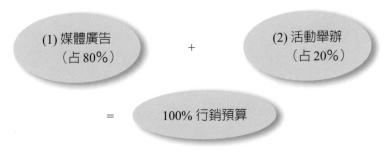

(1) 媒體廣告（占80%）　＋　(2) 活動舉辦（占20%）

＝　100% 行銷預算

▶ 圖 6-3　行銷預算花在哪裡

五、數位廣告崛起原因？

近十年來，數位（網路）廣告大幅拉升、增加的三大原因如下：

1. 年輕人（20 歲～39 歲）不看傳統媒體了。包括不看電視、不看報紙、不看雜誌、不聽廣播了，只看網路、只看手機。

2. 年輕人已成為市場消費主力，商家重視的是廣大年輕族群的消費力，因此，廣告投放也改變為以年輕人為對象了。

3. 數位廣告的優點是可以比較精準的觸及 TA（目標消費族群），收到比較好的廣告效果；這比報紙、雜誌、廣播的廣告效益，要好上很多。

▶ 圖 6-4　數位廣告崛起原因

第 2 節　電視廣告預算如何花費

有關電視廣告預算如何花費的細節，概述如下：

1. 對單一品牌而言，它一年的電視廣告投放預算，至少 3,000 萬元～1 億元之間。3,000 萬元係指消費品品牌，而 1 億元投放，係指耐久性品牌而言，例如：汽車、建築行業等。

2. 電視廣告的預算，有 70% 是投放在新聞臺及綜合臺上面。因為這二種臺的收視率較高，投放廣告的效益比較大。

3. 電視廣告的廣度夠。因為全臺 490 萬家庭收視戶，每天晚上有 90% 的開機率。故電視廣告對產品的品牌力、品牌資產提升，確實會帶來顯著的助益。

4. 電視廣告每一波投放，大致以二週 14 天時間播放，此時須要 500 萬元投放費用，如果一年六波播放，恰好是 3,000 萬元。此時每一波的 GRP（廣

告曝光率、廣告聲量）約可達到 300 個總收視點數。此即，如果放在平均 0.3 收視率的節目播出，則可以達到 1,000 次的總播出次數；如此的曝光率應該是足夠了。

5. 電視廣告的播出型態，還有一種稱為冠名贊助播出，亦即，把品牌名稱放在戲劇節目或綜藝節目的左上角，一直放在那裡，讓觀眾可以固定看到。

   冠名贊助每一集節目的費用，約 5 萬～10 萬元，如果平均以 8 萬元計算，租上 100 集，則要付出 800 萬元的冠名贊助費用了。

   此種型態，比較適合中小型品牌，亟須打造品牌力，可用此方式呈現，效益比較大。

6. 目前，在電視廣告投放中，以三立、東森、TVBS 等為前三大電視臺，每年的廣告收入及收視率都是比較高的最優先前三大廣告投放臺。

   次要的電視臺，就是緯來、中天、福斯、八大、非凡、年代、壹電視、民視等。

7. 電視廣告的計價方法，目前以 CPRP 法／每 10 秒為基準。

   所謂 CPRP 法，即 Cost per rating point（即每個收視點數之成本計價）。

   目前每十秒播出一次的 CPRP 價格平均在 3,000 元～7,000 元之間。

   其中，又以新聞臺的 CPRP 最高，每 10 秒在 6,000 元～7,000 元之間；綜合臺次之，CPRP 在 4,000 元～5,000 元之間。其他，電影臺、戲劇臺、體育臺、日本臺、新知臺，其 CPRP 值就更低一些了，約在 3,000 元～4,000 元間，兒童臺則最低，在 1,000 元～2,000 元之間。假設，有一支 TVCF 30 秒，在收視率 1.0 節目播出一次，CPRP 價格為 7,000 元，則此支 TVCF，播出一次的成本就要花費 7,000 元 ×3 = 2.1 萬元了。如果連續在 1.0 節目播出 100 次，就要花費 2.1 萬元 ×100 次 = 210 萬元了。

8. 電視廣告的效益指標，就媒體代理商來說，它的指標只有 GRP 值了。

   GRP 即 Gross rating point，總收視點數；也就是說此支 TVCF 的總曝光率或廣告總聲量；或是說，有 TA 中的 75% 的消費者看過此支廣告片，平均看過 4 次。所以，GRP 就是隱含著消費者看過此支廣告片了，那麼對此品牌力的提升，會帶來一些有益效果。至於對業績力，也有一些助益，但不是全部，因為，品牌每天、每年的業績多少，有沒有成長，它跟行銷 4P/1S（即產品力、定價力、通路力、推廣力、服務力），以及市

場景氣狀況、競爭狀況、經濟成長率、促銷檔期等諸多因素連結在一起。

9. 電視廣告投放的效益，也會跟這一支 TVCF 廣告片是否能夠拍得吸引人，以及能否叫好又叫座有關了。常言道，能夠促進銷售的，才算是一支成功的電視廣告片了。

10. 有一家每天監播電視廣告片播出的公司，叫做「潤利艾查曼公司」，它是專門監播廣告主投放廣告是否正常播出的一家公司，畢竟，電視廣告費很貴，要有負責觀看是否播出的公正客觀公司。

11. 最後，目前國內唯一的收視率調查公司，就叫「尼爾森公司」。它在全臺舖設 2,200 個家庭，計 8,000 人的個人收視記錄盒，每天記錄收看人的收視狀況。目前，大部份電視臺檢討收視率及媒體代理商應用收視率，都是採用此家公司的收視記錄資料了。

單一品牌一年廣告預算 ⟹ 至少 3,000 萬元～1 億元之間

70% 的電視廣告投放 ⟹
- 集中在新聞臺及綜合臺上面
- 因收視率較高

電視廣告的廣度夠 ⟹
- 全臺 490 萬家庭戶數
- 每天晚上開機率 90%
- 對品牌知名度提升有助益

冠名贊助廣告 ⟹
- 對中小型品牌知名度有幫助
- 每集 5～10 萬元

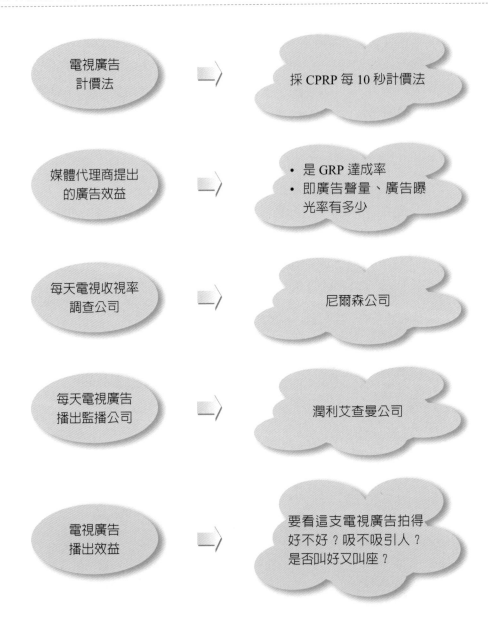

電視廣告計價法	⟹	採 CPRP 每 10 秒計價法
媒體代理商提出的廣告效益	⟹	• 是 GRP 達成率 • 即廣告聲量、廣告曝光率有多少
每天電視收視率調查公司	⟹	尼爾森公司
每天電視廣告播出監播公司	⟹	潤利艾查曼公司
電視廣告播出效益	⟹	要看這支電視廣告拍得好不好？吸不吸引人？是否叫好又叫座？

◯ 第 3 節　網路廣告預算如何花費

一、網路廣告預算花在那裡？

國內一年接近 200 億元的網路廣告預算大餅，主要花在下列十種網路媒體，幾占九成之多，如下：

1. FBL（臉書廣告）。
2. IG 廣告。
3. Youtube 影音廣告。
4. Google 聯播網廣告。
5. Google 關鍵字廣告。
6. Line 官方帳號廣告。
7. 新聞網站（ET Today、udn 等）。
8. 網紅行銷廣告。
9. 雅虎奇摩廣告。
10. 社群廣告（Dcard、痞客邦等）。

◉ 圖 6-5　網路廣告十大去處

二、網路廣告計價

目前，實務上，網路廣告計價法，主要的有下列幾種：

1. CPM：每千人次曝光成本（Cost Per Mille）。
2. CPC：每次點擊之成本（Cost Per Click）。

3. CPV：每次觀看之成本（Cost Per View）。

而目前，上述三種的計價範圍，大概如下：

1. FB/IG 廣告：

    採 CPM 計價，每個 CPM 在 150 元～300 元之間。

2. Youtube 廣告：

    採 CPV 計價，每個 CPV 在 1 元～2 元之間。

3. Google 聯廣網廣告：

    採 CPC 計價，每個 CPV 在 8 元～10 元之間。

4. 新聞網站廣告：

    採 CPM 計價，每個 CPM 在 100 元～400 元之間。

(1)FB/2G 廣告：
- 採 CPM 計價
- 每個 CPM 在 150 元～300 元之間

(2)Youtube 廣告：
- 採 CPV 計價
- 每個 CPV 在 1 元～2 元之間

(3)Google 聯播網廣告：
- 採 CPC 計價
- 每個 CPC 在 8 元～10 元之間

(4)新聞網站：
- 採 CPM 計價
- 每個 CPM 在 100 元～400 元之間

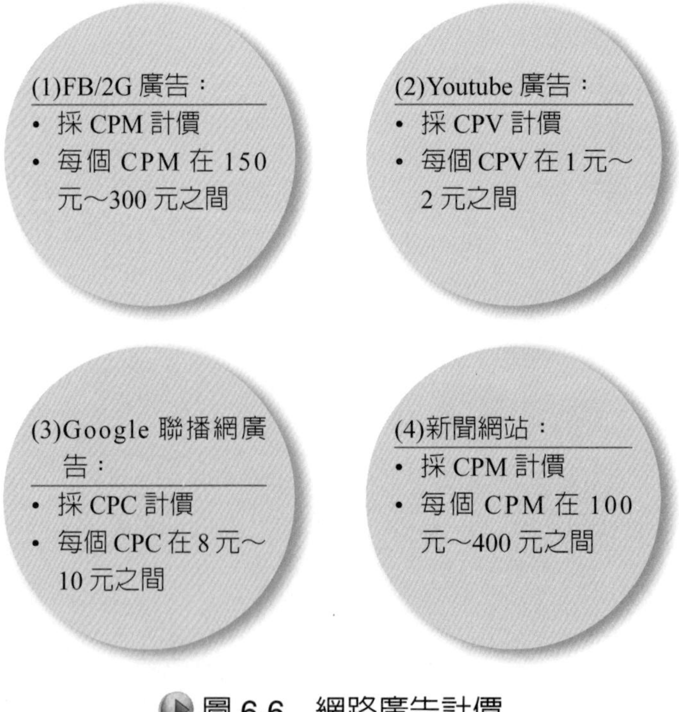

▶ 圖 6-6　網路廣告計價

三、網紅業配行銷

目前，網紅大致可區分為微網紅、中網紅及大網紅三種。

1. 大網紅：訂閱數及粉絲數都在 100 萬以上。

2. 中網紅：介於 10 萬～100 萬之間。

3. 微網紅：訂閱數及粉絲數在 5 萬～10 萬之間。

目前的網紅每次業配價碼：

1. 微網紅：每次 5 萬元～10 萬元之間。

2. 大網紅：每次 50 萬元以上。

一般消費品的網紅預算大致在 100 萬元以內，可採取二種方式：

第一種：微網紅找 10 位 ×10 萬元 = 100 萬元預算。

第二種：大網紅找 2 位 ×50 萬元 = 100 萬元預算。

微網紅預算		大網紅預算
• 找 10 位 × 每位 10 萬元 = 100 萬元預算	或	• 找 2 位 × 每位 50 萬元 = 100 萬元預算 • 例如：蔡阿嘎、HowFun

四、網路廣告預算分配

平均來說，一般消費品每年的網路廣告預算大約在 1,000 萬元左右即可；分配額度如下：

1. FB：200 萬

2. Google 聯播網：200 萬

3. Youtube (YT)：200 萬

4. IG：100 萬

5. 新聞網站：100 萬

6. 網紅業配：100 萬

7. 其他社群及內容網站：100 萬

合計：1,000 萬元預算

第4節　總計年度行銷預算數字

一、傳統媒體預算分配

除了電視之外，其他傳統媒體的預算分配如下：

- 報紙：100 萬（45 萬 ×2 次）
- 雜誌：100 萬（20 萬 ×5 次）
- 廣播：100 萬
- 戶外：200 萬
  _____
  合計：500 萬元預算

因為傳統媒體廣告投放的效益不是很高，因此，預算分配金額不必很大，只須小小投放即可，以節省廣告預算。

二、總計：年度行銷（廣告）預算

電視廣告：　　　　 3,000 萬元

網路廣告：　　　　 1,000 萬元

傳統媒體廣告：　　 500 元
_____
　　　　　　　　　 4,500 萬元

＋藝人代言人費用： 400 萬元

＋TVCF 製作費：　 300 萬元
_____
　　　　　　　　　 5,200 萬元

＋店頭陣列：　　　 100 萬元（1,000 元 ×1,000 個格點）
_____
　　　　　　　　　 5,300 萬元

＋活動預算：　　　 1,000 萬元
_____
　　　　　　　 總計：6,300 萬元

三、活動預算（非廣告預算）

除了前述媒體廣告預算之外，另外，還有一些行銷活動的預算如下：

1. 記者會：50 萬元（一場）
2. 戶外體驗活動：100 萬元（二場）
3. 代言人活動：50 萬元（一場）

4. 旗艦店開幕：50 萬元（一場）

5. 聯名行銷：50 萬元（一次）

6. 運動行銷贊助：50 萬（一次）

7. 公益活動：100 萬（二次）

8. 藝文贊助：50 萬（一次）

9. 促銷活動：500 萬元

　　合計：1,000 萬元

故：廣告預算：5,300 萬元（如前述）

　　活動預算：1,000 萬元

　　總計：6,300 萬元

　　（年度行銷預算總支出）

四、行銷預算占比

　　假設此項消費品年營收 20 億元，則上述 6,300 萬元的年度行銷總預算，占此年營收額的比例為 3%（6,300 萬元 ÷ 20 億元），尚屬合理範圍。

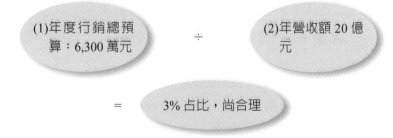

(1)年度行銷總預算：6,300 萬元　÷　(2)年營收額 20 億元

＝　3% 占比，尚合理

 ## 第 5 節　年終行銷預算效益評估方向

　　每年 12 月底，年終到了，對行銷部門自己要檢討一年來，行銷廣告預算運用的效益，要做一個評估及檢討，並提出未來一年的改良、強化方向，以使效益更加提高。

　　年終行銷預算效益評估有以下六大方向：

1. 品牌力提升評估（對品牌知名度、印象度、好感度、信賴度之提升）。

2. 業績力提升評估（相較於去年，今年業績提升多少金額及百分比）。

3. 企業形象力提升評估（企業、集團整體優良形象是否提升）。

4. 品牌市占率提升評估（市占率與去年相比較，是否提升了）。

5. 全臺經濟商的滿意度是否提升評估。

6. 主力零售商連鎖店滿意度是否提升評估（例如：全聯、家樂福，7-11、全家、屈臣氏、康足美、寶雅、燦坤、全國電子、大樹藥局、Costco 等）。

- 上述第一項品牌力提升否？可委外市場調查去求證；第四項市占率提升否？可用尼爾森銷售調查數據去求證。

▶ 圖 6-7　年終行銷預算效益評估六大方向

- 年終行銷（廣告）預算效益評估的目的，就是希望每一筆花費，都能花在刀口上，都能獵取最大 ROI（Returw on Investnent；即投資報酬率，或稱投資效益）。

第 6 節　行銷預算檢討及調整

　　除了上述年終行銷預算效益分析之外，行銷部門也須針對下列項目的檢討及加強，展開討論，包括如下圖示項目：

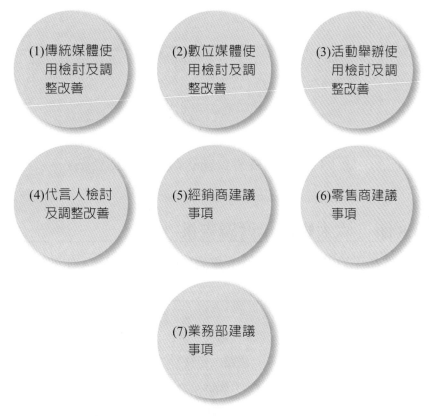

● 圖 6-8　行銷預算的七大檢討事項

 第 7 節　對委外公司的加強點

　　很多的廣告預算，都是在委外公司花掉的，因此，對委外公司是否真的做到盡心盡力及節省成本花費上，也必須提出檢討及加強點，如下六種委外專業公司：

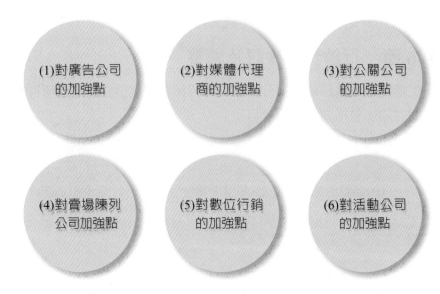

(1)對廣告公司的加強點

(2)對媒體代理商的加強點

(3)對公關公司的加強點

(4)對賣場陳列公司加強點

(5)對數位行銷的加強點

(6)對活動公司的加強點

▶ 圖 6-9　對委外公司的六個方向加強點

 第 8 節　六大媒體年度廣告量

依據相關市場資料顯示，國內六大媒體年度廣告量顯示。如下金額：

項次	媒體	年廣告量
1	電視	200 億
2	網路 + 行動	200 億
3	報紙	30 億
4	雜誌	20 億
5	廣播	15 億
6	戶外	40 億
	合計	505 億

全年度，全體廣告客戶的廣告投放量，每年達 505 億元之多！

第9節　消費品廠商大者恆大

消費品或耐久性商品的廠商，會形成大者恆大的現象；此即這些大廠的年度廣告預算比較多，遠超過一些中小企業品牌，因此，形成良性循環：

大廠商 ⇒ 廣告量大 ⇒ 業績高 ⇒ 規模更大 ⇒ 廣告投放量更大 ⇒ 形成良性循環。

例如：

1. Panasonic

250 億營收 ×1% = 2.5 億廣告費。

2. 和泰汽車

1,000 億營收 × 千分之 5 = 5 億廣告費。

3. 統一企業

300 億營收 ×1% = 3 億廣告費。

4. 麥當勞

250 億營收 ×4% = 5 億廣告費。

5. 7-11

1,500 億營收 ×4 分之 2 = 3 億廣告費。

6. 桂格

100 億營收 ×4% = 4 億廣告費。

 第10節　消費者市調執行

在年終檢討整個行銷預算時執行成效方面，有些較大型公司，還會執行消費者市調，以了解並驗證下列事項：

1. 了解各種媒體廣告投放的印象。
2. 了解對品牌資產的變化狀況。
3. 了解本公司的市場競爭力。

4. 了解本公司品牌在消費者心目中的位置在那裡。

5. 了解代言人的印象度及效果如何？

6. 了解廣告對促購度的影響如何。

 ## 第 11 節　行銷預算成功運用九大點

整體來說，廠商的行銷預算成功運用，計有如下九大點要注意：

1. 成功的TVCF

如何與廣告公司及製作公司共同合作，拍出具有好創意、能吸引人、令人印象深刻、能深入人心、令人感動，能叫好又叫座的電視廣告片，是一大重點。

2. 成功的媒體組合

在安排廣告片曝光時，如何安排出一個具有全面性、全方位、360 度、舖天蓋地、能讓最多人看到的媒體組合，也是一大重點。

3. 媒體報導多

如何讓四大綜合報紙、七家電視新聞臺、五家網路新聞報及財經雜誌等，盡可能多加報導本品牌的任何新聞曝光、露出，則是第三個重點。

4. 選對代言人

選對代言人，依然對品牌有顯著加分效果，因此，要多方思考及討論，選適合本產品的最佳代言人。

5. 促銷活動搭配

行銷預算的範圍，不能完全侷限在媒體廣宣上面，應保留一部份，作為促銷活動之用，才能對業績提升帶來正面交易。

6. 宣傳主軸及訴求

每一年度，行銷人員應該集思廣益，確立此品牌的宣傳主軸及訴求之內容，然後集中一切廣宣媒體，努力於這個焦點上，才比較容易收到好的廣宣效果。

7. 整合行銷運作

年度行銷預算的運用，必須站在如何提高效益的整合性操作，以求 1 + 1 > 2

的績效產生。而不要各種廣宣各自爲政，各自做各自的，如此效果會很低；故必須重視如何整合性操作，以使廣宣達到最大聲量，也使業績能夠提升。

8. 隨時機動調整

在執行各種行銷預算活動時，必須關注到各種媒體及各種活動的執行效果，如有不理想的，就要隨時機動調整各種廣宣媒體的配置比例，以於高宣傳效果。

9. 足夠預算

最後一點，成功的行銷廣宣預算執行，必須有足夠金額的預算才行；預算太少，根本做不出好的成果出來。像一些大品牌，每年都投入數千萬到上億的行銷預算，才能成就它們今天的品牌領導地位。例如：麥當勞、Panasonic、日立冷氣、大金冷氣、花王、全聯、娘家、黑人牙膏、P&G、Unilever、普拿疼、統一超商、統一企業、和泰汽車、光陽機車、桂格、味全等。

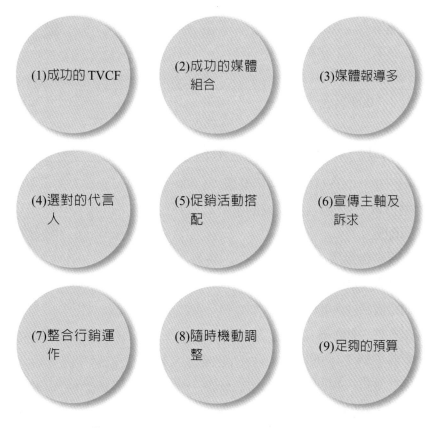

(1)成功的 TVCF

(2)成功的媒體組合

(3)媒體報導多

(4)選對的代言人

(5)促銷活動搭配

(6)宣傳主軸及訴求

(7)整合行銷運作

(8)隨時機動調整

(9)足夠的預算

▶ 圖 6-10　行銷預算成功運用九大點

第 12 節　SOGO 百貨週年慶行銷（廣告）預算

茲以 SOGO 百貨週年慶活動的行銷（廣告）預算為例，如下：

- 週年慶全臺 SOGO 業績目標：110 億
- 行銷預算：7,000 萬（為業績的千分之七）
- 預算配置：
  1. TV 廣告：2,000 萬（一個月內強打 TV 廣告）
  2. TVCF 製作：200 萬
  3. 網路廣告：1,000 萬
  4. 大本 DM 特利印製：1,000 萬
  5. 記者會：50 萬
  6. 媒體報導：50 萬
  7. 促銷贈品：1,000 萬
  8. 捷運廣告：100 萬
  9. 公車廣告：100 萬
  10. 報紙廣告：500 萬

  合計：7,000 萬元

 ## 第 13 節　和泰汽車全車系行銷預算

- 和泰汽車（TOYOTA）全年業績：1,000 億元
- 行銷預算：3.2 億（為業績的千分之三）
- 預算配置：
  1. 電視廣告投放：2 億
  2. 代言人：600 萬
  3. 網路廣告：5,000 萬
  4. 記者會：200 萬
  5. 臺北車展：2,000 萬
  6. 戶外廣告：1,000 萬
  7. 報紙：200 萬
  8. 雜誌：200 萬

9. 廣播：200 萬

10. 促銷贈品：1,000 萬

11. TVCF 製作：1,500 萬（5 支）

合計：3.2 億元

 第 14 節　行銷 4P/1S/2C 全方位的努力及加強

　　本章總結來說，除了行銷（廣告）預算要重視 ROI 的使用之外，對公司銷售業績的提升，不能只靠廣告一項努力而已，而是要行銷 4P/1S/2C 七大項、全方位的努力及加強，才可以實現業績提高的目標及目的。

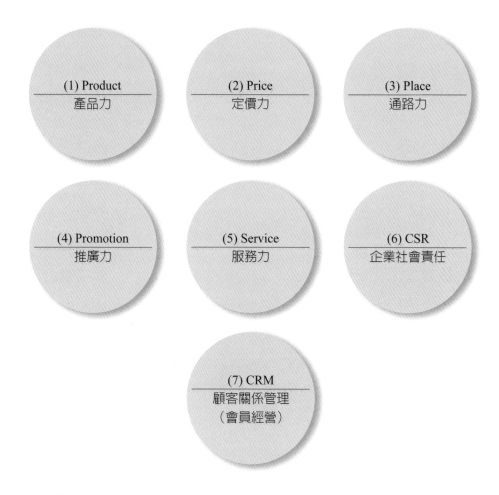

　　▶ 圖 6-11　行銷 4P/1S/2C 全方位七大項努力強化及創新進步

Chapter 7

整合行銷傳播實務個案研究

〈實務個案 1〉統一超商 City Café 的整合行銷傳播

根據前述 City Café 個案研究內容，本研究獲致如下三項結論：

一、City Café 品牌行銷成功關鍵七大因素

(一) 品牌定位成功

City Café 在 2004 年重新再出發，以「整個城市就是我的咖啡館」為都會咖啡，24 小時平價、便利、現煮的優質好咖啡為品牌定位及品牌精神；並以年輕上班族為目標客層，成功做好品質定位的第一步。

(二) 價格平價優勢

City Café 依不同大小杯及不同口味，定價在 40 元～ 55 元之間，價格只有星巴克店內咖啡三分之一價格，也比 85℃ 平價咖啡稍微便宜一些。迎接平價咖啡的時代來臨，City Café 提供物超所值的平價優質咖啡，廣受上班咖啡族的歡迎，也是品牌行銷成功的關鍵因素之二。

(三) 通路便利優勢

City Café 布點數從 2004 年開始起，到 2007 年已突破 1,000 家店，到 2008 年突破 2,000 家店，2009 年底突破 2,600 家店，2021 年達到 6,072 店以上。這為數眾多的 City Café 便利商店，以 24 小時全年無休，隨時隨地都能買到現煮好咖啡，對廣大消費者而言，具有相對的便利性。這種絕對的通路便利優勢，成為 City Café 品牌行銷成功的關鍵因素之三。

(四) 產品優質優勢

City Café 以進口特級咖啡豆、最好的義式咖啡機、口味一致，品種多元化、四季化的提供，打造出 City Café 的嚴選、優質咖啡口味出來，幾近與星巴克精品咖啡相一致。

產品優質也帶來了它的好口碑及鞏固一大群主顧客。產品力成為 City Café 品牌行銷成功的關鍵因素之四。

(五) 整合行銷傳播操作成功

統一超商長期以來，就是以擅長行銷宣傳與傳播溝通為特色的公司，如今在

City Café 的整合行銷傳播上，更顯示出它們一貫的特色及優勢。

　　City Café 行銷傳播操作的主核心，首先在找來氣質藝人桂綸鎂做 City Café 的代言人，大大拉抬都會咖啡的品牌精神表徵，自 2007 年至 2020 年已代言超過 13 年。此外，在電視廣告、報紙廣編特輯廣告、戶外廣告、公仔贈品活動、半價促銷活動、公關報導、媒體專訪、藝文講座、網路行銷活動、事件行銷活動，以及店頭行銷活動等，完整的呈現出鋪天蓋地的整合行銷傳播的有效操作。此為 City Café 品牌行銷成功的關鍵因素之五。

(六) 品牌知名度優勢

　　自 2004 年以來，City Café 的品牌名稱已成功的被打造出來，每天幾百萬人次進出統一超商 6,072 多家店，都會看到店頭行銷的廣告宣傳招牌以及其他媒體的廣宣呈現。時至今日，City Café 的品牌知名度已躍為速食咖啡的第一品牌，一點都不輸實體據點的星巴克、西雅圖、丹堤、85℃咖啡、路易莎等品牌。City Café 的高品質知名度，也強化了它的品牌資產累積及消費群的忠誠度，此為 City Café 品牌行銷成功的關鍵因素之六。

(七) 品牌經營信念堅定

　　統一超商的咖啡經營，早期雖然經營模式不對及時機尚未成熟，導致經營失敗。但該公司能仍不斷研發改良、不斷精進，並且等待最適當的時機，吸取失敗經驗及洞察消費者需求，最終正式推出新的 City Café 品牌，並以「品牌化」的經營信念，做好品牌長期經營的政策及完整規劃。此為 City Café 品牌行銷成功的關鍵因素之七。

1. 品牌定位成功
2. 價格平價優勢
3. 通路便利優勢
4. 產品優質優勢
5. 整合行銷傳播操作成功
6. 品牌知名度優勢
7. 品牌經營信念堅定

▶ 圖 7-1　City Café 品牌行銷成功的七個關鍵因素

二、City Café品牌行銷成功的完整架構模式

　　根據個案研究內容，本研究歸納並架構出 City Café 品牌成功的完整模式，如圖 7-2 所示，此模式主要有六項要點：

第一步：品牌經營信念堅定

　　抓住正確時機點，洞察消費者、不斷改良進步、堅持品牌化經營政策。

第二步：品牌定位成功及鎖定目標客層成功

第三步：品牌行銷 4P/1S 組合策略操作成功

1. 產品優勢（Product）。
2. 價格優勢（Price）。
3. 通路優勢（Place）。
4. 整合行銷傳播優勢（Promotion）。
5. 服務優勢（Service）。

第四步：創造良好口碑與品牌形象成功

第五步：創造出良好的行銷績效

　　包括：每年銷售 3 億杯、年營收超過 120 億元、毛利率 40% 以上、顧客忠誠度高、第一品牌。

第六步：保持持續性的領先競爭優勢

1. 產品研發持續投入與創新。
2. 整合行銷活動持續投入與創新。
3. 通路裝機數量持續投入。

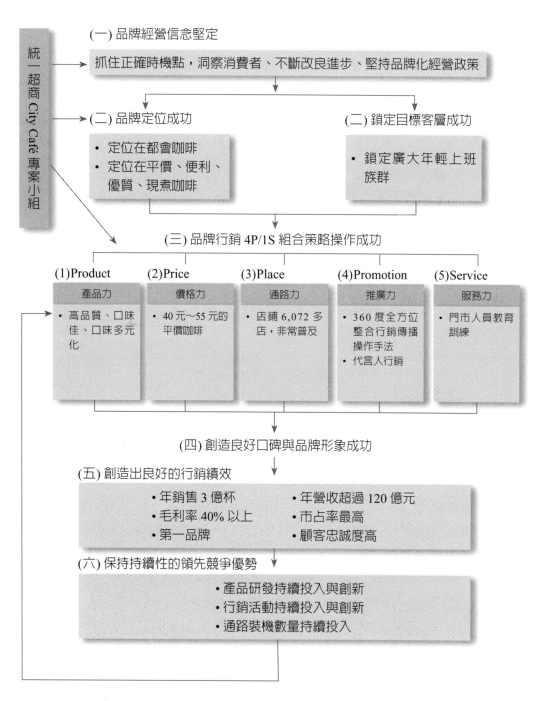

統一超商 City Café 專案小組

(一) 品牌經營信念堅定

抓住正確時機點，洞察消費者、不斷改良進步、堅持品牌化經營政策

(二) 品牌定位成功

• 定位在都會咖啡
• 定位在平價、便利、優質、現煮咖啡

(二) 鎖定目標客層成功

• 鎖定廣大年輕上班族群

(三) 品牌行銷 4P/1S 組合策略操作成功

(1)Product	(2)Price	(3)Place	(4)Promotion	(5)Service
產品力	價格力	通路力	推廣力	服務力
• 高品質、口味佳、口味多元化	• 40元～55元的平價咖啡	• 店鋪 6,072 多店，非常普及	• 360 度全方位整合行銷傳播操作手法 • 代言人行銷	• 門市人員教育訓練

(四) 創造良好口碑與品牌形象成功

(五) 創造出良好的行銷績效

• 年銷售 3 億杯
• 毛利率 40% 以上
• 第一品牌
• 年營收超過 120 億元
• 市占率最高
• 顧客忠誠度高

(六) 保持持續性的領先競爭優勢

• 產品研發持續投入與創新
• 行銷活動持續投入與創新
• 通路裝機數量持續投入

▶ 圖 7-2　City Café 品牌行銷成功的完整架構模式

資料來源：戴國良（2020）。

三、City Café 360度全方位品牌行銷傳播操作內容

本研究歸納出 City Café 360 度全方位整合行銷傳播依內容項目，如圖 7-3 所示：

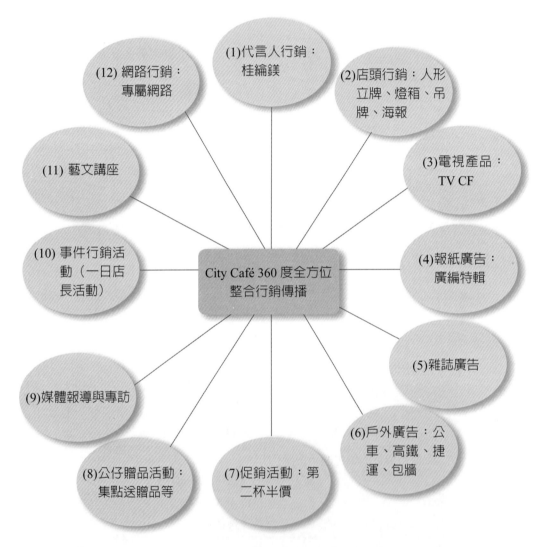

▶ 圖 7-3　City Café 360 度全方位品牌行銷傳播內容項目

〈實務個案 2〉OSIM 品牌的整合行銷傳播

一、OSIM第一品牌經營成功的七大關鍵因素

本個案研究獲致第一個結論，係由前述個案訪談內容，來歸納出 OSIM（傲勝）在國內及亞洲地區成為健康器材第一品牌的七大關鍵因素，如下：

(一) 不斷創新商品，並堅持高品質

OSIM 公司每年研發都要推出好幾款新商品上市，其中，至少有一、二款新商品將是媒體主打的創新商品。由於每年都有創新商品上市，因此能夠帶動新顧客群的增加，能夠提升年度營業額的增加，以及最後能夠維繫 OSIM 品牌在媒體廣宣的能見度、曝光度及依賴度與第一品牌市占率。此外，OSIM 產品的設計不僅迎合時尚感，在功能與耐用的展現上，亦展現出一致性的高品質水準以獲得消費者的好口碑。

(二) 最高階負責人對品牌經營信念的堅持

OSIM 創辦人沈財福董事長向來對「品牌經營」的概念即非常深刻與堅持。早期，他以經營國際貿易為主，但他認為這只是買賣的技術與報價而已，並不是長久生意，品牌生意才有長久生命。

因此，他創立了「OSIM」品牌，OSIM 品牌行銷全球二十七個國家，後來事實證明他的品牌化經營概念是對的。如今，OSIM 已是亞洲及臺灣在健康器材的第一品牌。

(三) 整合行銷傳播操作成功

OSIM 品牌化經營的觀念，主要落實在對行銷的操作工作上。OSIM 對每年新上市的新商品，都編有足夠的媒體預算，然後以整合性、跨媒體及 360 度全方位的整合行銷傳播操作手法，大大的將一個新商品及新功能，透過知名代言人手法，成功的拉抬及累積 OSIM 品牌知名度、依賴度與品牌資產。

(四) 品牌定位在高價位與高優質策略成功

OSIM 健康器材屬耐久性消費與一般日用消費品不一樣，其單價都是比較高。因此，OSIM 認定產品屬性的不同，一開始就將 OSIM 品牌定位在高品質、

高設計、高功能及高價位，拉升 OSIM 品牌到賓士做汽車的位階，而不陷入一般國內本土健康器材的較便宜價格的印象上。而 OSIM 的高優質、高價位品牌消費者，亦設定在中產階級以上的高消費力目標族群為主力。

(五) 直營門市店通路策略成功

由於健康器材的單價都不低，屬於消費者涉入較高的，因此消費者一定會多方查詢資訊，並重視品質、服務的水準及品牌。因此，OSIM 決定要自己投入經營直營門市店，以高素質的現場門市服務人員及高檔的門市現場布置裝潢及解說，以反應出 OSIM 高檔的品牌精神，並確保品質水準。這是一個成功的通路策略。

(六) 每年投入 6,000 萬媒體廣宣預算

品牌要打造、提升及維持，必須要有適當的行銷預算及媒體廣宣預算的投入才行。OSIM 公司的行銷部即專責這方面的工作，並且用心的把每一分錢花在刀口上，創造出成效不錯的媒體廣宣效果。6,000 萬占 OSIM 年度 30 億營業額約 2% 比例，比例並不高，但以實務而言，還算是適當的預算額度，如果好好做好廣告創意，有效利用正確的代言人及做好適當的媒體組合規劃及公關報導，品牌效果是可以達成。

(七) 全員貫徹品牌制度化經營體制

OSIM 公司是強調全員投入品牌經營的概念，每個單位、每個工作人員及每個標準作業流程（SOP）等，都與品牌形象的塑造及品牌基本功的打造，帶來一定的影響力。因此，OSIM 組織內部的制度與品牌是高度相關的，也是支持品牌力的重要基礎。

總結上述來看，創新產品整合行銷操作、品牌定位、通路、行銷預算及制度與全員投入，均是 OSIM 在健康器材市場中能夠勝出的主要因素。

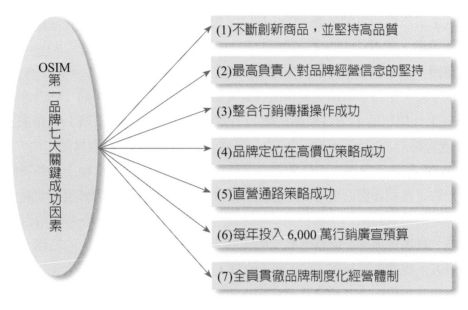

(1)不斷創新商品，並堅持高品質

(2)最高負責人對品牌經營信念的堅持

(3)整合行銷傳播操作成功

(4)品牌定位在高價位策略成功

(5)直營通路策略成功

(6)每年投入 6,000 萬行銷廣宣預算

(7)全員貫徹品牌制度化經營體制

● 圖 7-4　OSIM 第一品牌經營七大關鍵成功因素

二、OSIM第一品牌經營成功的整合行銷模式架構

本個案研究所獲致的第二個結論，即是可歸納出如圖 7-5 所示的 OSIM 整合型品牌行銷模式架構內容，包含下列七個步驟：

第一：最高階經營者堅持的品牌經營信念

品牌行銷經營成功的首要步驟，即是最高經營者（即董事長或是老闆）必須有堅定不移且不斷重視強調的品牌化經營信念；只要對品牌形塑有利的任何正確作為，都願意花下人力與物力，強力打造及維繫品牌的生命。

第二：品牌力支撐：創新與制度

OSIM 成為亞洲及臺灣的最佳健康器材品牌不是浪得虛名的。本個案研究顯示，OSIM 品牌力的支撐，主要依靠對新產品能夠不斷的創新與設計，以及對公司及門市店營運體系的高品質制度與標準作業流程的嚴格控管。因此，在創新與品質制度的雙重作用下，成為品牌的外部良好口碑，而且能夠持久下去。

第三：品牌精準定位與鎖定新目標客層

OSIM 體認到健康器材屬於高涉入度的耐久性消費財與一般日用品消費財不同，因此，必須定位在較高品質、較高品味、較高時尚與較高價位的優質，而非便宜貨健康器材的正確品牌位置上，這是正確之舉。此外，OSIM 又針對中產階

級女性上班族為新目標客層，開拓出除了傳統銀髮族市場外，又呈現出一個新女性商機市場，使 OSIM 的產品組合能夠不斷創新及完整。

第四：行銷組合策略的完整配套推出

接下來，第四步驟即是要推出具有完整配套的行銷組合策略（Marketing Mix Strategy）；這包括了：(1) 產品策略；(2) 定價策略；(3) 服務策略；(4) 推廣策略；(5) 服務策略以及 (6) 顧客關係策略（CRM）等六項策略方針與具體作法。

OSIM 品牌透過這六項行銷組合策略與具體作法，而能呈現出該品牌對消費者帶來的實質利益與心理感受；也是 OSIM 品牌競爭力的具體展現，並充分的做到了滿足消費者需求的最高行銷準則。這包括了：OSIM 產品好、定價合理、通路便利、推廣宣傳夠、服務貼心及顧客關係緊密連結等理想品牌的具體要求。

第五：媒體預算每年 6,000 萬元的投入

在第五步驟即是有必要且適當的媒體預算支出，打響品牌想要不花一毛錢，根本是不可能的。我們只要每天看那麼多的國內及國際知名品牌，在各大電視頻道、平面媒體、網路媒體及戶外媒體打廣告，就知道要打造及維繫一個知名好品牌，必須長期且合理的編列媒體預算，並透過正確、有效、精準的廣告與媒體呈現，必可做好品牌知名度與喜愛度。

第六：行銷績效成果展現

在經過上述各步驟的品牌行銷作為之後，應可有良好的品牌行銷績效的展現，包括：市占率、營業額成長率、獲利率、品牌地位、顧客滿意度及品牌口碑等。

第七：未來挑戰

最後一個階段，即是任何品牌都會面對未來的挑戰，沒有一個品牌是永遠輕鬆坐在第一品牌的。OSIM 也同樣面對二個挑戰，包含：

1. 品牌如何更加深化、更加做大，以及提升顧客忠誠度。

2. 加強產品創新與行銷創新，以創新而能領先重要競爭對手。

綜言之，上述七個步驟內容，即組合成 OSIM 品牌能夠成功躍登市場第一名的完整品牌模式架構（Compretensive Brand Marketing Model）。由此看來，第一品牌的獲得是充滿複雜的行銷路程。

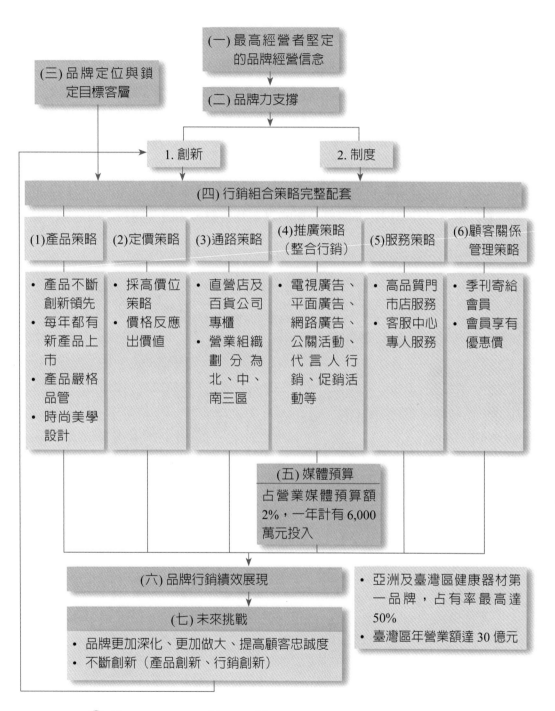

▶ 圖 7-5　OSIM 第一品牌經營成功的整合型行銷模式

資料來源：戴國良（2020）。

三、OSIM第一品牌經營成功的內、外組織關係圖

本個案研究所獲致的第三個結論，即是如圖 7-6 所示的 OSIM 內部八個組織單位齊心協力與團隊分工合作，對 OSIM 品牌維繫所做出的努力及呵護；以及透過外部組織單位的廣告公司與媒體代理商在廣告創意的設計與製作，以及在媒體組合規劃與媒體購買上的有力協助，以發揮廣告效益及媒體投放效益，支撐 OSIM 優良品牌呈現在消費大眾的各個接觸點。

因此，由此看來第一品牌的打造及長期維繫，的確是公司內部全員的共同努力用心付出，以及運用外部協力公司的專業及智慧，才能共同長期做好第一品牌的領先。

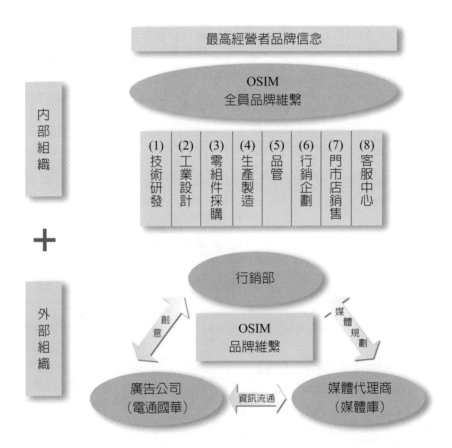

● 圖 7-6　OSIM 第一品牌經營成功的內、外部組織關係圖

四、OSIM第一品牌經營成功的媒體預算及媒體規劃模式圖

OSIM 能夠長期成為國內健康器材第一品牌的市場領導地位，成功的關鍵因素當然如前述七大點；其中，足夠、充分且妥當的運用媒體預算（或稱行銷預算）與執行力，而有效的打造出品牌形象力與促進消費者購買意願，也是非常重要的因子之一。

如圖 7-7 所歸納出來 OSIM 的媒體預算及媒體規劃模式，是本研究所獲致的結論之四。此模式包含五個部分。即：

(一) 每年媒體預算

約占年度營業額固定比例 2%，即 6,000 萬元左右。

(二) 媒體配置原則

依過去幾年實際媒體經驗效果而分配。而配置比例，則以電視廣告（含代言人費用）占 55% 最多，報紙占 20%、雜誌占 15%；此三大媒體即占全部預算的 90% 之多，是為 OSIM 宣傳的主力媒體。

(三) 媒體預算執行

依透過長期經手的媒體代理商「媒體庫」公司代為規劃，發稿及購置媒體版面位置及電視頻道廣告時段等事宜。

(四) 媒體執行效益評估

OSIM 主要看 GRP 的達成率，對銷售業績的助益及對品牌知名度與好感度的幫助如何。

(五) 調整改變

OSIM 行銷部每年底還是會對年度的媒體預算執行效果加以檢討與分析，對下一年度的媒體預算金額及配置比例，做一些必要的調整改變。

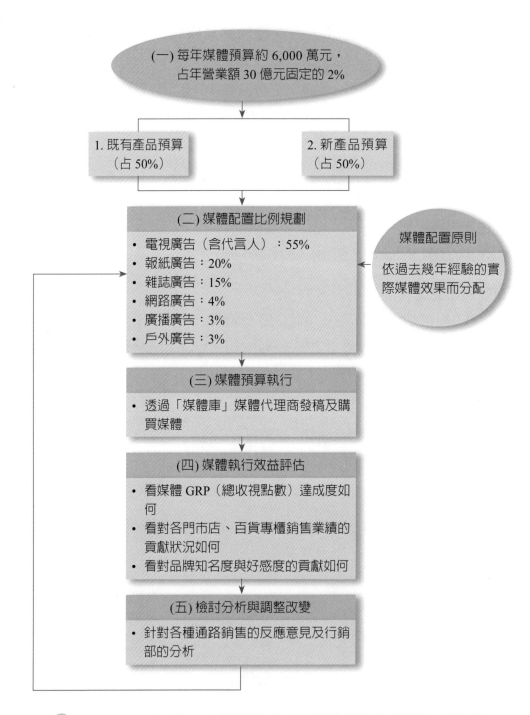

（一）每年媒體預算約 6,000 萬元，占年營業額 30 億元固定的 2%

1. 既有產品預算
（占 50%）

2. 新產品預算
（占 50%）

（二）媒體配置比例規劃
- 電視廣告（含代言人）：55%
- 報紙廣告：20%
- 雜誌廣告：15%
- 網路廣告：4%
- 廣播廣告：3%
- 戶外廣告：3%

媒體配置原則

依過去幾年經驗的實際媒體效果而分配

（三）媒體預算執行
- 透過「媒體庫」媒體代理商發稿及購買媒體

（四）媒體執行效益評估
- 看媒體 GRP（總收視點數）達成度如何
- 看對各門市店、百貨專櫃銷售業績的貢獻狀況如何
- 看對品牌知名度與好感度的貢獻如何

（五）檢討分析與調整改變
- 針對各種通路銷售的反應意見及行銷部的分析

▶ 圖 7-7　OSIM 第一品牌經營成功的媒體預算及媒體規劃模式

資料來源：戴國良（2020）。

〈實務個案 3〉統一茶裏王的整合行銷傳播

一、茶裏王長保第一品牌的七大關鍵成功因素（Key Success Factor）

　　統一茶裏王茶飲料自 2001 年推出之後，即成功的上市，並在 2004 年奪下國內茶飲料市場的第一品牌、第一市占率及年度單一茶品牌營收額；並且持續到現在為止，其第一品牌的地位並未改變或被取代。在國內茶飲料市場幾乎沒有進入門檻，且面對二、三十種茶飲料品牌的高度競爭下，統一茶裏王能夠在這十幾年來均能長保 14% ～ 15% 的第一市占率，實屬難能可貴。經過茶裏王品牌行銷小組二位主要成員的深度訪談及本個案各種資料的蒐集之後，獲致本研究的第一個結論，即歸納出茶裏王長保第一品牌的七個最主要關鍵成功因素，如圖 7-8 所示：

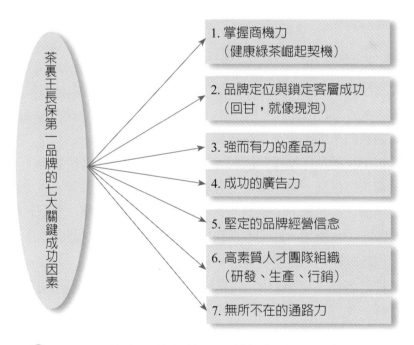

圖 7-8　茶裏王長保第一品牌的七大關鍵成功因素

(一) 成功掌握商機力

　　在 2001 年時，國內市場正在崛起一股喝健康綠茶的潮流風潮，包括：有糖、

低糖、無糖綠茶，均受國內消費者所歡迎。統一茶裏王行銷小組首先看見此股從日本飲料市場傳過來的潛在商機，並且及時投入研發試作，最終成功推出上市。在消費品市場而言，率先推出某類創新產品的品牌，通常都會享有先入者（Pre-marketer）的競爭優勢，其品牌地位亦較易形成與鞏固。茶裏王在十幾年前能夠率先預測、觀察及掌握健康綠茶飲料的潮流趨勢與消費者潛在需求，從而加以有效的把握，此正表現出統一企業茶飲料事業部的高度市場商機洞察力與掌握力。此種洞見能力，即為奠下茶裏王未來成功的第一個關鍵成功因素。

(二) 品牌定位與鎖定客層成功

茶裏王強調高品質茶葉與獨特製茶技術，其口味能夠「回甘，就像現泡」，使消費者朗朗上口。再者，當初茶裏王鎖定以「上班族小職員」為目標客層，成功打入這一個市場缺口，搶占這一塊空白市場，到今天，近十年來，茶裏王的品牌定位及目標客層都沒有改變，一如往昔，成了廣大上班族小職員最貼心的日常茶飲料之首選品牌。

(三) 強而有力的產品力

就本質而言，茶裏王能夠保持茶飲料的第一品牌地位，產品力是最本質的勝出因素。這個產品力的內涵，包括了：

1. 擁有創新的單細胞生茶萃取技術，使茶飲料最甘甜。
2. 首次推出少糖及無糖綠茶飲料，滿足不吃糖的潛在消費族群。
3. 首創寶特瓶包裝，易於攜帶及容量較大。
4. 品牌名稱「茶裏王」，意涵「茶中之王」，非常獨特、易記、吸引人。
5. 具有綠茶、烏龍茶、紅茶等多種口味的完整產品線組合。
6. 定期創新改變它的包裝與設計，永遠有嶄新面貌。
7. 不斷提升各種茶葉原料的品質等級，用最上等的茶葉製造出最高品質的茶飲料。

(四) 成功的廣告力

統一企業是國內食品飲料大廠，多年來，它一直擅長於廣告宣傳，創造一個又一個的新品牌。茶裏王即是統一公司繼麥香紅茶及純喫茶等二個知名品牌之後，成功打造出來的第三個一線茶飲料品牌。當初的電視廣告片呈現，即是以上班族小職員為故事背景，拍出令人注目的 30 秒電視廣告片，使一時之間，茶裏

王品牌在很短時間即爆紅，成爲媒體報導的對象。之後，陸續幾年來，茶裏王均秉持著這種爲上班族小職員代言的品牌精神而毫無退色。茶裏王每年固定投入3,000萬元電視廣告播出預算，以鞏固它的忠誠消費大眾與品牌知名度。廣告力是精神面與心理面，而產品力是物質面與功能面，兩者相加，達成了最佳的行銷綜效（Synergy）。

(五) 堅定的品牌經營信念

在本研究的訪談過程中，個人深深的感受到統一企業對員工所灌輸的品牌經營的堅定信念與意見，幾乎每位員工都深刻身體力行品牌的經營理念。這是一種有形與無形兼具的企業文化與組織文化，統一企業做到了以「品牌經營至上」的核心主軸思想。凡是任何行銷活動有違背茶裏王品牌的定位與品牌精神，則這些行銷活動就不能執行。統一茶裏王品牌真正做到品牌核心價值堅持的工作。

(六) 高素質人才團隊組織

統一茶裏王長保第一品牌的背後因素，追根究柢到最後，其實就是人的因素與人才團隊因素。好產品的呈現，背後一定會有一個高素質的合作團隊支撐。而在茶裏王中，就是由中央研究所的研發技術人員、統一工廠的生產與品管人員以及行銷人員等三者所組合而成的黃金三角陣容。透過他們密切的溝通、協調、開會、交換意見、充分討論，最終形成最好的共識、目標及作法，然後成功的打造出茶裏王的強大產品力。

(七) 無所不在的通路力

茶裏王第一品牌成功的最後一個關鍵因素，即是它無所不在的通路力。統一企業擁有全國6,072家便利商店通路實力，在這個「通路爲王」的時代中，誰擁有通路，誰就會有較高業績的表現。茶裏王透過全國縝密的便利商店通路系統，再加上該公司在全國的各鄉鎮經銷商通路系統，幾乎鋪天蓋地的覆蓋著所有的零售店，高度的方便了消費者的購買，也形成了比競爭對手更強大的通路優勢。

二、茶裏王長保第一品牌的整合型品牌行銷模式架構圖（Comprehensive Marketing Model）

本研究獲致的第二個結論是歸納出如圖7-9所示的「茶裏王長保第一品牌的整合型品牌行銷模式架構圖」，此架構模式，計有六個步驟階段，分別爲：

(一) 聚焦品牌核心價值，滿足顧客需求

這是茶裏王長保第一品牌的首要步驟，即該品牌最重要的品牌行銷信念，即在如何投入、聚焦於品牌本身在有形及無形的核心價值上面，讓品牌本身更有高度價值，並且以此高度價值來滿足顧客的現在及未來需求，爭取顧客成為該品牌的忠誠與信賴的使用者及愛用者。若能如此，品牌必可在市占率及心占率上均贏得第一。因此，廠商每天必須思考如何進一步創造出品牌的核心價值，並以此來滿足顧客不斷變化的需求。茶裏王過去十幾年來，不斷在產品力、製茶技術及行銷力上深耕它的核心價值，並獲致良好結果。

(二) 掌握健康消費潮流，抓住市場缺口，創造新商機

茶裏王十幾年前的一躍崛起，最大的原因，就是它能夠掌握整個茶飲料市場的健康消費潮流的迅速成形，並且即刻有效的抓住健康綠茶這一個無人供應的市場缺口，終於能夠創造出健康綠茶的飲料新商機。因此，品牌經理人或產品經理人們，在其每天的思考及觀察洞見上必須融入、掌握及預判出每一波的消費者潮流是什麼，每一次的新市場缺口會是什麼，然後快速且適時的推出能滿足消費潮流的新商品，創造出新商機。茶裏王做到了這些，因此，該品牌能創造出它每年25 億元營收的亮麗新商機。

(三) 品牌定位與鎖定目標客層成功

接下來第三個步驟，即是如何做好一個品牌的精準定位及鎖定目標客層的成功。茶裏王以「回甘，就像現泡」這一句短短的口號（Slogan），彰顯出該品牌口味的甘甜更勝別的茶飲料品牌，並且形成茶裏王品牌的獨特特色與銷售賣點。此外，茶裏王又鎖定當初沒有人為目標市場25 歲～ 35 歲的上班族小職員為茶裏王的訴求主力對象，由於後來搭配的廣告策略亦以上班族小職員的心境為表現手法，因此，果然廣告推出後，茶裏王就一炮而紅，形成青壯年上班族小職員們對茶飲料的首選品牌。因此，我們可以提出由於茶裏王在品牌定位（Brand Positioning）及鎖定目標客層（Target Audience）的成功，奠定了往後在行銷 4P 策略上相當成功。

(四) 行銷 4P 戰力齊發與行銷預算支援

接著品牌行銷經營成功的第四步驟，即是做好完整的行銷 4P 組合策略之配

套措施與規劃。茶裏王品牌成功的行銷 4P 戰力齊發，主要內容包括：

1. 產品力（Product）

茶裏王以創新的製茶技術、品牌命名的獨特性、創新的包裝設計、少糖與無糖飲料率先推出及不斷改善的產品線組合；確實滿足了消費者需求，並在每一個時期中，都能有一定的時間創新領先競爭對手品牌。

2. 定價力（Price）

茶裏王當時剛推出時，打破市場行情，定價20元，比市場行情價還低3元，並且廣獲市場大眾接受，這個 20 元定價，至今已成為茶飲料市場的一般便利定價。

3. 通路力（Place）

茶裏王相較於其他飲料品牌，擁有自己 7-ELEVEN 6,072 家店的通路極大優勢，再加上全國其他鄉鎮綿密的經銷系統，使得茶裏王幾乎在每一個賣店內都能方便買得到，此為其通路優勢。再加上茶裏王亦不斷加強重要通路據點的醒目陳列及店頭賣場內的 POP 廣告宣傳工作，因此，面對消費者在最後一哩通路據點上有利優勢，茶裏王品牌亦貫徹得很好。

4. 推廣力（廣告力）（Promotion）

最後一個 P，即是以電視廣告力為推廣宣傳主力，茶裏王與奧美廣告公司亦配合得很好。每年定期拍出幾支具有創意的，以上班族小職員為對象呈現的電視廣告，大大的打響了茶裏王品牌的知名度及形象度。茶裏王每年亦投入 4,500 萬元，適當的廣告量亦足夠提醒消費者並鞏固第一品牌的聲望。另外，配合各賣場的促銷活動，亦是必要的推廣措施。

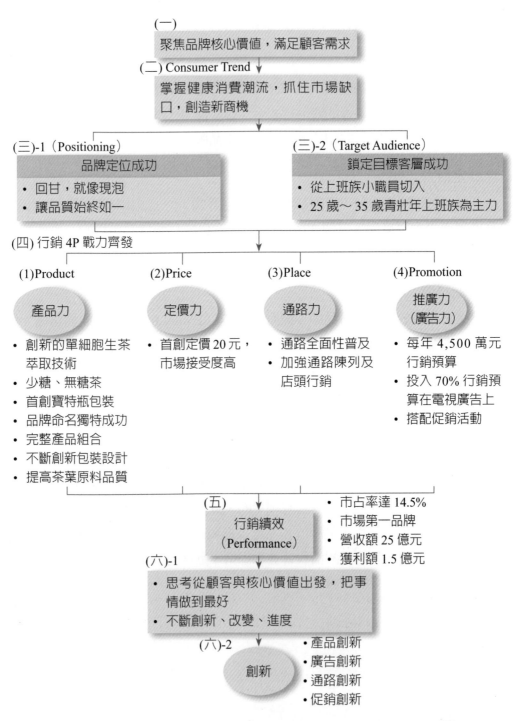

（一）
聚焦品牌核心價值，滿足顧客需求

（二）Consumer Trend
掌握健康消費潮流，抓住市場缺口，創造新商機

（三）-1（Positioning）
品牌定位成功
- 回甘，就像現泡
- 讓品質始終如一

（三）-2（Target Audience）
鎖定目標客層成功
- 從上班族小職員切入
- 25 歲～35 歲青壯年上班族為主力

（四）行銷 4P 戰力齊發

(1)Product
產品力
- 創新的單細胞生茶萃取技術
- 少糖、無糖茶
- 首創寶特瓶包裝
- 品牌命名獨特成功
- 完整產品組合
- 不斷創新包裝設計
- 提高茶葉原料品質

(2)Price
定價力
- 首創定價 20 元，市場接受度高

(3)Place
通路力
- 通路全面性普及
- 加強通路陳列及店頭行銷

(4)Promotion
推廣力（廣告力）
- 每年 4,500 萬元行銷預算
- 投入 70% 行銷預算在電視廣告上
- 搭配促銷活動

（五）
行銷績效（Performance）
- 市占率達 14.5%
- 市場第一品牌
- 營收額 25 億元
- 獲利額 1.5 億元

（六）-1
- 思考從顧客與核心價值出發，把事情做到最好
- 不斷創新、改變、進度

（六）-2
創新
- 產品創新
- 廣告創新
- 通路創新
- 促銷創新

▶ 圖 7-9　茶裏王長保第一品牌的整合型品牌行銷模式架構圖

資料來源：戴國良（2020）。

(五) 行銷績效的呈現（Marketing Performance）

　　到第五階段，就是行銷績效的呈現，比較重要的幾項指標，就是該品牌的營收額、獲利額、市占率及品牌領導地位。茶裏王在這些指標到目前都有不錯的成績展現，包括：市占率達 14.5%、市場第一品牌、營收額 25 億元、獲利額 1.5 億元等。茶裏王市占率居第一，仍領先後面緊緊跟隨的御茶園、每朝健康、爽健美茶、油切綠茶、雙茶花以及自己品牌的統一麥香紅茶、純喫茶等各大競爭品牌。

(六) 創新，思考從顧客與核心價值出發，把事情做到最好

　　最後的步驟，即是如何秉持不斷創新的原則，全方位的從產品創新、廣告創新、通路創新及促銷創新等具體作為，然後，思考從顧客與核心價值出發，把事情做到最好。茶裏王第一品牌的成功，就是秉持著此項終極的信念。

三、茶裏王長保第一品牌的公司內外部人才團隊組織模式

　　本個案研究所獲致的第三個結論與發現，即歸納出茶裏王長保第一品牌的公司內外部人才團隊組織模式，如圖 7-10 所示。包括：

(一) 內部組織

　　茶裏王產品力的創造、精進與鞏固，最主要是由三個單位所共同合力打造出來的，包括：統一企業中央研究所茶飲料研發部、統一企業臺南茶飲料工廠生產部與品管部，以及統一企業茶飲料事業部茶裏王品牌小組等。這三個單位透過經常性定期會議與機動性不定期會議的模式，共同研討相關問題並提出對策方案，促使茶裏王產品力的不斷改良與進步，以確保茶裏王產品的市場競爭力與優勢。

(二) 外部組織

　　茶裏王外在品牌力的塑造，是後端的重要工作，除了產品優質之外，還必須形塑出它的品牌知名度、品牌形象與品牌喜愛度。而這個工作，就落到茶裏王品牌小組的身上，茶裏王品牌打造成功，除了統一企業內部的品牌小組既有成員之外，還必須仰賴外部的廣告代理商、媒體代理商及公關公司的通力協助，才可以順利達成品牌打造目標。茶裏王品牌小組的行銷企劃專責成員，透過與外部公司良好的互動與集思廣益，因此，才能產生出最好的廣告創意、形象公關及媒體廣告播放等助力，大力把茶裏王的優質品牌形象成功形塑出來，為茶裏王的優良銷

售成績得到加分效果。綜言之，由於這個優良的內外部人才團隊高度合作的結果，打造出茶裏王在市場上一直領先的產品力與品牌力的扎實根基。人才，決定了茶裏王長保第一品牌的最根源的關鍵成功因素。

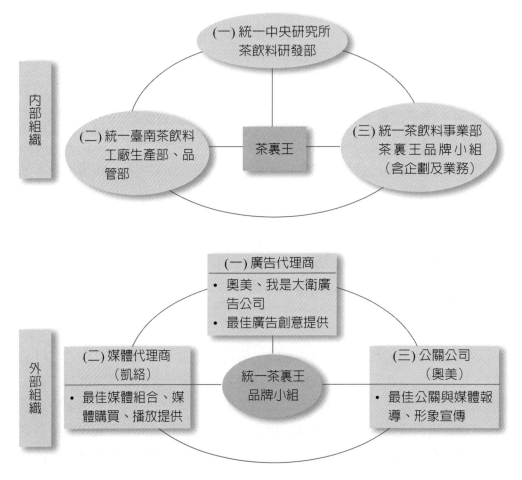

◉▶ 圖 7-10　茶裏王長保第一品牌的公司內外部人才團隊組織模式

〈實務個案 4〉味全林鳳營鮮奶的整合行銷傳播

一、林鳳營第一品牌打造的關鍵成功因素

經歸納本個案內容探討，茲整理出林鳳營鮮奶曾創造出高營業額的四大關鍵成功因素，如圖 7-11 所示：

因素之一：高品質產品力為支撐。

因素之二：堅持品牌經營信念為思路。

因素之三：品牌化整合行銷操作成功。

因素之四：每年固定投入 1 億元行銷預算。

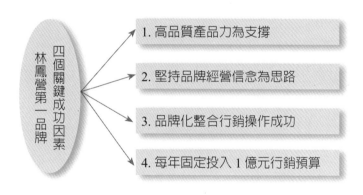

◉ 圖 7-11　林鳳營鮮奶第一品牌四個關鍵成功因素

二、林鳳營第一品牌打造與整合行銷傳播的全方位架構模式（Comprehensive Model of No.1 Brand & IMC）

本個案研究所獲致的第二個結論是，明確的建構出林鳳營第一品牌打造成功與整合行銷傳播的全方位架構模式，如圖 7-12 所示，大概有九大項步驟：

(一) 以產品力為根本支撐。

(二) 堅持品牌化經營的基本信念。

(三) 品牌定位清晰正確與目標客層正確。

(四) 行銷預算固定投入。

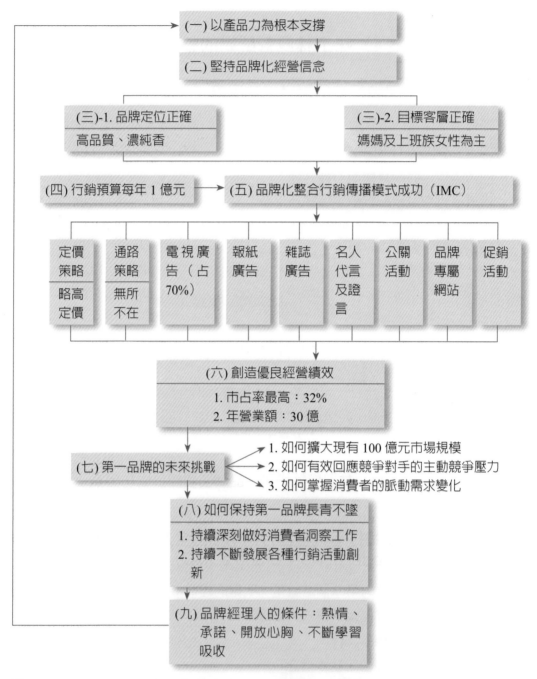

（一）以產品力為根本支撐

（二）堅持品牌化經營信念

（三）-1. 品牌定位正確
高品質、濃純香

（三）-2. 目標客層正確
媽媽及上班族女性為主

（四）行銷預算每年 1 億元　→　（五）品牌化整合行銷傳播模式成功（IMC）

定價策略	通路策略	電視廣告（占70%）	報紙廣告	雜誌廣告	名人代言及證言	公關活動	品牌專屬網站	促銷活動
略高定價	無所不在							

（六）創造優良經營績效
1. 市占率最高：32%
2. 年營業額：30 億

（七）第一品牌的未來挑戰
1. 如何擴大現有 100 億元市場規模
2. 如何有效回應競爭對手的主動競爭壓力
3. 如何掌握消費者的脈動需求變化

（八）如何保持第一品牌長青不墜
1. 持續深刻做好消費者洞察工作
2. 持續不斷發展各種行銷活動創新

（九）品牌經理人的條件：熱情、承諾、開放心胸、不斷學習吸收

▶ 圖 7-12　林鳳營第一品牌打造成功與整合行銷傳播的全方位架構模式（九步驟）

資料來源：戴國良（2020）。

(五) 品牌化整合行銷傳播操作成功——定價策略、通路策略、電視廣告、報紙廣告、雜誌廣告、名人代言與證言、品牌專屬網站、公關活動、促銷活動。

(六) 創造優良經營績效。

(七) 第一品牌的未來挑戰。

(八) 如何保持第一品牌長青不墜。

(九) 品牌經理人條件。

三、林鳳營第一品牌打造的內外部組織機制模式

本研究所獲致的第三個結論是建構出林鳳營第一品牌，打造成功的內外部組織機制模式，如圖 7-13 所示。

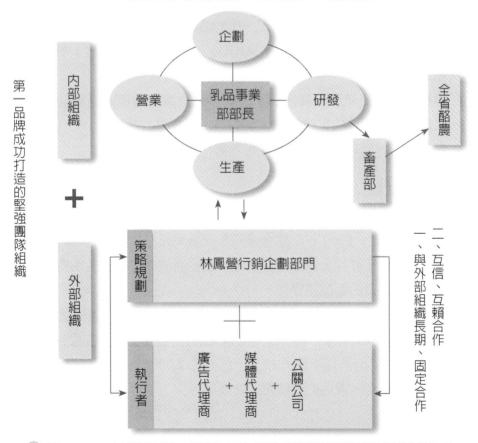

◉ 圖 7-13　林鳳營第一品牌成功打造與堅強團隊組織機制模式

〈實務個案 5〉SOGO 百貨忠孝館的整合行銷傳播

一、SOGO百貨忠孝館週年慶活動的五大關鍵成功

SOGC 百貨忠孝館林家蓁及柯思佳二位課長，共同對週年慶能夠成功運作並達成業績目標任務，她們歸納出下列五項關鍵成功因素，如下：

(一) 產品力

SOGO 百貨是零售通路型態，不管有沒有各種推廣活動舉辦，它們對產品力的重視，無疑是放在第一優先的位置上。

而忠孝館產品力的呈現，主要有幾點：

1. 專櫃廠商要不斷有新商品上架，因為消費者來百貨公司購物，大都希望看到有不一樣的新商品出現。
2. 知名品牌要齊全、整齊，呈現一流的品牌百貨公司模樣。
3. 有些產品要獨賣，即「ONLY SOGO」（只有在 SOGO 賣）的口號能叫得出來。
4. 專櫃產品的定價要有實惠感，消費者感到這是合理的好價錢，SOGO 忠孝館並非高價位的定位館別，反而是一種實惠的感受。
5. 產品及品牌要有特色，區隔化、差異化及優惠化。

(二) 販促力（促銷力）

販賣促進（販促）正是一般百貨零售行業極為重視的整合行銷活動之一環。尤其在面對 2008 年～ 2009 年全球金融風暴及臺灣經濟景氣低迷的時刻，消費者普遍消費保守，斤斤計較，採取理性消費、必要性消費、比較性消費、低價消費以及促銷折扣期消費的新型態變化。

因此，百貨公司站在零售業第一前線更必須有大手筆的販促活動的加碼舉辦。2011 年，忠孝館在週年慶所投入的販促費用（例如：來店禮、滿 6,000 送600、滿額禮等）支出高達 1 億元以上，此遠比 2,000 萬元的廣宣費用支出，要多出 5 倍以上，可見，販促力的關鍵成功要素。

(三) 廣宣力

廣宣力也算是週年慶的成功要素之一，但由於 SOGO 百貨知名度很高，主顧客群也很鞏固。因此，廣宣力的作用，就不像產品力及販促力那樣的關鍵地位。

近年來，週年慶的廣宣力，已偏重於平面媒體及電視媒體的新聞性報導，以及消費者口碑相傳的效益。

因此，它與一般消費品行業的某一種新產品或新品牌上市，要大打全國性電視廣告的模式是不相同的。因此，廣宣力是一種輔助性與支援性的工具表現。

(四) 直效行銷力

百貨公司是地區性、地域性、商圈性經營的特色是相當重的，70% 是鞏固的卡友會員主顧客，30% 才是流動性顧客。因此，各館百貨公司必須相當重視現有主顧客的會員經營活動。

忠孝館每次週年慶都要寄出 20 萬份以上的販促目錄（DM），成本高達 900 多萬元，此種直效行銷的操作效益，過去都有 30% 以上回購成果。

此外，在鞏固會員經營上，母公司遠東集團旗下鼎鼎行銷公司的 HAPPY GO 卡紅利積點優惠平臺的成功經營，亦間接有助於來 SOGO 百貨公司消費的潛在性誘因勢機。

(五) 異業結盟力

異業結盟在週年慶活動上，主要是指銀行信用卡 0 利率分期付款的配合誘因。由於週年慶期間，消費者購物金額都比平常時期要高出很多倍，超過 5,000 元、1 萬元、幾萬元的不在少數，更有名媛貴婦的數十萬元，這些都必須有信用卡刷卡及 0 利率分期付款的金流搭配，才會完成消費者的整個交易流程。因此，若有更多、更好的銀行加入，並提出優惠贈品措施，則其扮演促進消費總金額的貢獻是很大的。

茲如圖 7-14 的五項關鍵成功要素：

圖 7-14　SOGO 百貨臺北忠孝館週年慶關鍵成功五要素

二、建構SOGO百貨忠孝館週年慶活動成功的整合行銷傳播架構模式

(一) IMC MODEL 的建構

本研究所獲致的第二項結論，即是有系統的以及從多元面向，去分析、歸納及建構出 SOGO 百貨忠孝館週年慶成功的整合行銷傳播架構模式，如圖 7-15 所示。此觀念性、全方位的架構模式（Conceptual Model of IMC）係從四個面向加以貫串而成的，這四個完整面向，包括了：

1. 內部組織要素面向。
2. 整合行銷傳播面向。
3. 資訊科技面向。
4. 專櫃廠商面向。

從這四個面向所架構出來一個嶄新的，與過去傳統理論模式並不完全相同的模式，是本研究發現及貢獻的地方。

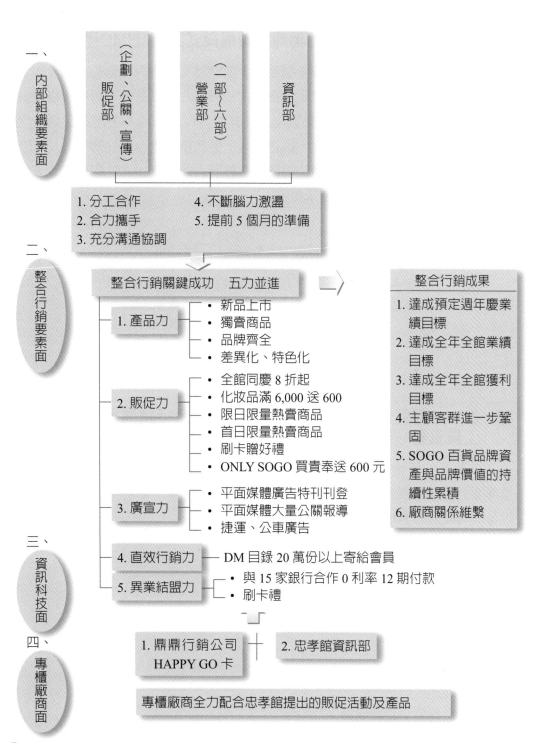

一、內部組織要素面

（企劃、公關、宣傳）販促部

（一部～六部）營業部

資訊部

1. 分工合作
2. 合力攜手
3. 充分溝通協調
4. 不斷腦力激盪
5. 提前 5 個月的準備

二、整合行銷要素面

整合行銷關鍵成功　五力並進

1. 產品力
- 新品上市
- 獨賣商品
- 品牌齊全
- 差異化、特色化

2. 販促力
- 全館同慶 8 折起
- 化妝品滿 6,000 送 600
- 限日限量熱賣商品
- 首日限量熱賣商品
- 刷卡贈好禮
- ONLY SOGO 買貴奉送 600 元

3. 廣宣力
- 平面媒體廣告特刊刊登
- 平面媒體大量公關報導
- 捷運、公車廣告

4. 直效行銷力 — DM 目錄 20 萬份以上寄給會員

5. 異業結盟力
- 與 15 家銀行合作 0 利率 12 期付款
- 刷卡禮

整合行銷成果

1. 達成預定週年慶業績目標
2. 達成全年全館業績目標
3. 達成全年全館獲利目標
4. 主顧客群進一步鞏固
5. SOGO 百貨品牌資產與品牌價值的持續性累積
6. 廠商關係維繫

三、資訊科技面

四、專櫃廠商面

1. 鼎鼎行銷公司 HAPPY GO 卡 ＋ 2. 忠孝館資訊部

專櫃廠商全力配合忠孝館提出的販促活動及產品

▶ 圖 7-15　SOGO 百貨忠孝館週年慶整合行銷傳播完整型架構模式（Conceptual Model of IMC）

資料來源：戴國良（2020）。

三、百貨公司週年慶整合行銷傳播架構模式與傳統IMC模式不同

　　過去傳統整合行銷傳播理論架構模式，如前述文獻研討部分的證明，顯示它比較著重單一面向，即從整合行銷傳播的作法與媒介工具著手分析並建構模式。但此次 SOGO 百貨個案研究結果發現，其實整合行銷的成功，應該從更多元的面向，甚至屬於經營面向的角度，做更深入、更完整與更全面性的思考及判斷，這樣的結果，可能是比較客觀與比較顧及各種層面的角度，亦比較確定的來看待所建構出來的 IMC 模式。茲圖示如下：

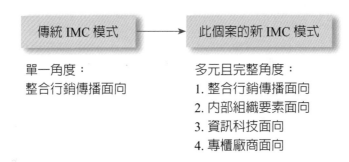

四、SOGO百貨公司忠孝館週年慶360度整合行銷傳播（IMC）操作工具彙整

　　如圖 7-16 所示，此次 SOGO 百貨忠孝館週年慶運用了 360 度全方位整合行銷傳播的大部分操作工具，打響了 SOGO 週年慶的超大知名度與集客力，可以說是一個成功的 IMC 操作個案。

　　此次 SOGO 週年慶所運用到的 IMC 工具包括：

(一) 促銷活動（全面 8 折，滿 6,000 元送 600 元等）。

(二) 直效行銷活動（DM 刊物寄發）。

(三) 報紙（NP）專刊大篇幅廣告。

(四) 電視廣告。

(五) 公車廣告。

(六) 捷運廣告。

(七) 店內廣告招牌布置。

(八) 網路廣告。

(九) 異業合作（銀行免息分期付款）。

(十) 公關媒體報導。

(十一) HAPPY GO 卡紅利積點。

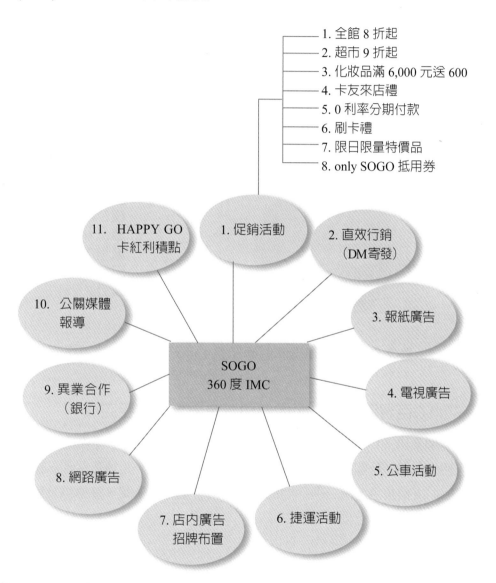

1. 全館 8 折起
2. 超市 9 折起
3. 化妝品滿 6,000 元送 600
4. 卡友來店禮
5. 0 利率分期付款
6. 刷卡禮
7. 限日限量特價品
8. only SOGO 抵用券

- 11. HAPPY GO 卡紅利積點
- 1. 促銷活動
- 2. 直效行銷（DM 寄發）
- 10. 公關媒體報導
- 3. 報紙廣告
- SOGO 360 度 IMC
- 4. 電視廣告
- 9. 異業合作（銀行）
- 5. 公車活動
- 8. 網路廣告
- 7. 店內廣告招牌布置
- 6. 捷運活動

▶ 圖 7-16　臺北 SOGO 百貨忠孝館週年慶 360 度整合行銷傳播操作工具

資料來源：戴國良（2020）。

五、百貨週年慶以促銷費用占行銷支出最高

SOGO 百貨週年慶整合行銷支出費用中，以促銷費用占比居最高。

另外，此次週年慶的行銷支出預算合計約 1 億元，各項費用支出占比如圖 7-17 所示，其中，仍以促銷費占 70% 居最高，報紙廣告與 DM 印製寄發各占 10%，其他項目比例較少。此顯示在週年慶活動中，仍以實惠的滿千送百促銷誘因占最重要位置，支出達 7,000 萬元，占 70% 之高。

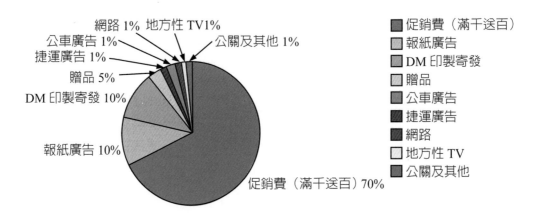

🔘 圖 7-17　臺北 SOGO 百貨忠孝館週年慶 1 億元行銷支出預算各項費用占比

六、SOGO百貨週年慶由販促部與營業部合力攜手完成

由本個案研究中，亦可發現 SOGO 百貨臺北館週年慶主要係由該館的販促部（包括：企劃、公關、宣傳）及營業部合力攜手完成，其他資訊部、總務部等則扮演協助支援角色。這二個部門的功能含括了企劃、公關、宣傳以及與供應商專櫃討論配合事項等重要工作。

附件 1

　　針對廠商推出一個新產品上市，或既有產品年度活動之整合行銷傳播分析個案之撰寫項目內容如下：

一、報告主題

整合行銷傳播期末報告——以○○○品牌為例

二、報告內容

(一) 該產品之市場現況及趨勢分析（或商機分析）

(二) 該產品鎖定的目標客層分析（TA 分析）

(三) 該產品行銷 4P/1S 規劃與分析

1. 產品力（Product）

- 產品定位（Positioning）或品牌定位分析
- 產品包裝設計、規格、容量、材質分析
- 產品特色與 USP（獨特銷售賣點）分析

2. 價格力（Pricing）

- 價格策略（高價、低價、平價、中價）
- 與主要競爭品牌的價格比較分析

3. 通路力（Place）

- 實體通路鋪貨上架地點
- 虛擬通路上架地點

4. 推廣力（Promotion）

- 廣告標語（Slogan）（如果沒有，則不必寫）
- IMC 操作組合
  ①電視廣告（TVCF）（播放今年最新的片子）（一支或二支）
  ②報紙廣告
  ③雜誌廣告
  ④戶外廣告（公車、捷運、看板、霓紅燈、機場）
  ⑤網路廣告（關鍵字、Banner、Facebook、IG、YouTube、專業網站、部落格、LINE 等）

⑥代言人行銷

⑦置入行銷（節目、戲劇、電影、新聞）

⑧Event 活動（事件活動）

⑨記者會活動

⑩促銷活動

⑪店頭行銷活動

⑫公益行銷、贊助行銷活動

⑬媒體公關報導

⑭異業合作行銷

⑮體驗行銷

⑯其他行銷活動

- 概估年度行銷預算（1,000 萬～ 5,000 萬）（自己預估）

5. 服務力（Service）

服務措施、客服中心、服務店面。

(四) 行銷績效成果（市占率、營收額、銷售量、滿意度、知名度、喜愛度、
　　忠誠度等）（品牌排名）

(五) 對該產品在整合行銷傳播操作的評論

(六) 圖示架構

(七) 結語：本課程學習心得（本組學員學到了什麼、增加了將來在行銷傳
　　播就業能力等）

三、請列印一份ppt書面報告給老師詳閱及評分數

四、各組報告日期

五、各組選擇主題產品，如下參考（最近有播出的廣告品牌）：

1. 安怡奶粉　　　　　　　　2. Biore（花王）

3. 飛柔　　　　　　　　　　4. 潘婷

5. 海倫仙度絲　　　　　　　6. 露得清

7. 多芬 go fresh　　　　　　8. 統一布丁

9. City Café

10. HTC 手機

11. 臺啤

12. 爽健美茶

13. 銀寶善存

14. 倍健藥品

15. 資生堂

16. 566 洗髮精

17. 萬歲牌堅果

18. 統一純喫茶

19. 中華電信

20. 桂格養氣人蔘雞精

21. 白蘭氏燕窩

22. 茶裏王

23. LUX 洗髮精

24. 臺灣 LV 精品

25. SK-II

26. 麥當勞漢堡

27. 克寧奶粉

28. 大金冷氣

29. 多喝水

30. 雅詩蘭黛

31. 桂冠

32. 貝納頌咖啡

33. 黑人牙膏

34. 統一 UNI water

35. 維骨力

36. 原萃

37. 統一 AB 優酪乳

38. 多芬洗髮精

39. 旁氏

40. Lexus 汽車

41. SONY 手機系列

42. BMW 汽車

43. OPPO 手機

44. 三星手機系列

45. 觀光局宣傳

46. 好自在

47. 華歌爾內衣

48. 日立冷氣

49. 小林眼鏡

50. 澎澎沐浴乳

51. 大金冷氣

52. 林鳳營鮮奶

53. 植村秀

54. 享食尚滴雞精

55. ASUS 電腦

56. 星巴克

57. Panasonic

58. Dyson 吸塵器

59. LG 家電

60. SONY 家電

61. 蘭蔻

62. Leto cafe

63. TOYOTA 汽車

64. BENZ 汽車

65. LUXGEN 汽車

66. 林鳳營鮮奶

67. 舒潔

68. 櫻花

69. 白蘭

70. 娘家滴雞精

71. 可口可樂　　　　　　　　72. 專科保養品

73. 肌研保養品　　　　　　　74. 三得利保健品（Suntory）

75. Dereck 衛浴設備　　　　　76. 長榮航空

77. iPhone 手機　　　　　　　78. 香奈兒 5 號香水

79. foodpanda 外送　　　　　80. Uber-Eats 外送

六、學習心得繳交

　　另外，每位同學請於本學期最後一週，繳交三頁的個人學習心得報告；其中，二頁請寫本學期授課內容有哪些，一頁請寫個人的學習心得。

附件 2

「整合行銷傳播」期末重點
摘要總複習

1. 整合行銷傳播的英文

整合	行銷	傳播
Integrated	Marketing	Communication

2. IMC 的定義

   廠商為行銷有一個新產品上市宣傳或為某一個自有產品年度行銷活動而所做的：最有效的跨媒體及跨行銷活動操作，以達成營收及獲利目標，並提升品牌知名度與鞏固市占率目標。

3. IMC 是從過去單一媒體的廣告宣傳，轉變到現在的跨媒體、全媒體組合廣宣和模式。跨媒體包含：

   (1) 傳統媒體：電視、報紙、雜誌、廣播、戶外等五種

   (2) 新媒體（數位媒體）：網路、社群及行動媒體等

4. 跨媒體廣宣模式，是為了觸及更多的 TA（目標消費族群），達成更好的宣傳效果

5. IMC 意指將訊息傳播溝通的方式及管道更加「多元化」、「整合化」、「組合化」，以達成更大的行銷傳播效果及效益，而且要把行銷預算支出花在刀口上，而不要浪費。

6. IMC 除了跨媒體廣宣之外，也要配合跨行銷組合的操作，才會發揮最大的行銷效益，這些跨行銷活動包括有：

   (1) 記者會 / 發布會行銷

   (2) 代言人行銷

   (3) 促銷行銷

   (4) 體驗行銷

   (5) 聯名行銷

   (6) 店頭行銷

   (7) 旗艦店行銷

   (8) 運動行銷

   (9) 冠名贊助廣告行銷

   (10) 電視廣告行銷

   (11) 網路活動行銷

   (12) 社群媒體行銷

   (13) 網紅行銷

(14) Youtuber 行銷

(15) 公益行銷

(16) 部落客行銷

(17) 公仔行銷

(18) 大型活動行銷

(19) 直效行銷

(20) 置入行銷

(21) VIP 會員活動行銷

(22) 業務人員行銷

(23) 門市店行銷

(24) 媒體報導

(25) KOL 行銷（Key Opinion Leader）（關鍵意見領袖行銷）

7. IMC 最終要達成最重要的兩大目標

(1) 促進銷售增加業績

(2) 打造品牌鞏固品牌

8. IMC 操作的實際狀況

(1) 新產品上市時

(2) 大型促銷活動推出時

(3) 既有品牌研訂年度行銷計畫時

9. 行銷總體戰力

= 產品策略 Product + 定價策略 Price + 通路策略 Place + IMC 推廣策略 Promo-rion + 服務策略 Service

= 4P + 1S（同步做好做強）

= 行銷致勝之道

10. 成功推展 360 度全方位整合行銷傳播的十大思考步驟

(1) 確認此次 IMC 活動的目標及目的何在

(2) 要達成此目標需花費多少預算才行

(3) 此次的 TA 對象是誰

(4) 在此次媒體廣宣方面要如何操作？有哪些媒體組合？

(5) 在行銷活動上要如何配合操作

(6) 要如何傳播正確與有效的產品訊息給 TA 看到

(7) 根據以上研討出 360 度 IMC 計畫書出來

(8) 展開全面執行

(9) 評估成果效益如何？以及做必要行銷操作調整？

(10) 直到成功有效為止！

11. 回顧行銷學的五大重點

(1) 實踐並堅守顧客導向！以顧客為所有的核心點！隨時都要想著顧客需要什麼？想要什麼？如何加快滿足他們？

(2) 行銷必須抓住及掌握市場脈動變化與趨勢，並加以洞察及創新，必可創造出新商機！

(3) 精準確定 S-T-P 架構

① S：Segment Market 區隔市場、分、眾市場

② T：鎖定目標客群 Target Audience

③ P：產品定位品牌定位 Positioning

(4) 同時、同步做好行銷組合 4P/1S 組合

① Product 產品力

② Price 定價力

③ Place 通路力

④ Promotion 推廣力

⑤ Service 服務力

(5) IMC 必須借助外部 8 種專業公司協助

① 廣告公司

② 公關公司

③ 媒體代理商

④ 活動公司

⑤ 市調公司

⑥ 數位行銷公司

⑦ 設計公司

⑧ 通路行銷公司

12. 六大媒體的廣告產值及近幾年度變化趨勢

(1) 電視媒體：每年 200 億元廣告量，持平發展，未衰退

(2) 報紙：每年 30 億元，廣告量大幅衰退

(3) 雜誌：每年 20 億廣告量，大幅衰退

(4) 廣播：每年 15 億廣告量，大幅衰退

(5) 網路 + 行動：每年 200 億廣告量，大幅成長

(6) 戶外廣告：持平發展，未衰退，每年 40 億廣告量。

簡言之，國內第一大廣告媒體為電視，並列第一大為網路 + 行動，其它均為次要輔助媒體，非主要媒體

13. 傳統媒體與數位媒體廣告占比：

7：3 → 6：4 → 5：5

14. 各媒體業獲利狀況.

(1) 有線電視臺：有獲利

(2) 無線電視臺：不太賺錢

(3) 報紙：四大報都虧錢

(4) 雜誌：不太賺錢，賺小錢

(5) 廣播：賺小錢

(6) 網路新聞：賺錢

(7) 臉書、YouTube、Google、雅虎奇摩、IG：有顯著獲利（美國人賺走了）

15. 電視廣告（TVCF）迄今仍是廣告商打廣告的首要媒體

16. 電視廣告的三大優點及缺點

優點：

(1) 臺灣家庭每天開機率最高，達 90%，是觸及率最高的大眾媒體

(2) 具有影音效果，吸引人注目

(3) 打造品牌知名度確有效果

缺點：

(1) 電視廣告的成本偏高些，每年度至少要投入 3,000 萬到 6,000 萬的廣告費，才能打造及維繫品牌力

17. 國內主要電視頻道家族：

(1) 無線四臺：中視、臺視、華視、民視

(2) 有線電視臺 9 個頻道家族：TVBS、三立、東森、中天、八大、緯來、福斯、非凡、年代、民視

18. 有線電視與無線電視收視占有率之占比：

(1) 有線電視：90%

(2) 無線電視：10%

目前以有線電視臺收視率占最多

19. 在有線電視頻道類型中，以綜合臺及新聞臺兩大類，其收視率及廣告量均居前兩名，是最主流頻道類型。其次為國片臺、洋片臺、戲劇臺，最後為日片臺、體育臺、卡通臺、新知臺等

20. 國內有八個新聞臺，是全世界最多的：TVBS、三立新聞臺、東森新聞臺、民視新聞臺、年代新聞臺、非凡財經臺、東森財經臺、壹電視新聞臺

21. 電視臺 70% 收入來源主要仍仰賴廣告收入

22. 電視廣告收入來源則仰賴節目收視率（rating）的高低，高收視率節目，則有大量廣告收入，太低收視率節目則會被關掉

23. 電視臺收視率的狀況：

(1) 2.0 以上：非常好

(2) 1.0 以上：很好

(3) 0.5 至 1.0：好

(4) 0.3 到 0.4：還可以

(5) 0.2：普通

(6) 0.1 以下：不好

24. 有線電視有各種分眾頻道，各有不同的收視族群及適合投放產品的廣告類型：

(1) 新聞臺

(2) 綜合臺

(3) 洋片臺

(4) 國片臺

(5) 戲劇臺

(6) 體育臺

(7) 日片臺

(8) 卡通臺

(9) 新知臺

25. 臺灣唯一的收視率調查公司，稱為 AGB 尼爾森，他在全臺 2,200 家庭裝設有收視記錄，只要開通電視，就會開始記錄收看哪一臺

26. 國內收視率比較高的節目類型有：

(1) 新聞報導節目

(2) 新聞政論節目

(3) 八點檔閩南語連續劇節目

(4) 偶像劇

(5) 綜藝／歌唱節目

(6) 外購劇（大陸劇、韓劇、日劇）

27. 收視率 1.0，代表同時間全臺灣有 20 萬人在收看該節目

28. 電視廣告投放花費效果的四大要素：

(1) 吸引人，叫好又叫座的電視廣告片

(2) 適當的電視廣告投放預算編列，讓廣告曝光量足夠

(3) 電視廣告投放的節目要與產品 TA 對象相互一致，要 TA 能看到

(4) 產品力要夠好

29. 目前，國內主要報紙媒體有：

(1) 四大綜合報：蘋果日報、聯合報、中國時報、自由時報

(2) 兩大財經報紙：經濟日報、工商時報

(3) 一大晚報：聯合晚報（2020 年停刊）

30. 報紙媒體均虧錢的原因：

(1) 發行份數極速減少

(2) 閱報率極速下降

(3) 廣告量大幅減少

31. 紙媒如今都轉向數位網路媒體，反而賺錢了：

(1) 聯合報 → udn 聯合新聞網

(2) 蘋果日報 → 蘋果日報網

(3) 中國時報 → 中時電子報

32. 目前網路廣告下最多的主要包括：

(1) FB（臉書）／IG

(2) YouTube

(3) Google（關鍵字廣告）

(4) Google 聯播網

(5) 雅虎奇摩入口網站

(6) 網路新聞（udn、ETtoday）

(7) LINE（官方帳號）

(8) 其他社群網路及專業內容網站（Dcard 等）

33. 網路行銷操作方式：

(1) 關鍵字廣告

(2) 社群媒體廣（FB、IG、痞客邦等）

(3) YouTube 影音廣告

(4) 網紅廣告宣傳

(5) Youtuber 廣告宣傳

(6) 部落客 po 文推廣

(7) 官網

(8) FB 及 IG 粉絲專頁

(9) EDM 電子報

(10) LINE 官方帳號及貼圖

34. 網路及其廣告效益評估指標：

(1) CTR 點閱率（Click Through Rate）

(2) PV（每天瀏覽總頁數、總流量）Page View

(3) UU（每天不重複使用者）Unique User

(4) UV（每天不重複訪客）Unique Visitor

(5) CPM（每千人次曝光之成本）Cost per Mille

(6) CPC（每次點擊成本）Cost per Click

(7) CPV（每次觀看成本）Cost per View（適用在 Youtube 計價）

35. 戶外媒體 OOH（Out of Home Media）：

(1) 公車廣告

(2) 捷運廣告

(3) 機場廣告

(4) 高捷廣告

(5) 大型看板廣告

(6) 大型包牆廣告

(7) LED 廣告

(8) 電視電影院廣告

36. 廠商每年的媒體廣宣預算大部分都是委託「媒體代理商」處理掉的

37. 媒體代理商的兩大工作：

(1) 媒體企劃 Media Planning

(2) 媒體購買 Media Buying

38. 國內主要媒體代理商（Media Agency）：

(1) 貝立德

(2) 凱絡

(3) Wavemaker（媒體庫）

(4) 傳立

(5) 浩騰、奇宏

(6) 宏將

(7) 星傳媒體

(8) 喜思

(9) 彥星喬商

(10) 實力

39. 媒體企劃的步驟：

(1) 收集客戶基礎資料

(2) 訂定此次媒體目標、目的

(3) 考量 TA 目標消費族群是誰

(4) 確定多少媒體廣告預算

(5) 決定媒體策略、媒體組合、媒體比重、媒體創意

(6) 展開媒體企劃案撰寫

(7) 確定 OK 後，安排各媒體播出刊出的排期表（Cue 表）

40. 媒體代理商的職責：

(1) 盡可能控制降低媒體預算花費

(2) 達成此次的廣宣目標及目的

(3) 有效果的花錢

41. 媒體花費的 ROI（投資報酬率）。

42. 電視媒體廣告播出後的三大效益評估：

(1) GRP 達成率，即廣告播出的總曝光度多少、夠不夠、有多少人看過了、看過多少次。

(2) 對品牌知名度及好感度提升了多少

(3) 對業績數字及比例提升了多少

43.GRP 的意義

   (1) GRP = Gross rating point

        = 廣告收視率之總和

        = 總收視點數

        = 總曝光度

        = 總廣告聲量

   (2) GRP 愈高，代表消費者看到或看過這支廣告的人越多，甚至看過很多次

   (3) 一般來說，每波次廣告播出，以兩週爲宜，此時 GRP 達到 300 個點，即爲適當。然後每年可分爲好幾個波段播出。GRP 不是愈高愈好，有時候太高只是浪費廣告費用

44.目前，電視廣告的計價方式稱爲

CPRP：

   (1) CPRP：Cost per rate point，即每個收視點數成本收費

   (2) 目前，每 10 秒鐘的 CPRP 價格在 3,000 元到 7,000 元之間

   (3) 遇旺季時，以及在高收視率節目播出，CPRP 的價格就會上漲提高

   (4) 若要達成 GRP 300 個收視點，則在 0.3 的收視率節目，預計可以播出 1,000 檔次，才可以達到 300GRP 點數

   (5) 行銷預算 = CPRP×GRP

      即：假設 GRP 爲 300 個點數，每 10 秒 CPRP 爲 7,000 元，則此時要花費的行銷預算要有 7,000 元 ×3×300 點 = 630 萬元

45.媒體廣宣支出，要把它視爲一種品牌的長期投資，要長期持續的去做

46.行銷預算來源：大致以每年營收額的固定百分比爲準，例如：

   (1) 10 億營收 ×3% = 3000 萬元

   (2) 20 億營收 ×2% = 4000 萬元

   (3) 100 億營收 ×1% = 1 億元

一、網站

1. http://www.media-palette.com.tw/book/m.htm（國華廣告）
2. http://www.media-palette.com.tw/book/i.htm
3. http://www.media-palette.com.tw/book/out.htm
4. http://www.media-palette.com.tw/lass/l2-4.htm
5. http://www.media-palette.com.tw/pro/prol.htm
6. http://www.media-palette.com.tw/lass/l2-5.htm
7. http://www.kuohua-ad.com.tw/Intro/company.asp
8. http://www.kuohua-ad.com.tw/pov/magzaine/415/415 mark.html
9. http://tw.emarketing.yahoo.com（雅虎奇摩網路行銷）
10. http://www.dentsu.co.jp（日本電通廣告公司網站）

二、日文

1. 柏木重秋著，《廣告概論》，東京：Diamond 出版公司，2001 年。
2. 八卷俊雄譯，《目標式的廣告管理》，東京：Diamond 出版公司，1998 年。
3. 和田充夫著，《新價值創造的廣告溝通》，東京：Diamond 出版公司，2002 年。
4. 倉持眞理譯，《One to One 行銷戰略》，東京：Diamond 出版公司，2001 年。
5. 小西圭介譯，《顧客生涯價值的資料庫行銷》，東京：Diamond 出版公司，2002 年。
6. 江九弘著，《企業資料庫行銷》，東京：中央經濟社，2002 年。
7. 新谷文夫著，《e-Marketing》，東京：東洋經濟出版社，2000 年。
8. 小林保彥譯，《整合行銷戰略論》，東京：Diamond 出版公司，2003 年。

三、英文

1. Armstrong, G. & P. Kotler (1999). *Marketing. An Introduction*, 5[th]ed, Prentice-Hall. Cravens, David W. (2000). Strategic Marketing, 6[th]ed, Irwin/McGraw Hill.

2. Dilenschneider, R. L. (1991). *Marketing Communications in the Post-Advertising Era*, Public Relations Review, Vol.17, pp. 227-236.

3. Duncan T. & Moriarty S. (1997). *Driving Brand Value: Using Integrated Marketing to Manage Profitable Stakeholder Relationship*, McGraw-Hill, Inc.

4. Duncan T. & Caywood, C. (1996). *The Concept, Process & Evolution of Integrated Marketing Communication*, In Integrated in Communications: Synergy of Persuative Voices (Thorson, E. & Moore, J. Eds.), Mahwah N. J. : Lawrence Erlbaum Associates.

5. Duncan, T. R, & Everett, S. E. (1993). Client perception of integrated marketing communications. *Journal of Advertising Research, 33*(3), 30-39.

6. Jakacki B. C. (1998). *IMC: An Integrated Marketing Communications Exercise*. Cincinnati, Ohio: South-Western College Publishing.

7. Larry Percy (1997). *Strategies for implementing integrated marketing communications*. Chicago, Ill.: American Marketing Association；Lincolnwood, Ill.: NTC Business Books, c1997.

8. Low G. (2000). Correlates of Integrated Marketing Communications, *Journal of Advertising Research*, pp. 27-39.

9. Moriarty, E. S. (1996). The circle of synergy: Theoretical perspectives and evolving IMC research agenda. In Thorson, E. & Moore, J. *Integrated Communication Synergy of Persuasive Voices* (pp. 333-354), Mahwah, N. J. : Lawrence Erlbaum Associates.

10. Novelli, W. (1989-1990). One Stop Shopping: Some Thought of Integrated marketing Communications. *Public Relation Quarterly*, 34(4), 7-3.

11. Percy, L. (1997). *Strategic Implementing Integrateg Marketing Communication*. Chicago: NTC Business Books.

12. Schultz, D. E., Tannenbaum, S. I., & Lauterborn, R. F. (1993). *Integrated marketing communication-pulling it together making it work*. Lincolnwood, IL: NTC Publisning Group.

13. Schultz, D. E. (1996). Be careful picking data base for IMC effects. *Marketing News*, March, 11. 14.

14. Shimp T. A. (2000). *Advertiseing Promotion: Supplemental Aspects of Integrated Market-

ing Communications. Fort Worth: The Dryden Press.

15. Sirgy, M. Joseph (1998). *Integrated Marketing Communications: A System Approach*. Englewood Cliffs, NJ: Prentice Hall.

16. Tom Brannan(1995). *A practical guide to integrated marketing communication*. London: Kogan Page.

17. Schultz D. E. (1993). "How to overcome the barriers to integration", *Marketing News*, Jul/19, pp. 11-12.

18. Schultz D. E. (1994). "It is not the parts, it is the process", *Marketing News*, 16/Aug, p. 12.

19. Schultz D. E. (1996). "Be careful picking data base for IMC efforts". *Marketing News*, Mar/3, pp. 14-15.

20. Schultz D. E. (1996). "The Inevitability of Integrated Communications" *Journal of Business Research, 37*, pp. 139-146.

21. Schultz D. E. (1997). "Integrating information resources to develop strategies", *Marketing News*, 20/Oct, p. 10.

22. Schultz D. E. (1998). "New century needs new marcom methods", *Marketing News*, 2/May, pp. 12-13.

23. Duncan T. & Caywood C. (1996). "The concept, process, evolution of integrated marketing communication , in Integrated in communication", *Advertising Age. 64*, Oct. 11.

24. Duncan T. & Moriarty. S. E. (1998). "A Communication-Based Marketing Model for Managing Relationships", *Journal of Marketing*, 62, pp. 1-13.

25. Gronstedt A. (1996). "IMC-Public: A Interactive Model Between Organizations and Stakeholders", *Integrated in Communication: synergy of persuasive voices*, N. Y.: Lawtrnce Erlbaum Associates. pp. 333-360.

26. Haytko L. D. (1996). "Integrated Marketing Communication in a Public Service Context: The Indiana Middle Grades Reading Program", *Integrated in Communication: synergy of persuasive voices*, N. Y.: Lawtrnce Erlbaum Associates. pp. 233-250.

27. McArther D. N. & Griffin T. (1997). "A marketing management view of integrated marketing Communication", *Journal of Advertising Resarch*, Sep/1997, pp. 21-35.

28. Graeme McCorhell (1999). *Direct and Database Marketing-Targeting, Interaction, continuity, Control*.

29. Al Ries & Laura Ries (2002). The Fall *of Advertising and The Rise of PR, Harper Collins*

publishers.

30. Godin Seth (2003). "purple Cow: Transform your Business by Being Remarkable" Farbey, A. D. (1999). How to produce successful advertising: a guide to strategy, planning and targeting, (2ⁿᵈ ed).

31. Stewart D. W. (1996). "Market-back approach to the design of integrated communications programs: A Paradigm and a focus on determinats of success", *Journal of Business Research, 37*, pp. 147-153.

32. Stewart D. W. (1997). "Inegrated Channel Management: Merging the Communications and Distribution Functions of the Firm", *Marketing*, Oct/1, p. 15.

33. Sweeney M. M. & Shackel B.(1993). "Evaluation User-Computer Interactive: A Framework", *Int. J. Man-Machine Studies, 38*, pp. 689-771.

34. Thorson E. & Westerman J. W. (Eds)(1996). *Integrated in Communication: Synergy of persuasive voices*, New York: Lawtrnce Erlbaum Associates.

國家圖書館出版品預行編目資料

整合行銷傳播：全方位理論架構與本土實戰個
案／戴國良著.－－五版.－－臺北市：五南
圖書出版股份有限公司, 2022.02
面；　公分
ISBN 978-986-522-982-5（平裝）

1.行銷傳播　2.行銷案例

496　　　　　　　　　　110011874

1FI3

整合行銷傳播
全方位理論架構與本土實戰個案

作　　　者 — 戴國良

發 行 人 — 楊榮川

總 經 理 — 楊士清

總 編 輯 — 楊秀麗

主　　　編 — 侯家嵐

責任編輯 — 吳瑀芳

文字校對 — 黃志誠、劉祐融

封面設計 — 姚孝慈

出 版 者 — 五南圖書出版股份有限公司

地　　　址：106台北市大安區和平東路二段339號4樓

電　　　話：(02)2705-5066　　傳　　真：(02)2706-6100

網　　　址：https://www.wunan.com.tw

電子郵件：wunan@wunan.com.tw

劃撥帳號：01068953

戶　　　名：五南圖書出版股份有限公司

法律顧問　林勝安律師事務所　林勝安律師

出版日期　2005年8月初版一刷
　　　　　2008年4月二版一刷
　　　　　2012年3月三版一刷
　　　　　2017年9月四版一刷
　　　　　2022年2月五版一刷

定　　　價　新臺幣480元

經典永恆・名著常在

五十週年的獻禮——經典名著文庫

五南，五十年了，半個世紀，人生旅程的一大半，走過來了。
思索著，邁向百年的未來歷程，能為知識界、文化學術界作些什麼？
在速食文化的生態下，有什麼值得讓人雋永品味的？

歷代經典・當今名著，經過時間的洗禮，千錘百鍊，流傳至今，光芒耀人；
不僅使我們能領悟前人的智慧，同時也增深加廣我們思考的深度與視野。
我們決心投入巨資，有計畫的系統梳選，成立「經典名著文庫」，
希望收入古今中外思想性的、充滿睿智與獨見的經典、名著。
這是一項理想性的、永續性的巨大出版工程。
不在意讀者的眾寡，只考慮它的學術價值，力求完整展現先哲思想的軌跡；
為知識界開啟一片智慧之窗，營造一座百花綻放的世界文明公園，
任君遨遊、取菁吸蜜、嘉惠學子！